美国建筑节能研究总览

同济大学

许　鹏　殷荣欣　朱亚明
吴昌甫　沈鹏元　刘　超　等著

中国建筑工业出版社

图书在版编目（CIP）数据

美国建筑节能研究总览/许鹏等著．—北京：中国建筑工业出版社，2012.2
ISBN 978-7-112-13964-4

Ⅰ.①美… Ⅱ.①许… Ⅲ.①建筑-节能-研究-美国 Ⅳ.①TU111.4

中国版本图书馆 CIP 数据核字（2012）第 017463 号

责任编辑：吴　绫
责任设计：叶延春
责任校对：党　蕾　关　健

美国建筑节能研究总览

同济大学
许　鹏　殷荣欣　朱亚明
吴昌甫　沈鹏元　刘　超　等著

*

中国建筑工业出版社出版、发行（北京西郊百万庄）
各地新华书店、建筑书店经销
霸州市顺浩图文科技发展有限公司制版
北京云浩印刷有限责任公司印刷

*

开本：787×1092 毫米　1/16　印张：13½　字数：372 千字
2012 年 3 月第一版　2012 年 3 月第一次印刷
定价：**38.00** 元
ISBN 978-7-112-13964-4
（22060）

内 容 提 要

本书共计七章，从三个方面总结分析了美国的科研、产业动态和政府引导走向，概述了美国建筑能源领域政策、技术和市场的发展历史、动态。总体描述了美国建筑节能产业链、研究机构、政府部门的分工和运作情况。信息的来源以文献整理和分析为主，全部以非保密的公开文献作为依据。

本书全面、系统地总结美国建筑能源领域的发展情况及最新动态、产业发展方向，本书的出版可使中国建筑领域的从业人员和政府官员全面系统地了解发达国家在科研领域、新产品研发领域的发展情况及动态。期待着我们的工作能让您获得收益，并共同推动中国和美国在建筑节能领域的进步。

参与编著人员：

本书由同济大学许鹏教授担任主编，负责本书大纲拟定以及全书的统稿工作。参与各章编写的人员有：许鹏（第1章至第7章）；殷荣欣（第1章）；沈鹏元（第1章、第3章、第5章）；朱明亚（第2章、第4章）；侯金明（第2章）；沙华晶（第3章）；刘超（第6章）；徐哲恬、秦业美（第2章、第4章）；吴昌甫（第5章）。

特别感谢：

在本书的编写过程中，深圳市建筑科学研究院有限公司提供了资金的支持和热情的指导，并指出了不少宝贵意见。从一开始的该书概念的形成，到最终稿，都和深圳市建筑科学研究院有限公司领导们的亲自关心息息相关。在此表示诚挚的感谢。

序

建筑节能是我国节能减排工作的重点之一，也是全球实现低碳战略的重要行动内容。了解世界各国是怎么做建筑节能的，尤其是了解美欧等发达国家在建筑节能领域的政策、技术、行动、效果和实施这些工作的主要机构，对我们更清楚地认识我们自己的情况，学习成功经验，汲取失败教训，确定未来方向，都有极重要的参考价值；对更好地开展双边合作，共同促进双方的建筑节能工作，也会有很大帮助。这本《美国建筑节能研究总览》，可以作为了解世界，尤其是了解美国建筑节能工作的一个很好的工具。

了解一个国家的建筑节能情况从哪下手？我本人认为，首先要弄清楚的是这个国家建筑能耗的基本状况。也就是建筑运行能耗总量、单位建筑面积运行能耗及折合到每个人的建筑运行能耗。有可能的话，再进一步看看各类建筑的运行能耗和它的分布状况，例如住宅、商业建筑、政府机构、学校等。实际的建筑能耗水平，决定这个国家建筑节能工作面临的主要问题，从而也决定了相关的技术研发、规范管理和政策制定所针对的主要问题。脱离建筑能耗的实际水平，就很难理解各项技术创新、管理措施、政策机制的对象、目标和主要目的，从而也就很难从中汲取有益的经验和教训。

美国目前是世界上建筑能耗最高的国家之一。无论是比较同样功能、同等气候条件下单位面积建筑运行能耗，还是比较人均建筑运行能耗，美国目前都远远高于中国目前平均水平，也大大高于中国城镇建筑和城镇人口的平均水平。以单位建筑面积运行能耗为例，中国城镇建筑目前的平均能耗与20世纪50年代中期美国的平均能耗差不多。但是从那时起，50多年来，尽管建筑节能的各项相关技术有了长足的进步，建筑节能事业也在美国得到政府和社会各界前所未有的重视，但美国单位面积的建筑运行能耗却在20世纪50年代水平的基础上增长了1.5倍（目前为20世纪50年代水平的2.5倍），也大约是我国目前城镇建筑单位面积平均运行能耗的2.5倍。研究美国建筑能耗近50年来的变化，比较中美两国建筑能耗的差异，追究美国50年来的增长原因和中美两国目前形成这样巨大差异的原因，对于我们认识目前建筑节能工作的各种问题，更清晰地确定我国建筑节能今后发展的道路和未来的目标，有重要的启示和帮助。

为什么中美建筑能耗有这样大的差异？其主要原因是两国在人的生活方式、建筑使用模式，以及要求的室内环境状态（温度、湿度、照度等）的不同所致。为什么美国50年来单位建筑面积能耗产生这样大的增长？也主要是人的生活方式、建筑使用模式和对室内环境状态的要求产生的变化所致。目前美国的大多数建筑不可开外窗，完全依靠机械系统提供“全时间、全空间”的温湿度、通风和照明服务，这就造成一切依赖于营造建筑环境的机械系统，实现节能也只能靠进一步提高这些机械系统的能效来实现。而在20世纪50年代中期的美国和目前的中国，大多数建筑可开外窗，实现的是“部分时间、部分空间”的温湿度调节、通风与照明，室内环境的营造部分是依靠外界自然条件。实际的建筑能耗在很大程度上取决于建筑的使用方式和运行模式，并且在大多数情况下部分依赖于自然环境的“部分时间、部分空间”的运行能耗远低于完全依赖于机械系统的“全时间、全空间”模式。现实状态在这一点上的巨大差别导致两国在建筑能耗上的差别，也决定了两国开展建筑节能工作的任务、目标和途径的不同。

在美国，由于这种“全时间、全空间”的建筑使用模式已经形成，通过改变生活方式、改变建筑运行模式尽管可以使实际的建筑运行能耗大幅度降低，但这是对整个社会文化的改变，因此只能是宣传、倡导，寄托于社会文化的慢慢变化。为了在近期内使建筑能耗有所降低，只能依靠大规模推广各种提高能效的技术和措施。通过开发、生产和推广这些提高能效的技术、产品和措施，在实现节能的同时，还有利于重振美国经济，使其在节能与低碳领域确保科技领先地位，同时扩大就业。实践表明，这些努力的结果，确实使美国建筑能耗在逐步降低，但还很难降低到50年前单位建筑能耗的水平。

中国的情况却完全不同。我们正处在经济发展和城市建设的高速增长期，随之而来的是建筑能耗的增长。我们是否能够不重复美国20世纪50～60年代所发生的现象，不使建筑运行能耗随经济增长而同步增长，将是我们能否实现建筑节能目标的关键。这里的核心问题就是：我们未来的生活方式和建筑使用模式到底应该是什么样？是应该维持目前的“部分时间、部分空间”模式，还是也必然发展到“全时间、全空间”模式？我们现在为未来设计的建筑和建筑设备系统形式应该是服务于哪种模式？这可能是中国建筑节能工作目前面临的最大问题，也是必须回答的关键问题。这两种不同的模式需要很不相同的建筑节能技术手段，进而也对应于很不一样的建筑节能政策机制。接下来导出的问题就是：在建筑节能上，中国应该向美国学习哪些东西？

有些同志可能认为，在建筑节能这件事上，中国为什么不能按照美国的模式走呢？既然我们的经济发展水平和人民生活水平都在不断向发达国家接近，为什么建筑环境的营造模式不能同样向他们接近？问题是全球的用能上限和碳排放上限。美国目前3亿人口，建筑能耗为全球能源消耗总量的8%。如果全球70亿人口都按照这一模式营造其生活和工作的建筑空间，则全世界仅建筑运行就需要目前全球总能耗的1.87倍！这显然不现实。我国未来人口将达到15亿，如人均建筑能耗达到美国水平的话，中国建筑运行就需要全球总能耗的40%，也就是目前我国能源总消耗量的2倍左右。这显然也不成立。即使按照美国建筑节能工作未来的发展目标，把人均建筑运行能耗降低到目前的1/3，也远远超出我国未来资源和环境条件允许建筑运行使用的能源量。所以中国以及世界上其他发展中国家的建筑节能目标是在满足社会发展和人民生活水平提高形成的对建筑环境不断提高的要求的前提下，能够使人均建筑运行能耗不增加或仅少量增加，从而在远低于目前发达国家建筑用能标准的前提下实现人类文明、社会发展和现代化。这就要求我们必须维持和发展当前“节能型”的建筑使用模式，通过政策来持续这种模式，通过技术创新在这种模式下使建筑使用者得到更好的服务。

比较中美两国的这些差异，会使我们更清楚地看清我国城市建设发展和建筑节能工作中的问题。越深入进行这种比对研究，越能够找出脉络，挖掘出实质。这种研究需要对美国在这个领域的基本状况有全面了解，需要与美国相关机构、相关人员的直接沟通、交流，并共同开展对比研究。这也是中美清洁能源研究中心在建筑节能这一方向上准备主要开展的工作。这些年来，尽管中美两国在建筑节能领域多有交流，在政府间、学术界、企业界都有很多交往与合作，但是当真正要开展全面系统的比较研究时，就发现双方相互了解得还很不够，尤其是我国建筑节能领域的社会各界缺少对美国相关信息的系统了解，包括政策和标准体系，研究队伍、相关企业以及关键技术和措施。许鹏教授等学者所著的这本书系统全面地介绍了这些信息，第一次向我们全面地展示了美国在建筑节能领域的情况，填补了这方面信息的空白，恰逢时机。许鹏教授在美国学习和工作多年，对美国建筑节能领域的情况非常熟悉。尤其是在加入美国劳伦斯伯克利国家实验室（LBNL）后，专门从事中美两国建筑节能领域的相关政策和技术方面的研究与对比，多有建树和成就，因此是最适合承担起向国内全面介绍美国情况的学者。尽管他回国加入同济大学的时间不长，身负繁重的科研任务，还是抽出时间完成这样一本著作，可以说是尽到了一份社会责任。这项工作值得敬佩，也应该感谢。希望这本书能够成为一个好的开端，使我国建筑节能领域的政界、学界和企业界都能按照书中的脉络找到相关的信息，开展美国情况的研究，促进中美在建筑节能领域更深入的交流与合作。

江亿
清华大学建筑节能研究中心
2012年元旦

前　言

中美都是建筑大国，也是能耗大国。中美对全世界的温室气体排放量贡献达到一半左右。20世纪90年代以后，中美两国都投入大量的人力、物力进行建筑领域的节能减排工作，无论从科研、到产业、到政府的建筑标准的制定和实施，作出的努力和起到的效果都为世人瞩目。

同时，中美之间又有着显著的文化、经济水平差异。在政府层面，美国把大量的精力投入到了前沿技术开发上。比如新型的空调系统、空调方式、新材料、新的制冷模式。同时投入了大量的财力在软件开发上。而另一方面，中国在政府的引导下，在建筑标准的制定和实施方面做了大量的工作。建筑节能标准的实施率从原来较低的水平达到了如今的90%以上（北方地区）。中美两国在民间有大批绿色建筑的拥护者。自发组织团体，设立非强制性标准，推动建筑领域节能减排的工作。最近十年比较有特点而且非常成功的就是美国的绿色建筑协会和其推动的绿色建筑评估体系（LEED）认证，对中美两国绿色建筑领域有着显著的推动作用。

中美在建筑和能源领域有着广泛的合作和密切的往来。历任美国能源部部长多次访问中国，中国多所大学、科研机构和美国的大学、科研机构形成定期的长期合作关系。比如清华大学和美国宾夕法尼亚大学、联合技术公司的合作，美国劳伦斯伯克利国家实验室和中国建筑科学研究院的合作。城市之间的合作，私人公司之间的合作，都很密切。

但是这些合作和交流都是点对点合作，是个别科研单位和个人与美国科研单位和个人的合作。中国的科研人员和政府都无法从全局上对美国建筑和能源领域有全局的把握。除了直接地从合作人员之间了解对方的产业科研活动，那些没有直接参与合作的其他中国的技术人员并不了解美国的最新技术动态。大量的信息都是以口头相传的方式进行传递的。政府人员并没有办法从全局上把握美国的产业政策以及对科研企业的扶植力度和方向。

和中国一样，美国同样是个幅员辽阔的国家。各个州还拥有相当独立的立法和司法权。建筑能源领域的从业人员众多。单单美国暖通空调协会的会员人数就达到10万多人。暖通空调协会下属的技术委员会达到100个，几乎覆盖了建筑能源领域的每一个方面。这些人员大多数和中国没有直接的往来，两国的业者并不了解对方日常的科研产业活动。

出版这本书的目的是全面、系统地总结、了解美国建筑能源领域的发展情况及最新动态、产业发展方向。发表这样一本《美国建筑节能研究总览》可使中国建筑领域的从业人员和政府官员全面、系统地了解发达国家在科研领域、新产品研发领域的发展情况及动态。

这本书的意义在于：

（1）对于中国的产业制造业者以及没有机会和美国直接接触的中国中小企业业者，在足不出户的情况下，也能了解最新的产品信息，帮助中国实现产业转型和制造业产品升级。

（2）对于中国政府官员，在不用阅读英文文献的情况下，可以迅速了解到美国的产业政策、科研方向和美国建筑领域能源、碳排放的现状和未来趋势。

（3）对于中国的科学技术人员，特别是对于中国非一线的大专院校，能够直接了解到世界上最新的科研动态，直接跟踪和捕捉科技前沿的研究方向。

（4）对于中国的非官方机构和绿色建筑爱好者，能够全面系统地了解美国民间机构的最新动态以及基金会的关注热点。

（5）对于中国的建筑节能从业人员，可以全面了解美国的最新案例。无论是既有建筑还是新建建筑，如何成功地实施一个高能效的建筑和区域规划。

本书总共分成七大章节，从三个方面总结分析美国的科研、产业动态和政府引导走向，概述了美国建筑能源领域政策、技术和市场的发展历史、动态。总体描述了美国建筑节能产业链、研究机构、政府部门的分工和运作情况。信息的来源以文献整理和分析为主，全部以非保密的公开文献作为依据。期待着我们的工作能让您获得收益并共同推动中国和美国在建筑节能领域的进步。

目　　录

第1章　美国建筑节能政策

第2章　标　　准

第3章　美国建筑节能技术研究

第4章 美国建筑节能行业协会

第5章 市场——美国建筑节能产业动态

第6章 案例——典型工程项目分析与介绍

第7章 总结与展望

第1章 美国建筑节能政策

1.1 美国联邦政府与建筑节能

建筑业不同于其他制造业，一栋建筑是社会人群活动的载体，是多人共享的空间。因此，建筑牵涉到社会的各个方面，从土地的使用到公共安全，从能源的使用到道路交通。因为这个特性，无论是中国还是美国，无论是历史还是当今，政府的公共行为总是和建筑业息息相关。

建筑节能也不例外。如果从历史的眼光来看，传统上奉行自由资本主义的国家是不关心和参与建筑能源管理的。不像计划经济的国家，需要整体考虑能源的调配和使用。资本主义国家里，一栋建筑用多少能，怎么用能，都是私人业主自己的事情，和政府无关。即使在今天的美国，奉行这样思想的人，特别是共和党的保守派，仍然不在少数。美国今天仍然有相对保守的州，没有对建筑的能效实现监管，完全处于民众的自发管理模式中。

美国和中国由于国情不同，政治体系和制度不同，导致了在建筑节能领域，相关责任单位的权利和义务也完全不相同。另外一方面，中国和美国的共同特点都是经济规模庞大，幅员辽阔，参与建筑建造的人员广泛，高等院校众多。这样就决定了中美两国的相似之处。比如，中国和美国一样，众多大学和研究机构参与到建筑节能的研究工作之中。中国和美国，都有直接的行业协会，都有产品的标准，都有著名的大规模的设计咨询公司和建筑商。

从组织架构上看，和美国不同，中国是一套完全自上而下的管理体系。最上面的管理单位是住房和城乡建设部，最下面是各个质监站和管理机构。配合整个系统运行的是各级建筑科学研究院和节能中心。标准由中国建筑科学研究院编写，住房和城乡建设部颁发，大学为整个行业提供技术支持和人才的培养。

美国传统上是没有建筑管理所对应的联邦机构的。美国的建筑标准以前是，并且今天也是地方城市的一级管理任务。联邦政府不负责建筑的管理。地方政府，有时是州一级的单位、各个县或者各个市，负责制定和选择他们自己的管理办法。

包括今天在建筑节能领域发挥最大作用的美国能源部，传统上是负责美国核能的管理与发展的。从20世纪70年代的能源危机开始，美国能源部渐渐进入建筑能效领域。但是他们从事的工作也不像中国，是全责任制的管理。能源部不负责具体节能项目的实施，基本上能源部的任务是支持技术传播，制定标准和组织科研工作。联邦政府大楼的节能由总内务管理部负责，州政府建筑由州政府内务部负责，各个地方的私人建筑由城市立法实施。

在建筑节能领域，从业机构总体有这些：

(1) 联邦部门。比如能源部，能源与能效办公室，环保署，能源之星的制定者等。

(2) 联邦一级的研究机构。比如国家实验室，有些属于能源部，列入劳伦斯伯克利国家实验室（LBNL），有些属于商业部，列入国家标准与技术研究院（NIST）。

(3) 州一级的管理机构。比如纽约州的NYESDA和加利福尼亚州的能源委员会。

(4) 行业协会。行业协会都是独立的法人机构，与联邦政府和地方政府没有从属关系。经费来源也往往是独立自筹。他们制定行业标准，行业标准是否被地方政府采纳，完全由地方政府决定。

(5) 大学。大学分私立和州政府的公立大学，没有联邦一级的大学。经费往往来自能源部、州政府或私人公司。

(6) 电力公司。电力公司在节能的实践推广工作方面的贡献很大。比如加利福尼亚州的太平洋瓦电，每年投入 20 亿美元用于建筑节能改造。

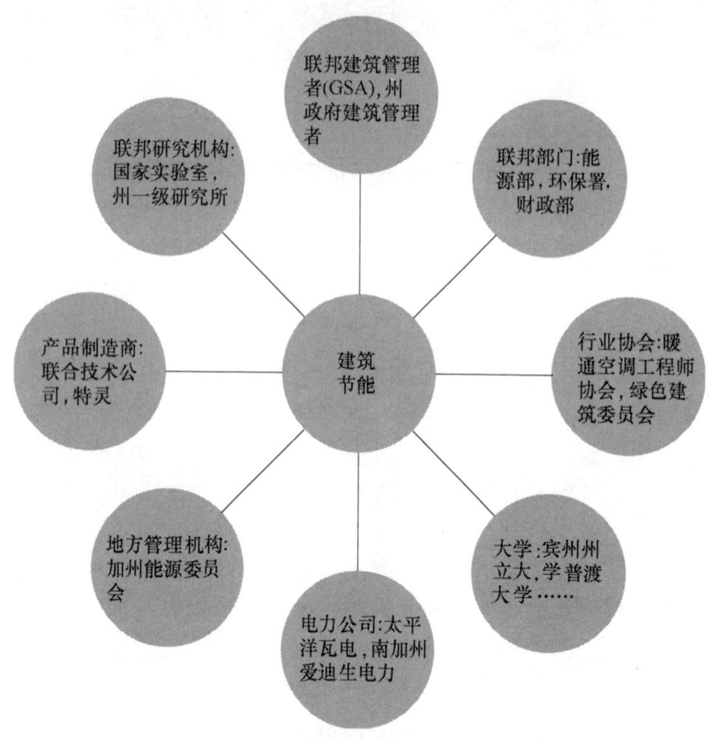

图 1-1 美国建筑节能领域各部门或机构之间的关系图

和中国的纵向从属机构不同。图 1-1 中的各个机构并没有从属的关系。这里面最能调动各方面资源的，并不是靠着行政命令，而是靠着手中资源和经费的使用。比如能源部在最近几年里话语权比往年提高，并不是靠着行政命令，而是因为奥巴马上台之后，联邦政府用于建筑节能的支持加大。在 20 世纪 80 年代的里根时代，能源部差点因为政治原因被解散，当时它对建筑节能的影响就相当小。

各个部门虽然不互相从属，也没有单位和个人在全局上的协调。但是总体上，大家是按照传统和默认的规则方式进行工作的。比如行业协会美国暖通空调工程师协会（ASHRAE），每年在没有联邦政府支持的情况下，靠工程师自愿编制大量的行业规范。各级地方政府往往自觉采用这些规范而不是自己重新编写规范。大的州，比如加利福尼亚州可能觉得标准太宽泛，于是制定了自己的标准。电力公司在州能源委员会的监督下，迫于建设新电厂的压力，每年投入大量经费用于地方的既有建筑改造，同时也会支持大学和研究所作实用型的科学研究。能源部支持基础科研、大型软件的开发，通常不介入行业协会的管理，但是有时会提供配套经费。这种退税计划的制订和实施涉及财政部，但是技术内容，往往是组织专家共同制订的。

为了更加形象地说明联邦政府在建筑节能中的作用，我们分三个部分来介绍三个具体的内容：一个是能源政策的概述，一个是建筑节能经济激励政策，一个是 2008 年经济危机之后，出台的美国经济恢复和再生能源法案。

1.2 美国建筑节能政策概述

自 1970 年石油禁运以来，作为减少美国能源进口、贸易赤字和对环境影响最为有效的措施之一，节能和能效成为美国能源政策的基本要素。《1975年能源政策与节能法案》(Energy Policy and Conservation Act of 1975，EPCA）是美国联邦政府颁布的第一个通过节能与能效措施应对能源价格上升和能源进口增加的重要政策。1975～2007年的32年间，美国的能源消耗持续上升，其温室气体排放量在全世界一直处于遥遥领先的地位，且逐年上升，目前是仅次于中国的第二大排放国。据国际环境调查机构（Environmental Investigation Agency，EIA）的估计，美国在电力、建筑、交通和工业领域的能源消耗造成的碳排放从2007年到2030年将由84.13亿t增长到91.32亿t，其中发电始终是最大的碳排放领域。尽管温室气体排放量持续上升，美国在减缓碳排放增长方面还是取得了一定的成效。从2000年到2005年，美国的国内生产总值（GDP）上升了12.8%，而化石能源碳排放仅增长了2%，其碳排放增长率与GDP上升率的比值排在德国、英国和俄罗斯之后，位于第四（图1-2）。这些成绩的取得不能不归功于其能源政策。美国联邦政府和州政府将减缓气候变化和可再生能源利用的各项政策逐步引入到原有的能源和环境法案。《2007年能源独立与安全法案》(Energy Independence and Security Act of 2007，EISA）是美国联邦政府颁布的最新的节能与能效法规，是对以往一系列法规的更新，包含了比以往法规更多的要求和目标，预计将取得非常大的节能效果。该法案与《2005年能源政策法案》(Energy Policy Act of 2005 EPAct05）一起对美国的联邦、州和地方的新节能政策、计划和实际项目产生了深远的影响。

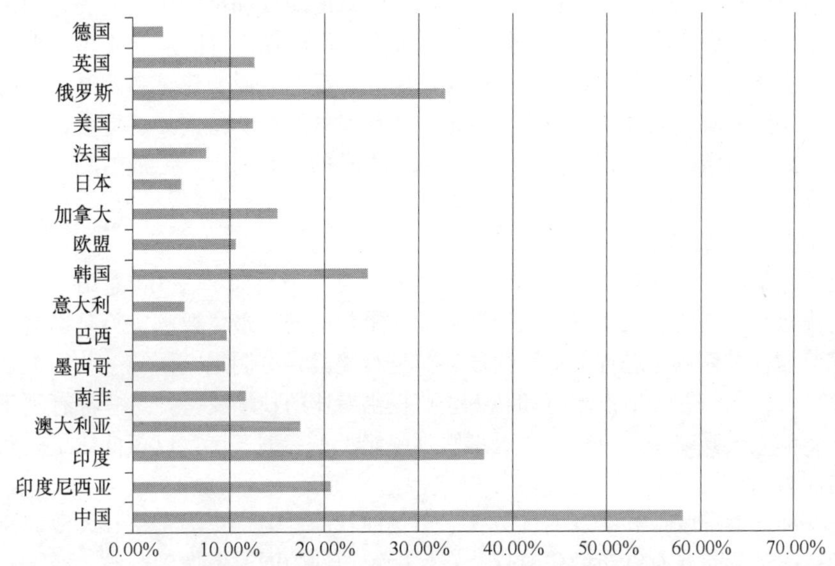

图1-2 化石能源消耗引起的二氧化碳排放占总碳排放百分比与国内生产总值增长率

（资料来源：国际能源署（IEA），2007年化石能源碳排放）

1. 美国能效与节能政策的发展历程

在过去的30年中，美国的节能与能效政策的三个主要驱动力是：①能源安全；②环境保护；③经济发展。这三大驱动力对于能源政策影响的优先次序因政治、市场和技术的发展和变化也发生着变迁。从1975年到2007年，美国的能源供应、输送和终端使用的相关政策、市场和技术等在32年间发生了非常大的变化。美国的能源政策和计划已将其范围扩大到经济的所有领域和全美的所有地区。与此同时，因能源供应行业需要大量和长期的资金投入，发电、炼油、输送管路和储存等的技术进步比立法和市场的变化要慢得多。因此，如何制定有效的能源政策并加以实施，对于决策者来说是非常具有挑战性的。1975～2007年，虽然美国政府采取了很多的措施，其石油进口占总能源的百分比还是从37%上升到了65%。当然，仅用石油进口水平来评价能源政策是否有效并不合适，原因之一是建筑、工业和发电领域的石油消耗量很少，节能政策在这些领域的效果无法体现。

从《1975年能源政策与节能法案》颁布以来，美国政府对于节能与能效政策的支持力度经历了一些起伏。1978年颁布的《国家能源法案》延续了《1975年能源政策与节能法案》的内容，并增加了住宅、商业、交通和发电领域的新条款。当年美国的石油进口比例达到44%。1981年，在加强能源价格的控制后，能源价格有所下降。1983年的美国能源部国家能源政策计划强调石油价格的变化性和与之对应的灵活的能源政策的必要性。当年美国的石油进口比例降低到了33%。20世纪80年代美国的能源政策取得了一定的成绩，但因后期石油价格较低，没有新的能源法案颁布，同时美国石油生产量减少，到1987年，石油进口上升到40%。全球环境与气候变化使美国政府重新认识到节能政策的重要性。《1991年清洁空气法案修正案》、《1991/1992年能源部国家能源战略》、《1992年能源政策法案》都对建筑、工业和发电领域的节能与能效作了新的规定，例如，电和天然气设施的整体规划、13大类的住宅电器设备的效率标准和标识。这些政策还包括了对建筑、工业、发电（供给侧与需求侧）和运输的相关能效技术的研究和开发进行大力的资金支持的条款。1992年美国石油进口上升到46%。1995年，节能与能效进一步得到重视，美国能源部发布的《可再生能源战略》中的五大战略之一是通过扩大节能和能效技术的研发以及可替代交通燃料、可再生能源和技术的利用来提高能源利用效率。由于美国经济和能源需求的增长、国产原油供应量的减少和可替代交通燃料的缺乏，当年美国的石油进口上升到50%。进入21世纪，美国的能源政策开始把重点放在减少温室气体排放和全球气候变化上。《2005年能源政策法案》涵盖了很多交通、建筑和发电领域的新的节能与能效条款。该法案对于能效与可再生能源的技术研发的资金支持的力度更大，且对能源供应侧如核能和碳捕获与碳封存等技术提供支持。而因需求的上升和国产原油的减少，美国的石油进口持续爬升，2000年为58%，2005年为66%。

2. 美国政府各层面的能源政策

美国能源政策可分为联邦政府、州政府和地方政府三个层面，表1-1总结了各层面能源政策与法规的优势与面临的挑战。联邦政府层面的政策与法规的最主要的优势是影响面广，联邦政府可以在节能技术商业化进程的最初阶段对其进行奖励，可制定全国统一的标准，如电器和汽车标准等，可为各州、各地方政府和私人企业提供专业的技术支持，这些都有利于最大限度地扩大政策影响力。其缺点是可能由于过度管理限制了市场的发展，以及低估了州政府与地方政府的执法能力。

州政府层面的能源政策和法规的优势在于影响面较广，但是更为精细、灵活的指令和激励政策。例如，大部分州政府颁布的建筑规范在保持统一性的同时考虑到气候、经济和能源供应等因素。很多州施行吸引和支持新兴技术企业的定制激励措施。州政府对大多数公用设施具有司法权，因而可以通过需求侧管理和限制电力供应的增长，优化电力资源。州政府还可以建立专项能效基金，也称为“公共效益基金”，为州内的节能项目提供资金支持，降低私营投资者在进行投资时的风险。

地方政府受到地域司法权和较少的资金量的限制，但是其优势是可根据社会需求对政策进行微调，例如，多数地方政府对区域划分、规划和建筑许可具有司法权，能够直接影响和应对地方居民和商业的需求。地方政府还是联邦和州能源政策实施的关键伙伴。因与社区层面的直接接触和了解，地方政府在实施某些联邦和州的指令时相对具有优势。

美国能源政策的三大驱动力——经济发展、环境保护与能源安全，超越了政府的各层面但其表现并不相同（表1-2）。例如，三个政府层面都关注空气品质的改善，但采取的方式不同。能源安全在每个政府层面都受到重视，但联邦政府更重视汽车的能效，地方政府则更重视提高燃料的多样性。在每个司法层面都存在投资杠杆与政策调控之间固有的紧张关系，也是一种权衡，有助于根据政策来设计司法措施。

各政府层面的能源政策与法规的优势与挑战　表 1-1

司法层面	优　势	挑　战
联邦政府	(1)大范围、大规模的激励政策； (2)统一的标准； (3)专业的技术支持； (4)跨州的公用设施规范； (5)公众领导力	(1)过度管理可能会使市场收缩； (2)对能源政策进行调整的能力有限
州政府	(1)可根据各州的特点和需求调整政策； (2)州内的公用设施规范； (3)公众领导力	(1)资金有限； (2)地域影响力有限
地方政府	(1)可根据当地需求调整政策； (2)公众领导力	(1)资金有限； (2)地域影响力有限

主要司法层面驱动力　表 1-2

司法层面	驱　动　力	投资杠杆能力	政策调控能力
联邦政府	(1)经济发展； (2)支持大范围的经济发展； (3)环境保护； (4)保护公共卫生； (5)减少碳排放； (6)能源安全； (7)减少对石油的依赖； (8)维持电网基础设施的可靠性	高	低
州政府	(1)经济发展； (2)吸引工作和企业； (3)提高能源供应的可靠性； (4)减少能源供应对大量资金投入的需求； (5)降低用户的能源费用； (6)环境保护； (7)提高区域空气质量； (8)减少碳排放； (9)能源安全； (10)燃料多样性(发电与交通)； (11)能源价格的稳定	中等	中等
地方政府	(1)经济发展； (2)扶植地方经济的发展； (3)减少交通； (4)环境保护； (5)改善空气品质； (6)能源安全； (7)燃料多样性(发电与交通)	低	高

三个司法层面的能源政策的目标是一致的，每个层面把重点放在自己地域范围的管理上。对于各层面能源政策的相互作用的充分理解对于降低能耗是非常关键的。

因为政策的实施往往有相互重叠和协调的部分，政府各层面的能源政策对于节能的作用和贡献往往很难予以准确评估。能耗的降低还与一些非政策因素相关，如经济背景、天气和技术进步等。将这些因素的影响分离开单独评估政策的作用相当复杂。因此，不同部门的能耗强度（单位国内生产总值能耗）的变化能够反映能源利用效率的提高和与经济发展相关的能耗情况，但不足以评价能源政策的作用。自 1985 年以来，美国的能源强度逐步下降，反映了其结构调整和能效提高的共同作用（图 1-3）。实际上，能源强度的数值有经济发展与能耗减少两方面因素的影响。可以说，目前还没有被一致接受的方法用以评价各种政策的作用。

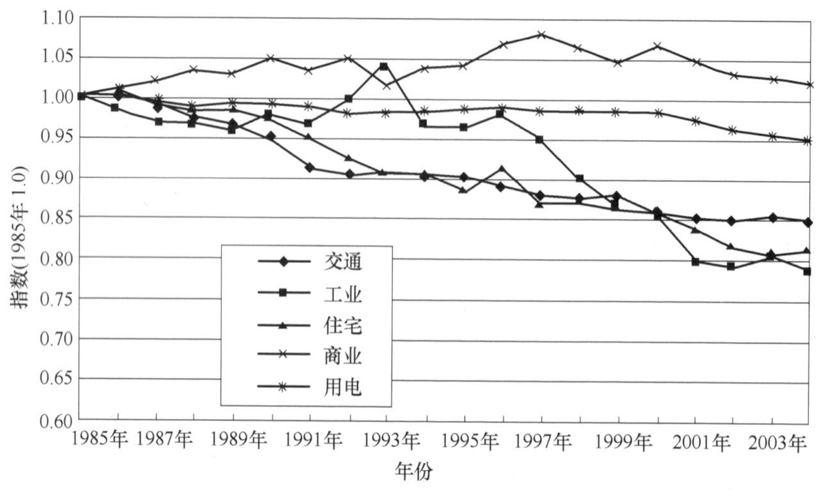

图 1-3 美国不同领域的单位能耗指标（1985～2003 年）

（资料来源：能源效率与可再生能源办公室，2009b）

3.《2007 年能源独立与安全法案》与《2005 年能源政策法案》

《2007 年能源独立与安全法案》与《2005 年能源政策法案》比以往的法案都更加深入地考虑了能源安全与气候变化的影响和挑战。这两个法案都试图激励美国能源市场的转换和各部门各地域的节能与能效的重大进步。伴随它们的是地区、州和地方的重大新举措。总体来说，这两个法案引发了一整套新的大规模的政策、计划和实际项目，对公共和私有部门都产生了影响。

由表 1-3 可知，节能与能效是这两大法案的重要政策。这两个法案都强调照明和电器能效，以及汽车燃油的经济性的提高。在建筑领域，联邦政府也推进 30％能效提高示范规范。另外，政府把更多的重点放在增加替代交通燃油、可再生能源和其他清洁能源的生产和使用上。最近的政策着重于太阳能、风能、核能以及采用碳捕捉和碳封存技术的煤炭能源的利用。各州和城市在减少温室气体排放和可再生能源利用的目标设定上越发积极。例如，29 个州和哥伦比亚特区的标准规定 2025 年电力的 4％～25％来自可再生能源和清洁能源；至少有 911 个城市设定了温室气体排放目标。

美国能源政策：八个主要领域《2005 年能源政策法案》和《2007 年能源独立与安全法案》

表 1-3

领　域	目　标
可再生燃料	2022 年增加 500％，360 亿加仑，约占总的能源供应的 15％
汽车燃油的经济性	2020 年提高 40％，达到 35 英里/加仑，年节省 85 亿加仑燃油，约占总燃油供应的 5％
照明能效	2012～2014 年提高 25％～30％，2020 年提高 70％
电器效率	增加了 45 条新标准
联邦政府运行管理	2015 年提高能效 30％，可再生能源利用率占 20％

续表

领　域	目　标
氟利昂制冷剂淘汰	比《京都议定书》的规定更多地削减其排放量
可再生能源发电	26个州，500%的增长，联邦政府给予支持
建筑规范	联邦政府的新建和既有建筑在2003年基础上到2015年降低能耗30%，新建建筑能效优于美国暖通空调工程师协会和国际节能标准30%

4. 美国建筑节能与能效政策

在美国，建筑能耗占总一次能耗的40%，总电耗的72%，总天然气消耗量的36%。建筑领域的高能源需求促使发电厂不断新建和增长。1985～2006年间87%的电力销售归功于建筑能源需求。能源政策的成功实施能够优化建筑设计、提高建筑电器的能效、增加高能效技术在建筑中的应用，使建筑能源需求降低。相关的能源政策可分为以下五种：

（1）建筑规范：针对设计，对长期的建筑能源需求产生影响；

（2）电器标准：规定电器的最低效率水平；

（3）标识与用户信息：为用户提供电器和建筑的长期能耗信息；

（4）激励措施：有经济的和非经济的，例如高能效建筑的税收抵免和许可证加快办理等措施；

（5）研究和开发：例如，具有成本竞争力的零能耗建筑等相关技术的研发等。

能源政策的主要作用在于市场转型，以使得高能效技术在市场上得到成功的推广，主要从两个方面：

（1）消除壁垒，通过制定标准和颁发指令，推动发展。消除壁垒的政策包括提高性能标准和建立新兴技术应用的统一标准。这一类的能源政策包括建筑规范和设备标准。

美国各政府层面的建筑能效政策　　表1-4

	联邦政府	州政府	地方政府
消除壁垒			
建筑规范的制定	无*	多数	一些
建筑规范的执行	无	一些	全部
电器标准	有	一些	无
能源标识	有	无	无
公共领导力	有	多数	多数
技术无障碍			
各种激励措施	有	一些	一些
研究与开发	有	一些	无

*联邦政府支持建筑规范相关的研究工作，但不要求采用全国统一的规范

（2）技术无障碍，通过经济和非经济的激励措施，拉动发展。这类政策措施旨在降低新技术的初投资和安装费用，使得低寿命周期费用的能效技术也能成为有成本效益的技术。这类政策包括退还款、津贴、税收奖励和拨款等。

建筑能效政策贯穿美国各个政府层面，如表1-4所示。联邦政府制定国家电器标准，为不同设备的厂家提供统一的标准。联邦政府还采取大规模的经济刺激措施和能源标识，并为研究与开发提供支持。多数州政府有权进行标准的制定，但目前这部分工作主要由地方政府进行。对于电器标准，很多州政府提供经济激励措施，作为需求侧管理政策的一部分，有些州采用联邦法规之外的州内电器标准。而地方政府主要的工作重点在于建筑规范的执行，个别地方政府也制定规范。有些地方政府也为开发商提供奖励，如加快许可证的批准、在政府办公楼中建立

示范的能效技术等，还有些提供节能电器的退还款。

表 1-5 总结了《2005 年能源政策法案》和《2007 年能源独立与安全法案》中与建筑相关的节能与能效条款和内容。在这两部法规里都扩充和加强了电器、建筑设备和照明的能效标准。在电器和设备方面，规定了一些新的装置如备用电源的节能指标；在照明方面，新的目标实际上是消除白炽灯，因为 2020 年标准的要求只能由紧凑型荧光灯、LED 灯或者其他先进照明系统才能达到。也制定了关于金属卤化物灯的新标准。

政府建筑一直以来都是节能与提高能效的对象，新的目标和计划为其节能改造提出了更高的期望。也有新建建筑的计划，例如零能耗建筑，但计划的推进有赖于建筑发电技术、超高效供热与供冷系统和有成本效益的 LED 照明系统的进步。美国联邦政府能源管理项目（Federal Energy Management Program）帮助政府部门对能效升级进行融资，以达到这些目标，如节能效益合同、公用设施能源服务合同、联邦政府和州政府激励计划等。美国联邦政府能源管理项目也提供能源审计和设备采购指导。目前，通过《2009 年美国复苏与再投资法案》（American Recovery and Reinvestment Act of 2009，ARRA）和《2009 年美国清洁能源与安全法案》（A-merican Clean Energy and Security Act of 2009，ACESA）的颁布，联邦政府进一步扩展了建筑规范制定和建筑领域的经济刺激措施。虽然这些政策出台还不久，无法估计其长期的影响力，但联邦政府的作用扩大一定会对各政府层面的政策重点有所影响。

《2005 年能源政策法案》与《2007 年能源独立与安全法案》中建筑、电器与设备的相关节能与能效章节 **表 1-5**

条款编号	主要内容
《2005 年能源政策法案》	—
102,103,109	建立建筑节能的新目标，包括测试与验证(M & V)的计量核准和建筑性能标准的更新
121～128	为州政府和地方政府的计划批准新的资金，包括对防寒保温工作的支持、电器的退还款、低收入社区的补助金、为实施建筑能效规范的州提供奖励等
135	批准荧光灯、去湿器、电池充电器、出口指示灯、零售机、吊顶风扇、小型组合式商用空调与制热系统等产品的节能标准
141	批准公共住宅项目的建筑与电器新标准
912,913,921	批准固态照明、建筑能源性能和微热电联产技术的新能源部计划
1331～1334	批准一些高能效电器和设备的税收优惠
1701～1704	批准创新能源技术包括建筑节能技术的贷款担保
《2007 年能源独立与安全法案》	—
301～316	批准包括外部电源、住宅锅炉、步入式冷却器和冰柜在内的家用电器和建筑设备的扩充标准，加快制订规则的程序、更新测试程序和地区措施
321～325	批准包括白炽反光灯、金属卤化物灯具等照明装置的扩充标准以及灯标识和节能灯具与灯源采用的新导则
411～413	住宅建筑法规，包括防寒保温和改进预制住宅能源规范的资金重新核准
421～423	商业建筑法规，包括高性能“绿色”建筑和零能耗商业建筑的新能源部计划的核准
431～441 和 511～548	政府建筑法规，包括更高的节能目标、高性能“绿色”联邦政府建筑的核准、节能效益合同的新条款、精简采购条款、对州政府和地方政府的美国土著部落提供整体补助金

5. 建筑规范

建筑规范通过规定建筑围护结构、照明和供热、通风与空调系统的性能帮助住户节省能源和费用。建筑规范是长期市场转化的政府政策的基本部分。

建筑规范主要属于州政府与地方政府管辖范围，因此在全美国变化很大，以满足不同的需求和不同地区的气候条件。地方规范需要达到州规范的最低要求，有些州采取非常严格的节能规范。如加利福尼亚州，20 世纪 70 年代通过州内的建筑规范和电器标准之后，人均建筑能耗在 30 多年里保持稳定，如图 1-4 所示。

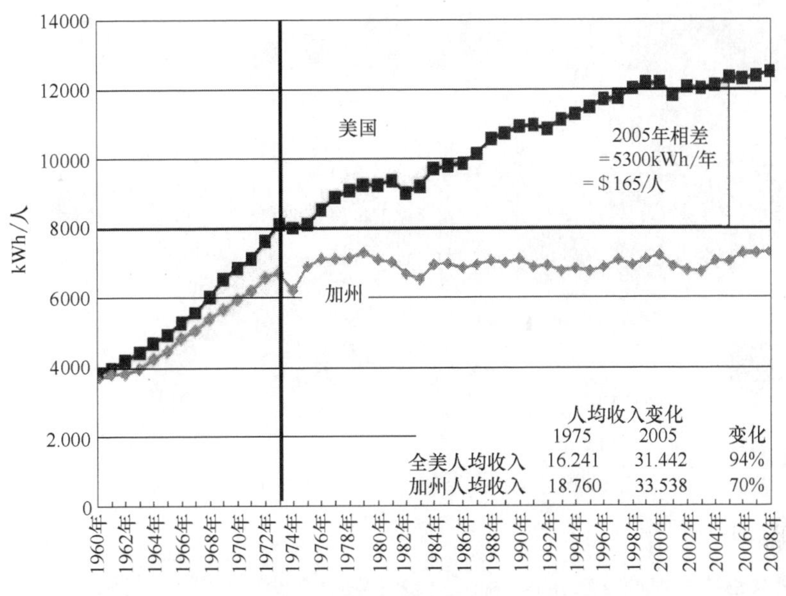

图 1-4　与美国其他地区相比加州的人均耗电量

美国联邦政府并没有建筑规范的直接管辖权，尽管 1977 年后联邦政府制定了示范规范，并要求各州考虑采用该规范。联邦政府还为各州提供采用、实施和执行规范的技术支持。《2009 年美国复苏与再投资法案》为采纳最新示范建筑规范的州提供经济奖励，《2009 年美国清洁能源与安全法案》最近被国会授权建立全国建筑能效规范，而如果州政府和地方政府没有达到或超过全国规范的最低要求，要受到经济惩罚。联邦政府不会要求各州必须遵守和执行全国规范，但是如果不遵守的话，政府有权扣留碳排放补贴和资金。

大多数州政府的规范基于国际节能规范（International Energy Conservation Code，IECC）和美国暖通空调工程师协会制定的示范性规范。规范的严格程度因各州的气候条件、监管环境和当地的利益相关者的实力而不同。图 1-5 和图 1-6 分别为美国各州的住宅建筑和商业建筑规范的情况，有 35 个州有住宅规范，36 个州有商业建筑规范，21 个州采用最新的规范。5 个州和华盛顿特区计划实行更为严格的规范。

地方政府的职责包括在没有统一的州内规范时制定当地规范或制定比州内规范更为严格的规范，还包括执行规范、建立示范建筑、通过美国绿色建筑委员会的绿色建筑评估体系项目对公共建筑和私有建筑进行高能效建筑认证等。例如，伊利诺伊州有州商业建筑规范，没有州住宅建筑规范，但多数地方政府制定了当地的住宅规范，有些县采用《国际节能规范（2003 年）》，有些采用《国际节能规范（2006 年）》，有些采用《国际节能规范（2000 年）》和《国际节能规范（1998 年）》。地方政府对规范的执行对于保证规范中的节能效果是非常关键的，而各地方执行的程序也会不同。地方政府还可以通过奖金和绿色建筑评估体系认证等措施加强节能规范在地方的效果。有 130 个地方政府要求政府建筑要进行绿色建筑评估体系认证，有些地方要求新建私有建筑也要接受绿色建筑评估体系认证。因为地方政府对于私有建筑的监管权力有限，更为普遍的做法是通过经济或非经济的激励措施鼓励认证。表 1-6 总结了地方政府对于绿色建筑评估体系认证的要求，表 1-7 总结了实行绿色建筑评估体系认证奖励措施的地区的个数与人口数。

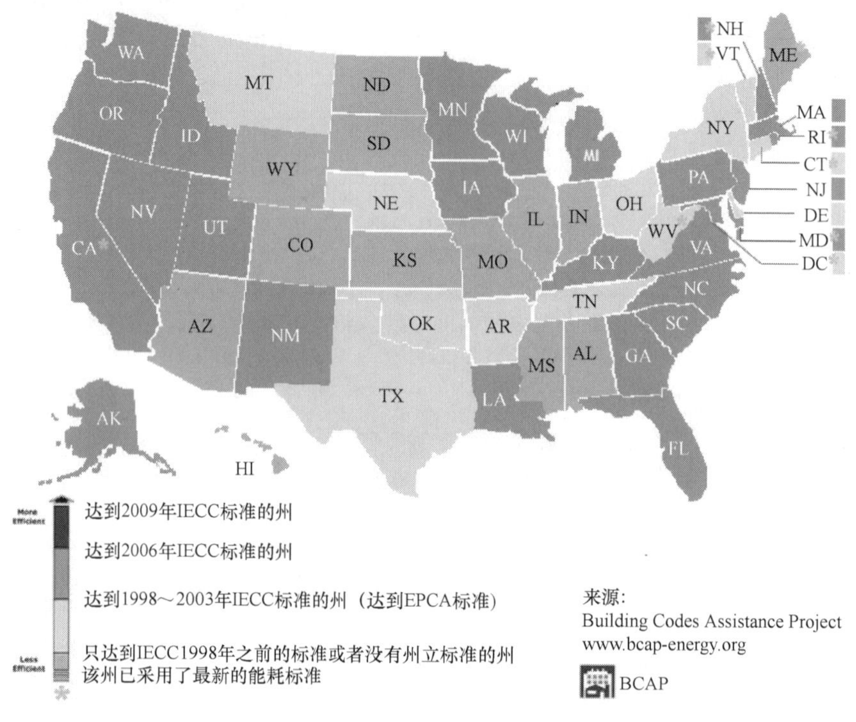

图 1-5 美国各州住宅能源规范现状（2009 年 7 月）

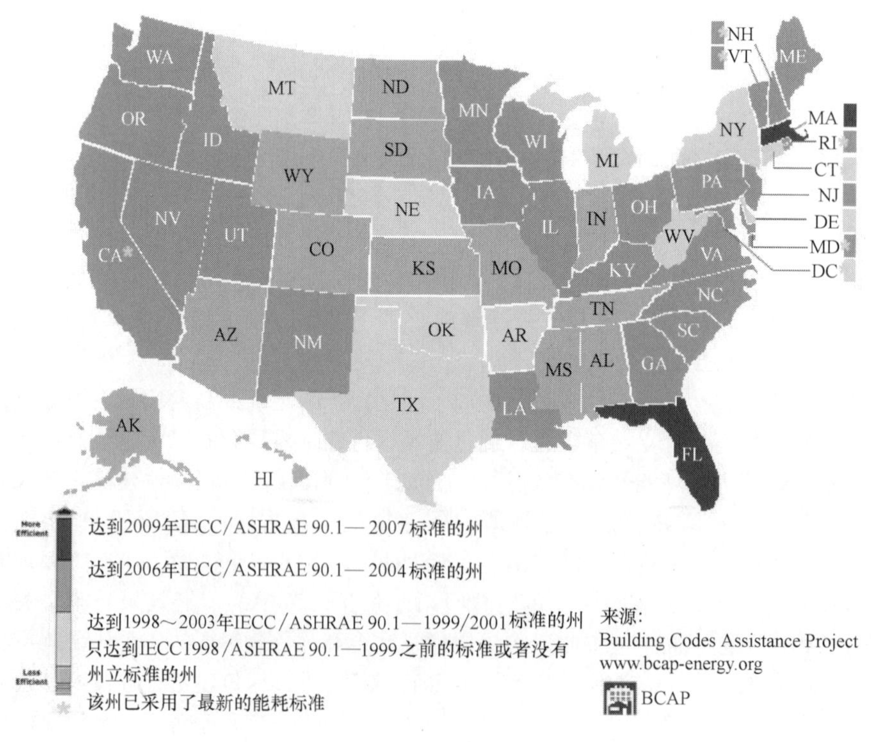

图 1-6 美国各州商业建筑能源规范现状（2009 年 7 月）

有绿色建筑评估体系认证要求的地方（县、市、镇）政府统计 表1-6

人　口	政府所有或支持的建筑		私有建筑(新建)	
	鼓励	必须	鼓励	必须
0～25000	3	15	7	8
25001～75000	2	28	3	17
75001～125000	3	9	4	1
125001～200000	1	15	4	4
200001＋	5	63	20	10
总和	14	130	48	30

资料来源：美国绿色建筑委员会，2009年。

采取绿色建筑评估体系认证奖励措施的地方（县、市、镇）政府统计 表1-7

人　口	政府所有或支持的建筑	私有建筑(新建)
0～25000	1	3
25001～75000	1	3
75001～125000	0	4
125001～200000	1	2
200001＋	1	20
总和	4	32

资料来源：美国绿色建筑委员会，2009年。

最新的示范规范能够获取非常显著的节能效果。据2009年麦肯锡的研究，对于住宅建筑，《国际节能规范（2009年）》比《国际节能规范（2006年）》提高能效12%～16%，而2012年的规范将进一步提高15%，采纳这两个规范预计将能在2020年获得250万亿英热单位（BTU）的终端能耗的节省。在商业建筑领域也存在相似的节能潜力。如采用最新的美国暖通空调工程师协会标准90.1—2007标准和到2012年提高能效30%的规范，将能获得2020年270万亿BTU终端能耗的节能量，占总的商业建筑能耗的12%。但是，目前仅有3个州采用了最新的商业建筑标准，13个州没有规范或者采用的是至少落后三代的规范。加州在建筑规范方面是最为领先的，加州能源工程师Rosenfeld对加州建筑规范所取得的效果作了评估，如图1-7所示，建筑在2003年降低峰值能源需求5.75GW，每年减少耗电11亿kWh，每户节省能耗费用2000美元。加州能源标准的每次修订（2002、2005、2008年）比前一版削减能耗10%～15%。然而，调查发现各州对于建筑规范的遵守和执行情况并不好，主要原因在于有限的人力资源和培训计划，以及相对于安全规范的低优先级别。2009年麦肯锡调查估计完全遵守建筑规范的范围为40%～60%。麦肯锡建议四种改善规范遵守的方法：①由第三方验证机构抽查；②雇佣更多的建筑规范公务人员；③提高公务人员的收入，加强培训；④提高基于性能的规范的目标性。采取这些措施的费用每年约2.1亿～10亿美元，但如果持续投入10年，将取得35亿美元的净现值能源费用节省。

6. 电器标准

电器标准要求新的设备必须达到最低的能效要求。行业标准有利于降低成本和为各厂家提供公平赛场，因为厂家会追求最低成本以在价格敏感的股票市场竞争。提高某种电器产品的总能效的标准还有利于分摊奖励等措施的推行。分摊奖励是指房屋开发商和房主在购买设备时，仅需考虑初投资，因为运行能耗费用将予以免收。

联邦政府在制定电器标准时具有首要的司法权，表1-8列出了联邦政府在电器标准上的主要政策。

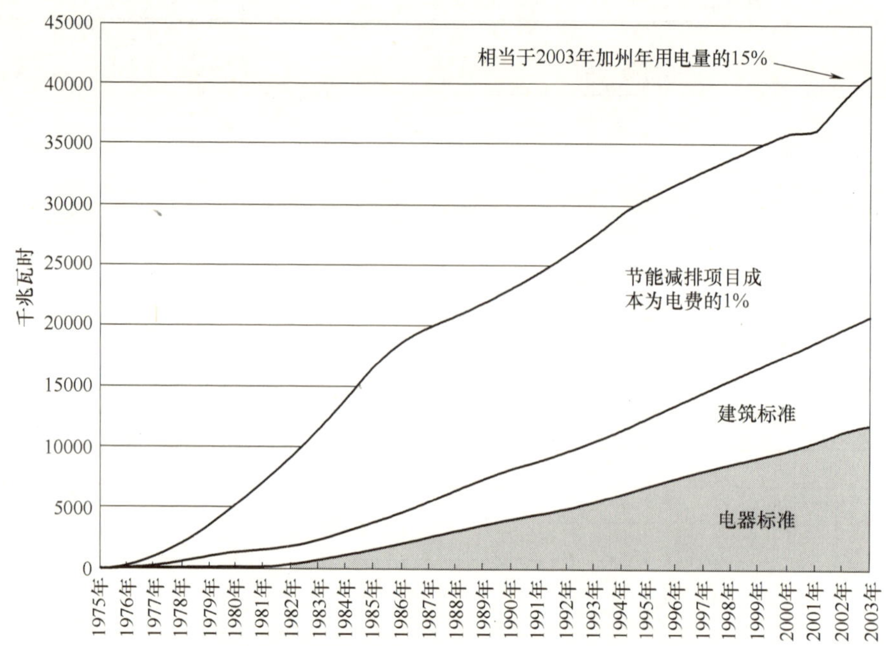

图 1-7 加州节能标准和计划取得的节能效果

联邦政府法案的相关电器能效标准要求 **表 1-8**

法 案	通过年份	内 容
《1975 年能源政策与节能法案》	1975 年	提议建立节能计划和能效目标
《1978 年国家节能与政策法案》	1978 年	批准能源部制定 13 个家用电器的标准
《1998 年国家电器节能法案》	1988 年	建立家用电器的全国标准并进行定期更新
《1992 年能源政策法案(一)》	1992 年	标准扩展到商业建筑和住宅用电器和设备
《2005 年能源政策法案(二)》	2005 年	更新电器设备的测试程序
《2007 年能源独立与安全法案》	2007 年	更多的电器设备被覆盖,更新现有标准

15 个州和华盛顿特区采用不被联邦政府标准涵盖的住宅和商业建筑电器标准，加州早在联邦立法之前的 1976 年就制定了电器标准，为其他州作了示范。有时州的电器标准会对某种电器实行比联邦标准更为严格的要求，这将使电器厂家增加生产成本。

至今为止，国会或能源部颁布了 17 个住宅电器标准、13 个照明电器标准和 17 个商用设备标准。大量的分析和研究证明这些电器标准的实施取得了非常大的节能效果，图 1-8 显示了燃气炉、中央空调和制冷机的能效标准的节能效果。据美国能源效率经济委员会（ACEEE）的估计，1990～2000 年，电器标准所产生的净现值收益与成本的比值为 3：1，2010 年电器标准节省了 2500 亿 kWh 电量（为全年总耗电的 6.5%），降低峰值负荷 7.6%。

7. 能源标识

能源标识为消费者在选择商品时提供运行能耗费用的信息，美国的能源标识分为两种：

比较型（“能源导则”），提供与同等级产品相比的年能耗；

宣传型（“能源之星”），在产品上贴标，证明其能效。

能源标识仅由联邦政府颁布。《1975 年能源政策与节能法案》和《1978 年国家节能与政策法案》制定了比较型标识，并于 1980 年开始实行。联邦贸易委员会制定了住宅电器标识，并

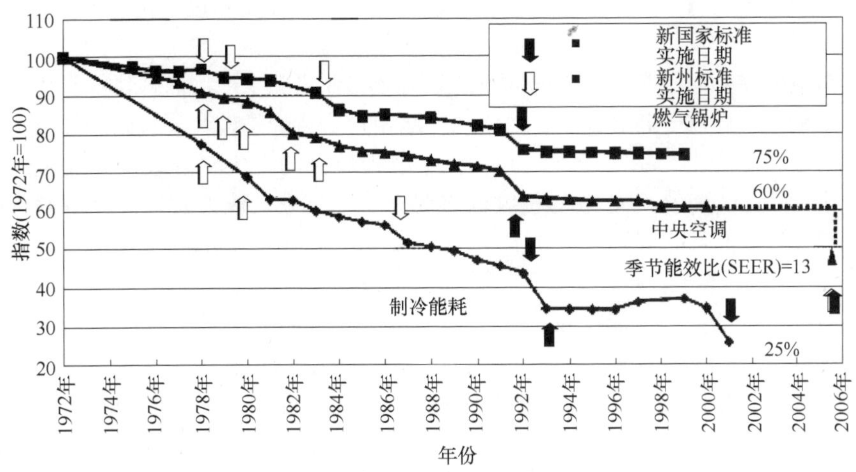

图1-8 全国与各州电器标准对于提高能效的作用

联合能源部制定了商用电器标识。

据能源部估计，“能源之星”仅在2007年就为消费者节省了160亿美元的能耗费用，而一项2002年的研究发现“能源导则”被广大的厂商和消费者认可，但其内容仍需修改，以向用户传达更有用的信息，取得更大的节能效果。

这两类能源标识的不足之处在于它们都把重点放在效率上，而不是总能耗。电器产品被分级，使得大型的高耗能产品与同类的低能耗产品分到不同的级别。这就促使制冷机等产品越来越庞大，总能耗越来越高，但不降低能效。小型的、效率较低的产品则被给予较低的能效标识。

8. 研究与开发

美国能源部通过《2005年能源政策法案》、《2007年能源独立与安全法案》和《2009年美国复苏与再投资法案》资助了建筑、交通、工业和发电各个领域的研究和开发项目，在建筑领域，不包括《2009年美国复苏与再投资法案》的资金，投入的资金总共有1.4亿美元，用于支持以下方面的研发工作：

(1) 改进围护结构性能相关的研发；

(2) 建筑设备研发，包括先进制冷剂、智能传感器和热回收技术等；

(3) 分析与设计工具软件，如模拟软件的开发；

(4) 固态照明技术的研发。

美国能源政策受到能源安全、环境保护与经济发展三大驱动力的影响，30多年来经历着变迁，但节能与能效始终为其主线。建筑节能与能效政策是美国能源政策的主要组成部分，包括建筑规范、电器标准、能源标识、激励措施和研发支持五个方面，联邦政府、州政府和地方政府发挥各自的优势，相互配合使这些法规和政策取得了很好的成效。尽管目前还没有被一致接受的方法用以评价能源政策的作用，近年来美国单位建筑能耗的逐年下降一定程度上还是能够证明这一点。可以说，有效的节能与能效政策是减缓能耗与碳排放增长的最为有效的工具。

1.3 美国建筑节能经济激励政策

1. 政府经济刺激政策

采用节能和能效技术通常要投入更多的资金，为了降低这方面的壁垒，促进其发展，美国政府采取很多的经济刺激政策，如奖励金、贷款、退还款、补贴和税收优惠等。表 1-9 列出了不同领域的经济刺激政策。

经济刺激政策在不同的领域有不同的目的，对于工业界和生产厂商，目的在于在商品化初期提高产品的能效，而对于商业建筑、住宅和终端用户，目的是教育公众认知能效的益处，加强能效技术的市场渗透力。相对于标准和标识，联邦政府的经济刺激政策是比较新的，尽管 1978～1985 年间颁布了一系列能效的税收优惠政策。近年来，较为长期的经济刺激政策是美国农业部（USDA）推行的美国农业能源计划（Rural Energy for America Program）。2002～2007 年间，美国农业部每年为小农场主提供 2300 万美元的奖金、贷款和贷款担保，鼓励他们采用提高能效的技术和可再生能源技术。2002～2005 年，能效项目占总的美国农业能源计划资助项目的 38%，约节省了 75000MWh 电能。2008 年农业部把资金扩大到 2.2 亿美元，当年颁布的节能与能源法案也为该计划提供每年（2009～2012 年）6000 万～7000 万美元的拨款，保证了该计划的延续。

按不同领域分类的经济刺激政策（非研发） **表 1-9**

目标领域	类　型	名　称	颁布年份
住宅、商业和农业	贷款担保	美国农业部美国农业能源计划	2002 年
住宅、商业和农业	奖金	美国农业部美国农业能源计划	2002 年
住宅	个人税收抵免	住宅能效税收抵免(Residential Energy Efficiency Tax Credit)	2006～2009 年
商业建筑	企业税收抵扣	商业建筑税收优惠(Commercial Buildings Tax Incentive)	2006～2013 年
工业和制造业	企业税收抵扣	厂家能效电器税收抵免(Energy Efficient Appliance Tax Credit for Manufacturers)	—
工业和建筑业	企业税收抵扣	住宅建造者新建能效住宅税收抵免(Energy Efficient New Homes Tax Credit for Home Builders)	2006～2009 年
全部	贷款	能效按揭(Energy Efficient Mortgages)	—
商业建筑	贷款担保	能源部贷款担保计划(DOE-Loan Guarantee Program)	2006 年
公共建筑	贷款	节能债券(Qualified Energy Conservation Bonds)	2008～2009 年
住宅	个人免税	住宅节能补贴免税(Residential Energy Conservation Subsidy Exclusion)	—
商业和工业	企业免税	商业/工业节能补贴免税(Commercial/Industrial Energy Conservation Subsidy Exclusion)	—

注：本表不包括《2009 年美国复苏与再投资法案》的政策。

很多州政府也提供经济奖励，支持建筑节能。例如，俄勒冈州于 1979 年起施行商业能源税收抵免（Business Energy Tax Credit），涵括节能技术购买的 35%税收抵免和给予无法缴纳足够的税费的企业一次性总的钱款。这项税收抵免政策至少使新建住宅或既有住宅通过节能改造降低能耗 10%，通过照明能效升级节能约 25%。税收抵免政策申报绿色建筑评估体系银奖认证的可持续建筑开发商。

州政府可再生能源与能效激励政策数据库（Database of State Incentives for Renewable Energy and Energy Efficiency）收集了详细的各州建筑节能的经济刺激政策。加州能源委员会以

3%的固定利率为学校、医院和地方政府的能源审计和节能技术的采用提供贷款。密苏里州为购买“能源之星”标识的消费者提供销售税假期。纽约州为多户家庭建筑业主提供经济奖励和技术支持，帮助他们提高建筑能源性能。服务多数州的公用事业公司为购买能效电器提供折扣。

由于节能技术往往需要较高的初投资而其收益是随时间分布的，政策实施的一个挑战就是资金。有些州通过选举决定节能项目的经济资助，如系统效益收费（Systems Benefit Charge）即给每个用户的能源账单增加一笔费用支出，一般按“美元/kWh”的方式收取，收取的费用被用来为提供经济奖励资金，支持教育和培训计划，为示范项目提供资金。由于这些资金来自能源费用而非各州的预算，多年以来保持稳定，包括在 2009 年很多州大幅度削减经费时。表 1-10 列出了设立系统效益收费的州和每年提供资金的估计。

州公共效益基金 **表 1-10**

州	有效年份	每年的资金(百万美元)
加利福尼亚州	1996 年	228
康涅狄格州	2000 年	60～70
特拉华州	1999 年	3.2
哥伦比亚特区	2008 年	7.5～20(2009～2012 年)
伊利诺伊州	1999 年	3
缅因州	1999 年	7
马萨诸塞州	1998 年	237
密歇根州	2000 年	83.8
蒙大拿州	1999 年	10
新罕布什尔州	1996 年	19
新泽西州	2001 年	176
纽约州	1996 年	156
俄亥俄州	1999 年	10
俄勒冈州	1999 年	52
宾夕法尼亚州	1996 年	4
罗德岛州	1997 年	17
佛蒙特州	2000 年(高效佛蒙特(Efficiency Vermont))	30
	2005 年(清洁能源基金(Clean Energy Fund))	6～7
威斯康星州	1999 年,2007 年重新调整	90

资料来源：州政府可再生能源与能效激励政策数据库，2009 年。

地方政府的激励政策包括经济的和非经济的。有一项政策是用房产税偿还的市政债券来资助住宅的节能改造，该资助可用来代替房产抵押。这一类的政策能够减少节能改造项目的两大融资障碍——信用与抵押。居民无需具有很好的信用度，仅需用其房产就可以获得贷款，该房产作为抵押品，也可以降低贷方的风险。另一个好处是业主不一定要在出售住房时收回投资，因为贷款是给业主的。这对于改善保温等无法直接看到的节能技术等很有价值。另一项地方政府能源政策是防寒保暖支持计划（Weatherization Assistance Program）。该计划通过削减低收入居民的能源费使他们能够支付一次性的住房能效升级。该计划还希望通过扩大能源审计和节能改造的市场来增加“绿色就业”机会。防寒保暖支持计划在 32 年里资助了 620 万户家庭，帮助他们实施了住房的节能改造，平均减少供热和供冷能源费用 32%。非经济的激励措施，如为获得绿色建筑评估体系认证的房产开发商提供许可证的加快办理等。

美国在 2005 年 8 月颁行了新的《能源政策法案》，其中能效问题以能源政策中的核心问题而居于本法案的首章。联邦政府就能效问题制定了一系列法规，并为之建立了一个全方位、多层次的激励机制。下面将列举一些激励措施和政策。

2. 企业税收财政激励

企业减税

1）商业建筑的减税

《2005 年能源政策法案》为节能商业建筑设立了一项减税措施，有效期为 2006 年 1 月到 2007 年 12 月 31 日。这项减税措施被延长到 2008 年，后来又通过《2008 年能源改进和扩展法案》延长到 2013 年。

对于新建或已有建筑，只要通过安装：①室内照明；②围护结构；③制热、制冷、通风或热水系统，使得建筑总能耗比美国暖通空调工程师协会标准 90.1—2001 所规定的最小能耗小 50%，那么此建筑每平方英寸可获得 1.8 美元的减税。节能效果必须通过国税局认定的软件进行计算。

对于使用了单独照明、围护结构或制热制冷系统而达到预定目标，并在通过安装其他系统使综合节能效果达到 50%的建筑中占到了合理比重，那么此建筑每平方英寸可获得 0.6 美元的减税。

此项减税主要给予建筑业主，但也适用于进行了结构扩建的房客。对于节能系统安装和政府资产，减税将主要给予系统的设计人员。在建设完成的年份，减税开始实施。

2）企业折旧

改进加速成本回收体系+津贴折旧（2008～2012 年）

根据联邦改进加速成本回收体系（MACRS），企业可以通过折旧减税来收回某些资产投资。联邦改进加速成本回收体系为不同形式的资产建立了一系列分级的使用期限，（3～50 年），超过这一时间段，资产可能贬值。根据联邦改进加速成本回收体系，许多可再生能源技术被分为 5 年资产。这些资产目前包括：

① 一系列太阳能电力和太阳能热力技术；

② 燃料电池和微型燃气轮机；

③ 地热发电；

④ 直接使用地热和地源热泵；

⑤ 小型风力（100kW 或更少）；

⑥ 热电联产（CHP）。

此外，对于某些生物资产，联邦改进加速成本回收体系将其使用期限分为 7 年资产。合格的生物资产通常包括在生物能转化为热或固体、液体或气体燃料时所使用的资产、设备和用于接收、处理、收集和在燃烧系统中燃烧的生物能，或用于生产热水、燃气、蒸汽和电力的垃圾衍生燃料系统。

到 2010 年，通过一系列的修正，2010 年 9 月 8 日至 2012 年 2 月 1 日，相应的资产可以获得 100%的首年津贴折旧。2012 年，津贴折旧仍有效，但可获得的津贴折旧从 100%下降到了 50%。

为了获取津贴折旧，工程必须满足如下标准：

① 资产必须有 20 年或少于一般联邦税收折旧条文的恢复期；

② 资产的最初使用必须在纳税人申请减税的同时进行；

③ 在 2008～2012 年已经获取该资产；

④ 在2008～2012年该资产已经开始使用。

如果资产满足了以上要求，那么业主有权在资产投入使用的纳税年份减除相当一部分的基本资产。如前所述，对于在2010年9月8日之后和2012年2月之前安装和使用的资产，第一年可获得100%的可调基本减免。对于在2008～2012年使用的，但使用数据不满足此条件的资产，可以获得50%的首年可调基本减免。

3）企业免税

房屋节能补贴的排除（企业）

根据美国法典第136章，通过公共设施直接或间接提供给用户的节能津贴都是免税的。这排除了并不适用于根据《1978年公共设施调整法案》登记为“合格设施”的电力发电系统。如果一个纳税人为节能资产申请联邦税收抵免或减免，那么为了申请减免或抵免的投资，必须减去节能津贴（即纳税人不得申请他最终没有付费的税收抵免）。

所谓“节能措施”，包括为了减少电能或燃气的消耗，或提高能源需求管理的主要设计安装和改进。符合资格的住宅单元包括住宅、公寓、移动房屋、船和类似的资产。如果一个建筑或结构同时包含住宅单元和其他单元，那么必须对津贴进行合理的分配。

对“节能措施”的定义意味着，住宅太阳能，热力工程和太阳能，电力系统可以是免税的。然而，国税局在这个问题上并没有明确的说明。考虑使用可再生能源的纳税人应该和专业税务人员探讨工程的细节。

根据国税局的规定（出版物525），以税收抵免或减免而获得的其他形式的设备津贴可能也是免税的。本规定指出：“如果你是一个电力公司的用户并且你参加了节能项目，那么你可能每个月通过电费账单来获得：购买价格的下调（比率下调）或与购电价格相对的不可归还的抵免。下调比率和不可归还的抵免不在你的收入之内。”

4）企业税收抵免

（1）商业能源投资税收抵免

联邦商业能源投资税收抵免，是在《2008年能源改进与扩展法案》上被延长的，此法案于2008年10月开始执行。此法案延长了8年太阳能能源、燃料电池和微型燃气轮机的抵免时间；增加了燃料电池的抵免金额；为小型风能系统、地源热泵和热电联产系统建立了新的抵免；允许公用设施使用抵免；并且允许纳税人用抵免替代相应的最小税款和受到一定限制的信贷。于2009年2月实施的《2009年美国复苏与再投资法案》，使抵免被延长到了更长的期限。

通常，在2016年12月31日或之前投入使用的那些系统都可以获得相应的抵免：

太阳能。抵免相当于支出额的30%，没有最大的抵免限制。适当的太阳能资产包括使用太阳能发电的设备，用于建筑制热或制冷（或提供热水）或提供太阳能产热。混合太阳能照明系统也包括在内，这一系统通过使用光纤来分配太阳光以达到使用太阳能为建筑内部照明的目的。被动的太阳能系统和太阳能储热池系统不包括在内。

燃料电池。抵免相当于支出额的30%，没有最大的抵免限制。然而，燃料电池的抵免不能超过每0.5kW容量1500美元。相应的资产包括最小容量0.5kW，发电效率在30%或更高的燃料电池。（注意：在2008年4月之前的抵免，以每0.5kW容量500美元为最高。）

小型风力发电机组。抵免相当于支出额的30%，在2008年12月31日之后没有最大的抵免限制。相应的小型风力资产包括最大至100kW的风力发电机组。（通常，在2008年10月3日至2009年1月1日之间相应资产的最大抵免为4000美元。《2009年美国复苏与再投资法案》取消了这一限制。）

地热系统。抵免相当于支出额的10%，没有最大的抵免限制。相应的地热能源资产包括地源热泵和用于生产、分配或使用来源于地热储存处能源的设备。对于使用地热发电，设备仅在电力传送阶段以上才适用。对于地源热泵，2008 年 10 月 3 日之后投入使用的资产都是适用的。注意，对于不包括地源热泵的地热资产，其抵免是没有一定期限的。

微型燃气轮机。抵免相当于支出额的 10%，没有最大的抵免限制。抵免最高为每千瓦容量 200 美元。相应的资产包括最大至 2MW 容量，效率为 26%或更高的燃气轮机。

热电联产（CHP）。抵免相当于支出额的 10%，没有最大的抵免限制。合格的热电联产资产通常包括容量最大至 50MW 且效率超过 60%的系统，对于大系统将受到相应的限制和减少。对于使用至少 90%生物能的热电联产系统没有效率要求，但对于低效系统，抵免也可能会减少。这一抵免适用于 2008 年 10 月 3 日之后投入使用的系统。

通常，最初设备的使用必须从纳税人开始，或是系统必须由纳税人建造。在需要使用设备时，设备必须满足相应的性能和质量标准要求。能源资产必须在抵免生效的同一年开始运行。

值得注意的是《2009 年美国复苏与再投资法案》撤销了对由“津贴能源资金”支持的合格工程先前的限制。在 2008 年 12 月 31 日之后投入使用的工程，就不再有此限制。

（2）住宅建筑商的节能税收抵免

2005 年的能源政策法案为所有新节能房屋的建造商建立了 2000 美元的税收抵免政策，包括符合联邦房屋制造和安全标准的住宅。最初定于 2007 年年底结束，后来被延长到 2008 年，之后又延长到 2009 年 12 月 31 日。

住宅满足以下要求则可获得抵免：

① 美国的房屋；

② 大致上在 2005 年 8 月 8 日之后建造完成；

③ 满足节能法规的要求；

④ 在 2005 年 12 月 31 日之后，2010 年 1 月 1 日之前被合格的承办商收购，并作为住房使用。

节能要求：如果现场建造的房屋被鉴定为制热和制冷能效为国际节能规范标准的 50%并且满足由能源部制定的最小效率标准，则房屋可获得 2000 美元的抵免。建筑围护结构的改进所带来的能耗减少必须占到总能耗减少量的 1/5。

如果房屋符合联邦房屋制造和安全标准并且满足上面的节能要求，则房屋的建造有资格获得 2000 美元的抵免。

如果房屋符合联邦房屋制造和安全标准并且比国际节能规范标准少 30%的能源消耗，则建造房屋有资格获得 1000 美元的抵免。在此情况下，建筑围护结构的改进所带来的能耗减少必须占到总能耗减少的 1/3。抑或，如果房屋满足能源之星标识要求，则它们也可获得此资格。除此之外，美国的各个部委还有一系列的可再生能源发电税收抵免。概括如下：

① 联邦补助项目

a. 部落（Tribal）能源项目补助；

b. 美国商务部、财政部——可再生能源补助；

c. 国农业部——高效能源成本补助；

d. 国农业部——乡村能源补助。

② 联邦贷款项目

a. 清洁、可再生能源债券；

b. 高能效按揭；

c. 合格的节能债券；

d. 美国能源部——贷款担保计划；

e. 美国农业部——乡村能源项目贷款担保。

③ 行业招募/支持

a. 高效节能电器制造业税收抵免；

b. 优质先进能源制造业投资税收抵免。

3. 个人节能补贴和税收抵免

根据美国法律，通过公共设施提供给用户的直接或间接的节能都是免税的。这不包括根据《1978 年公共设施监管政策法案》注册为“合格设施”的发电系统。如果一个纳税人为节能资产要求得到联邦税收抵免或减免，那么他为了得到减免或抵免的基本投资则必须减去节能补贴。

节能措施包括为了减少电力或燃气的消耗而进行的重大安装或修改设计。有资格的建筑单元包括房屋、公寓、宿舍、移动房屋、船及有关的资产。如果一幢建筑或结构既包含住宅单元又包含其他单元，那么补贴必须得到适当的分配。

根据节能措施的定义说明，住宅的太阳能供热工程和太阳能—电力系统的设施退还款可以是免税的。然而，国税局并没有对此进行明确说明。考虑为可再生能源系统申请此部分税收政策的纳税人可与专业税收人士商讨工程的细节。

根据国税局的规定（出版物 525），来自于抵免或减免的其他形式的设施补贴也可以是免税的。出版物上如是写道：“如果你是一个电力公司的用户并且你参加了设施的节能项目，那么你可能以以下方式获得补贴：一种是降低提供给你的电力的购买价格，或是在购电价格上提供一个不可归还的抵免。减免和不可归还的抵免不包括在你的收入之内。”

1）住宅节能税收抵免

此项抵免适用于在已有建筑的围护结构进行能效改进和购置高效的供热、制冷和热水设备。能效和设备的改进必须为居住在美国，拥有和使用此建筑的纳税人的主要住宅。2011 年为改造所提供的最大税收抵免为 500 美元。

（1）围护结构改进

已有建筑的所有者，可以获得为了提高建筑围护结构能效所产生花费的 10％的税收抵免。安装（劳务）花费不包括在内，并且为改造所提供的最高额度为 500 美元。为了能够获得抵免，改造必须符合《国际节能规范（2009 年）》的相关规定。以下改造可以获得税收抵免：

① 隔热材料和系统必须设计为具有减少房屋热损失和得热效果；

② 外门和窗（包括天窗）——在 2006～2011 年，总抵免不能超过 200 美元；

③ 有色屋顶设计为具有减少得热效果，沥青屋顶要有相应的冷却层。

（2）制热、制冷和热水设备

购置合格的住宅能效资产的纳税人可以获得税收抵免。抵免相当于遵循下列设备的最高额度：

① 先进的空气循环风机：50 美元；

② 天然气、丙烷或燃油炉，或年燃油利用率为 95％或更高的热水锅炉：150 美元；

③ 电热泵或能效系数高于 2.0 的热水器：300 美元；

④ 达到由联合企业能效所建立的最高能效等级的电热泵：300 美元；

⑤ 达到由联合企业能效所建立的最高能效等级的集中式空调系统：300 美元；

⑥ 可达到最少 0.82 的能效系数或最少 90％热效率的天然气、丙烷或燃油热水器：300 美元；

⑦ 使用“来源于植物的可再生燃料，包括农作物和树木、木材、草和纤维等”的生物炉：300 美元。

2）住宅可再生能源税收抵免

纳税人可以为在美国的住宅单元和由纳税人居住的住宅能耗系统的花费申请 30％的抵免。而系统和设备的花费是从安装完成时开始计算的。如果安装在一个新房屋，“使用日期”是从房屋所有者入住开始计算。花费包括用于建设准备、组装或原始系统安装的劳务开支，和用于连接系统到房屋的布管或布线的开销。如果联邦税收抵免超过了税收义务，那么超过部分将累积到下一税收年。超过的抵免一直可以累积到2016年，但还不确定在这之后未用的抵免是否可以继续累积。最大可用抵免、设备要求和其他资料因所使用技术的不同而有所变动，如下面列出的内容。

（1）太阳能电力设备的抵税

① 在2008年之后安装的系统没有最大抵免额度。在2009年1月1日之前投入使用的系统有2000美元的最大抵免额度。

② 系统必须在2006年1月1日和2016年12月31日期间安装使用。

③ 使用系统的房屋不必是纳税人最初的居住处。

（2）太阳能热水资产抵税

① 在2008年之后安装的系统没有最大抵免额度。在2009年1月1日之前投入使用的系统有2000美元的最大抵免额度。

② 系统必须在2006年1月1日和2016年12月31日期间安装使用。

③ 系统的性能必须通过太阳能等级认证委员会的认证或通过其他类似政府机构的认证。

④ 住宅生活热水的一半必须是来自太阳能热水的产量。

⑤ 给予太阳能供热资产的税收抵免不能应用于游泳池或热浴盆。

⑥ 使用系统的房屋不必是纳税人最初的居住处。

（3）燃料电池设备抵税

① 最大税收抵免为每0.5kW 500美元。

② 系统必须在2006年1月1日和2016年12月31日之间安装使用。

③ 使用电化学过程的燃料电池的铭牌容量至少为0.5kW，并且发电效率要高于30%。

④ 对于联合使用的情况，最大抵免额度为1667美元每0.5kW，但不适用于拥有配偶的情况；住房可以根据夫妻双方付费的比例来获得抵免。

⑤ 使用系统的房屋不必是纳税人最初的居住处。

（4）小型风能设施抵税

① 在2008年之后安装的系统没有最大抵免额度。在2008年安装使用的系统，最大税收抵免为每0.5kW 500美元，不超过4000美元。

② 系统必须在2008年1月1日和2016年12月31日之间安装使用。

③ 使用系统的房屋不必是纳税人最初的居住处。

（5）地源热泵抵税

① 在2008年之后安装的系统没有最大抵免额度。在2008年安装使用的系统，最大税收抵免为2000美元。

② 系统必须在2008年1月1日和2016年12月31日之间安装使用。

③ 地源热泵必须符合联邦能源之星标准。

④ 使用系统的房屋不必是纳税人最初的居住处。

1.4 《2009年美国复苏与再投资法案》(ARRA)

在过去的几年中，对美国建筑节能影响最大的莫过于《2009年美国复苏与再投资法案》。于2009年2月17日由奥巴马总统签署立法的《2009年美国复苏与再投资法案》是美国历史上最大的单一联邦经济投资法案。经济刺激为核心能效项目提供了250亿美元资金，直接或间接地用于能效项目的资金更是多达数十亿美元。在每一个项目领域，经济刺激都将带来在能效方面的巨大提高，法案的目的就在于通过资金开支来刺激经济增长、创造就业机会、节约能源和减少温室气体排放。这些项目旨在促进市场转型，用以确保未来能源安全，创造更多的就业岗位和实现更长期的节能效果。

经济刺激资金将通过较大范围的补助金计划来推进建筑节能。主要分配给州政府和地方政府，并通过退税、税收抵免和其他方式来分配给个人。以下是全部或部分与能源效率有关的刺激计划的重要组成部分：

（1）核心能效项目（Core Energy Efficiency Programs）；

（2）能源效率及能源节省整体拨款（Energy Efficiency and Conservation Block Grants）。

资金：32亿美元——28亿美元通过方案拨款进行分配；4亿美元授予基于公平竞争而获得补助金的申请人。符合资格的单位为国家、地方政府、印第安部落。能源效率及能源节省整体拨款计划是由《2007年能源独立与安全法案》确立的一项计划，但以前并未得到过资金拨款。这些拨款的目的在于帮助那些符合资格的单位实施能源效率及节能战略和计划。接受拨款的当地政府必须达到以下要求：

（1）使用联邦政府基金时要考虑到相邻地方政府的计划；

（2）与国家的计划相协调并且与国家共享信息。

资金分配：方案拨款（28亿美元）预计将大致进行如下分配：68%分配到具有一定规模的地方政府，28%分配给各州（州需要将其至少60%的资金分配给那些没有获得直接方案拨款的城市和县），4%分配给印第安部落。能够直接获得资金的、符合资格的当地政府包括：

（1）至少有35000人口的城市；

（2）至少有20万人口的县；

（3）为该州人口最多的前10位城市和县之一；

（4）规模较小的城市可以通过和它们所在的州政府相协调来获得资金。

竞争性资金（4亿美元）将会优先给予那些州中总人口少于200万的地方政府和那些明显地提高能效或减少化石燃料使用的地方政府。

符合资格的活动：所有符合资格的活动包括（但不仅限于）市政建筑和公用设施（供水和排污系统、路灯等）改造，发展、实施能源效率和节约战略，开展住宅和商业建筑能源审计，为能源效率的提高建立财务激励机制（例如，贷款和退税计划），以及为当地政府机构进行的能源审计提供技术援助。

1. 州能源计划（State Energy Program）

提供资金：31亿美元，符合资格的单位：州能源办公室。州能源计划提供拨款给各州；指导资金，由国家能源办公室（SEOs），用于能源效率和可再生能源项目。

资金分配：按照州或地区的人口和能源消耗来分配。超过为每个州设立的基础分配额的部分，并且此部分资金和可提供的资金相比十分小的，这些资金将被视为每个州的承担额度，并且州政府需：

（1）采用可以消除在投资能源效率时产生不利因素的公共事业监督改革；

（2）采用和执行最新的住宅和商业建筑标准（美国暖通空调工程师协会标准90—2007和《国际节能规范（2009年）》）；

（3）当分配资金给州能源计划时，优先安排现有的州项目；

（4）通常要求各州为州能源计划提供20%的资金，但这一要求已被复苏法案资金摒弃。

符合资格的单位包括能源办公室协会（NASEO）所列出的当前由州组织的州能源计划活动的清单，这张清单总结了许多潜在的节能项目领域。这些领域包括：为了促进能源节约而进行的公共教育；针对能源效率和可再生能源的资本投资；商业和工业能源审计；为了提高运输效率而进行的节能创新措施；综合能源计划的制订；削峰填谷战略的发展；为建筑设计师和承建商进行能源效率培训和教育；制定建筑物改造的标准和法规；研究可再生能源和提高能源效率的技术等。

2. 高效节能家电回扣计划（Energy Efficient Appliance Rebate Programs）

提供资金：3 亿美元。符合资格的单位：可向第三方提供资金回扣项目的各州。3 亿美元用来支付给消费者替代同类住宅电器而购买能源之星产品的回扣。复苏法案资金能够偿付100%的花费回扣，但仅能偿付 50%的行政花费，它不能取代现有的退税资金。资金按州的人口比例进行分配。

3. 电力传输和能源可靠性（Electric Delivery and Energy Reliability）

资金：45 亿美元。另有额外的 32.5 亿美元拨给西部地区电力管理局和博纳维尔电力管理局（Bonneville Power Administration）。符合资格的单位：适用于使用示范性项目资金的公用工程。资金可用于为了革新电网（包括在需求反应技术的投资）而在电力传输和能源可靠性工程上的必要花费和用于智能电网和能源储存技术的分析、开发和实施。资金直接分配给美国能源部办公室用于电力传输和能源可靠性项目；然而，该法案的补充部分将全国所有地区的智能电网示范性项目归为电力公用工程，对于示范性项目将只提供不多于 50%的资金。

4. 防寒保暖援助项目（Weatherization Assistance Program）

资金：50 亿美元。将资金分拨给社区行政机构、其他非营利组织和地方政府各州。防寒保暖援助项目将使低收入家庭的住房更加节能。该法案将符合收入水平资格的家庭从贫困线家庭的 150%增加到了 200%，并且将资金援助增加至每家 6500 美元。该法案还允许接受过 1994 年防寒保暖项目援助的住房接受新的防寒保暖援助。

5. 学校和高等教育设施的现代化（Modernization of Schools and Higher Education Facilities）

资金：97.5 亿美元 ，其中一部分将分配给能效的改造。符合资格的单位为州政府。97.5 亿美元可以由州长用于解决公共安全问题和其他政府机构，这些资金可以用于现代化改造和修复学校建筑和公共高等教育机构建筑，使之达到相应的绿色建筑评级系统的要求。此外，复苏法案建立了一种新的可由州和地方政府用于建设、复原或修复公共学校设施的税收抵免。

6. 高性能绿色建筑——联邦大楼（Federal Buildings）

资金：45 亿美元。将拨给总务管理局用于将联邦设施改造为“高性能绿色建筑”。4 亿美元的额外拨款将用于建立联邦高性能绿色建筑办公室。

7. 国防部现代化（Department of Defense Modernization）

资金：36 亿美元。36 亿美元拨款将用于国防部设施的现代化建设，其中包括了提高能源效率等。

8. 高级研究计划局-能源（Advanced Research Projects Agency-Energy）

资金：4 亿美元。4 亿美元的拨款用于开发减少对外国石油依赖、提高所有经济部门效率和减少温室气体排放的技术的研究。尽管高级研究计划局-能源计划早在两年前就已建立，但这还是它首次获得资金拨款。支持者希望高级研究计划局-能源计划能培育出能源技术的创造性思维方式，充分利用大学、市场、工业、投资团体和国家实验室获得高风险、高回报的研究成果。

9. 应用研究、开发、示范和部署（Applied Research，Development，Demonstration and Deployment）

资金：25 亿美元，经费将拨给能源办公室的能源效率和可再生能源部。在这些经费中，有 6500 万美元分配给工业评估中心；5 亿美元分配到废热回收激励计划；8 亿美元被指定用于生物项目；4 亿美元用于地热技术项目；5000 万美元用于“提高信息和通信技术的能源效率和改进相应标准”；剩余的资金用于能源效率与可再生能源办公室其他尚未明确的项目。

10. 资助房屋（Assisted Housing）

适用于第8条住房的绿色改造，共计2.5亿美元，用于节能改造和绿色投资补助或贷款。符合资格的实体为第8条公开资助住房业主（低收入业主）。

11. 公共房屋建设基金（The Public Housing Capital Fund）

资金：10亿美元。符合资格的单位：拥有或经营低收入公共房屋并获得《1937年美国住房法案》中第9条规定的建设资金的公共房屋机构。10亿美元拨给公共住房建设基金，作为竞争性补助奖励，这些投资包括利用私营部门的资金或融资进行装修和节能改造的投资。

12. 贷款担保（Loan Guarantees）

6亿美元用于贷款担保。拨给创新技术和贷款担保项目，该项目用于支持消除和减少空气污染以及温室气体排放的初期商业投资。该项目由《2005年能源政策法案》的第17章授权。

13. 税收条款（Tax Provisions）

节能债券，资金：24亿美元的额外节能债券（先前最高为8亿美元）。符合资格的单位：州、较大的地方政府、印第安部落。法案额外拨款2.4亿美元用于节能债券，用以资助州、市和印第安部落政府的项目和旨在减少温室气体排放的措施。法案还明确表明，这些债券可以用于对为了实施绿色社区项目而产生的花费进行贷款和补助。符合条件的活动包括：公共建筑节能改造（至少减少能源使用的20%）；绿色社区和可再生能源项目；能源效率，高峰需求反应的管理，可再生能源，碳捕获和封存技术的研究，开发和示范；“质量交换”和污染减排措施；为提高能源效率而进行的公众教育运动。

14. 现有住房税收抵免（Existing Homes Tax Credit）

提供给业主的用于住房能源效率改进的税收抵免已翻了三倍，从住房能源开支的10%提高到了30%，每个家庭最高可获得1500美元的抵免。此外，还有对建筑和设备进行符合条件的改善的新标准，此项税收抵免已经被延长到2010年。

15. 先进能源投资项目抵免（Advanced Energy Investment Credit）

资金来源：高达23亿美元的可分配的税收抵免。为“先进能源资产”的生产建立一个30%的投资税收抵免机制，这些资产包括用于生产可再生能源、能源储存、节能技术，以及高效输配电技术、碳捕捉及封存技术。

16. 补助代替抵免（Grants in Lieu of Credits）

为给在2009年或2010年投入使用的特定能源资产提供商业补助用以代替税收抵免，特定能源资产包括热电联产系统、地源热泵、燃料电池的微型燃气轮机。

17. 交通津贴（Transit Benefits）

增加提供交通和上下班交通人员的每月免税津贴至与提供自备车的雇主的每月免税津贴相同的水平（每月230美元）。

18. 插电式电动汽车税收抵免（Plug-In Electric Drive Motor Vehicle Credit）

这一规定修改了插电式电动汽车的最高税收抵免至7500美元，而且税收抵免将不会考虑车辆重量，同时也去除了低速插电式车辆和重量在14000磅及以上的插电式车辆的税收抵免，并且以每个插电式车辆制造商所提供的20万美元的抵免限额取代了25万美元的限额。

1.5 美国建筑能耗概况

1.5.1 美国建筑能耗总体概况

从建国伊始到18世纪末，美国是一个以农业为主、具有大量森林资源的国家。在这段时期里，能源消耗主要以随处可见的木柴为主。而随着快速发展的工业化进程、经济、城市化水平以及铁路的修建，导致了大量使用煤炭资源的局面。至 1885 年，煤炭已取代木材，作为美国的主要能源消耗种类。

在之后的 70 年中，煤炭保持了其在能源消耗品种中的不二地位。直到 1950 年，其领先地位便先后被石油以及天然气所取代。到了 2011 年，煤炭消耗量达到了前所未有的峰值，主要被用来进行发电。天然气作为一种更为清洁以及更易运输的能源品种，取代了原先煤炭的地位，被主要用于家庭采暖、商业以及工业炉的燃料。虽然美国的总能源消耗量在 1850 年和 2000 年之间增长了大约 50 倍之多，但其人均能源消耗量却仅仅增加了 4 倍。2009 年起，美国人均能耗已经相对 2000 年降低了 12％。自 20 世纪初以来，石油仅仅被用来生产润滑油以及作为油灯的燃料，在各能源品种中的使用量很低。然而 100 年之后它却成为了美国乃至整个世界最重要的能源品种，不可否认，其兴盛与汽车的出现具有紧密的联系，而后者则是美国文化和经济发展的重要推动力。

在 2010 年 7 月，美国能源创新委员会（会员包括微软总裁比尔·盖茨、通用电气总裁杰弗里等）敦促美国政府加大对于能源领域研究和发展的投入，将经费增加到 160 亿美元。该委员会倡议针对基础能源领域的研究进行跳跃式的投入和发展。根据 2010 年的统计数据，美国是世界第二大能源消耗国并且在人均能源消耗统计中位列第七，仅次于加拿大以及一些较小的国家。在所消耗的能源中，大部分来自于化石燃料：在 2009 年，美国能源信息管理局的数据显示全国 37％的能源来自于石油，21％来自于煤炭，25％来自于天然气。核能以及可再生能源为美国分别提供了 9％以及 8％的能源，其中可再生能源主要来自于水力发电厂（虽然其他形式的可再生能源包括风能、地热能以及太阳能也在列，但其影响还相对较小）。在过去的 50 中，美国的能源消耗增长速度要远高于能源生产速度，而这一缺口如今正是通过向外国进口能源的方法来弥补的。

根据美国能源信息管理局的统计数据，美国如今的人均能耗与 1970 年基本持平。1980～2006 年，人均年能耗保持在 3.359 亿 BTU 左右。该现象表明：在美国，原先被用来生产消费品，诸如汽车以及其他消费品的能源如今被转移到了第三国，而在这些消费品被运往美国的途中所产生的相应的温室气体以及其他污染取代了原先在本国的能源消耗及污染。而与之产生对比的是，世界人均能耗水平则从 1980 年的 0.637 亿 BTU 增长到了 2006 年的 0.724 亿 BTU（表 1-11）。

美国近年来能源消耗统计数据 **表 1-11**

年份	人口（百万）	一次能源消耗（TWh）	能源生产量（TWh）	能源进口（TWh）	电力消耗（TWh）	二氧化碳排放量（Mt）
2004 年	294.0	27050	19085	8310	3921	5800
2007 年	302.1	27214	19366	8303	4113	5769
2008 年	304.5	26560	19841	7379	4156	5596
2009 年	307.5	25155	19613	6501	3962	5195
2009 年相对 2004 年的变化率	4.6％	−7.0％	2.8％	−21.8％	1.0％	−10.4％

美国能源部将全国的能耗分为三大块：工业、交通、建筑（其中包括居民建筑以及商业建筑）。其中，建筑能耗已经引起美国能源部以及社会各界的关注。统计数据显示，2008 年，单单美国的建筑总能耗便已占据了全球一次能源总消耗的 8％，美国的建筑能耗已占据其全国总能耗的 40％，相比交通以及工业版块的能耗分别多出了 43％以及 24％。根据美国能源部的统计数据，美国建筑能耗在全国总能耗中所占的比重呈逐年上升趋势（图 1-9）。

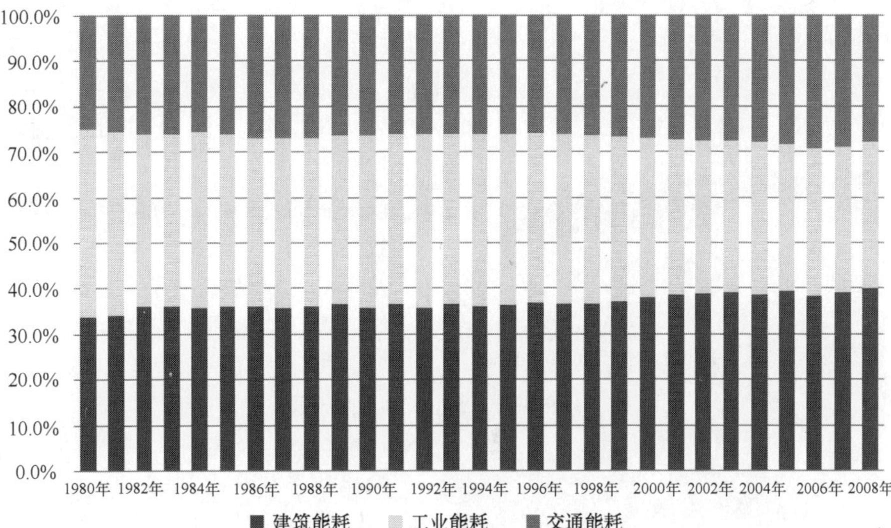

图 1-9　美国建筑能耗、工业能耗以及交通能耗占全国总能耗的比重

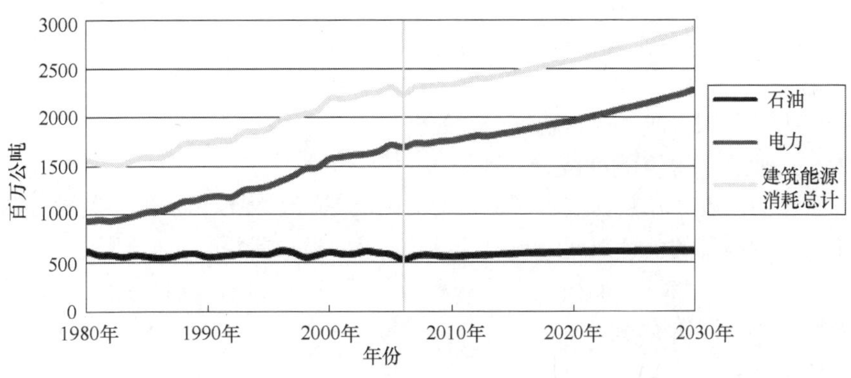

图 1-10　美国建筑历史碳排放量统计及未来预测

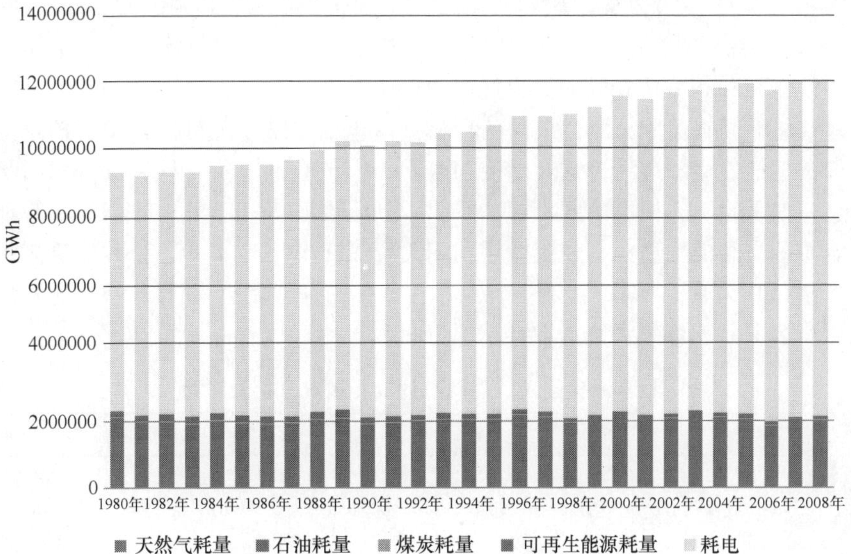

图 1-11　美国建筑能耗历史统计数据

根据美国能源部公布的美国建筑能源消耗数据，美国建筑版块消耗的能源所产生的碳排放呈逐年上升趋势（图 1-10），且主要受电能消耗而引起的碳排放量增长的主导。而从图 1-11 中反映的结果来看，美国建筑能源总消耗量中电力消耗的比重也愈来愈大。

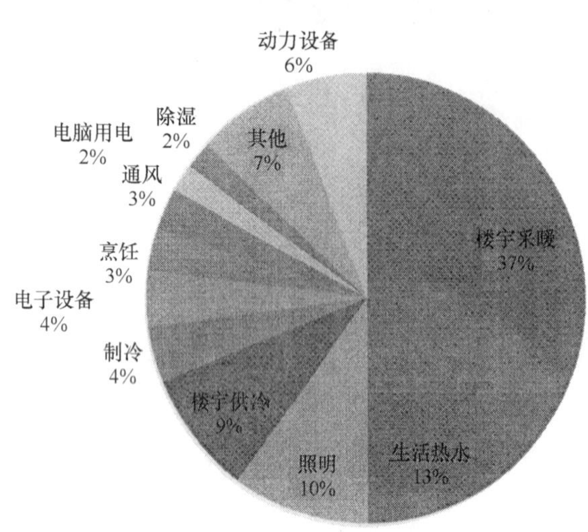

图 1-12 美国建筑能耗依据末端用能设备能耗拆分

2008 年美国的建筑总能耗已经比 1980 年时的消耗增长了 50%左右。出现该现象的主要原因为美国人口、民居建筑数量以及商业用地的增加。而建筑采暖以及生活热水供应成为了主要的末端能源消耗方式，使用了建筑物本身将近 50%的能耗。统计数据显示，近年来，美国的建筑中能耗最大的三个用能末端为采暖、生活热水供给以及照明，它们占据了将近 60%的建筑总能耗。其他用能末端，比如供冷、用户电器以及厨房用具占据了其余的 40%（图 1-12）。

由于美国能源消耗总体上（尤其是建筑能耗）呈不断上升的趋势，因此由美国总统奥巴马提出的发展新能源以及提高能源效率已经成为了美国“能源探索新纪元”的标志。

1.5.2 美国近年建筑能耗统计

美国的建筑能耗统计和数据信息的发布由美国能源信息管理局负责，美国能源信息管理局是隶属于美国能源部的统计机构，成立于 1977 年。美国能源信息管理局负责科学地开展全国性公共建筑和住宅建筑的能耗调查，获取各类建筑的能耗特点，再外推到全国的建筑，从而得到全国整体的建筑能耗数据。数据调查的过程由与美国能源信息管理局有合同协议的调查公司具体实施。

基础数据收集的目的是为了了解各类建筑的能耗特点，是能耗统计的核心。美国公共建筑能耗的数据收集即公共建筑能耗调查（Commercial Buildings Energy Consumption Survey），从 1979 年起，每隔 4 年实施 1 次，到 2007 年是第 9 次。公共建筑能耗调查主导着对全国范围的公共建筑能耗和相关信息开展的大规模抽样调查。

公共建筑能耗调查美国公共建筑的各种信息，包括建筑物理特征，如围护结构、面积和建造年代等；建筑使用和运行方式，如使用时间、人员数量、所有权和被占用的状态等；用能设备信息，如采暖、空调、冷藏冷却、照明和办公设备等；已采用的节能和管理措施；建筑使用的能源种类和使用途径；建筑能耗和相关费用支出。2003 年，公共建筑能耗调查按此样本选取方法，共选取了 6380 个合格样本。2003 年的抽样调查保证了 95%的置信概率。表 1-12 为近年来公共建筑能耗调查的取样情况分析和对比。

近年来美国建筑能源统计取样情况分析及对比 **表 1-12**

	1992 年	1995 年	1999 年	2003 年
样本大小	样本总数为 7288 个，其中 1820 个为补充样本	样本总数为 6639 个，其中 1191 个为补充列表	样本总数为 6313 个，其中 619 个为补充列表	样本总数为 6380 个，其中 644 个为补充样本
反馈率	91%	87%	86%	82%

续表

	1992 年	1995 年	1999 年	2003 年
目标样本：根据建筑用途	主要用于商业用途的建筑（其中不包括非居民楼、农用以及工业建筑，但包括了工业设施中的商用建筑）	同 1992 年（除了不包括工业设施以及停车库中的商业设施）	同 1995 年	同 1995 年
目标样本：根据建筑大小	面积大于 $1000ft^2$ 的建筑物	同 1992 年	同 1992 年（除了不包括建于 1995 年之后的小于 $10000ft^2$ 的建筑物）	同 1992 年
目标样本：根据建筑所处位置	50 个州以及哥伦比亚特区	同 1992 年	同 1992 年	同 1992 年
接受调查对象：建筑物	业主、建筑管理人员以及居住者	同 1992 年	同 1992 年	同 1992 年
接受调查对象：能源消耗及使用	能源供应单位	同 1992 年	业主、建筑管理人员以及居住者	同 1999 年
数据收集工具	纸质问卷及手写记录	计算机辅助的个人采访（CAPI）	计算机辅助的电话采访（CATI）	计算机辅助的个人采访
辅助数据收集	建筑维护数据以及统计局的数据修正	无	无	辅助样本的数据修正

能耗调查只能获得每个建筑在被调查年的电、天然气、燃料油和区域供热的能耗总量，以及一部分建筑的电和天然气的逐月能耗数值，而美国公共建筑能耗统计最终还会给出各类公共建筑不同终端用能途径的能耗数值。这里对公共建筑的终端用能途径分为 10 类：采暖、空调、通风、生活热水、照明、炊事、冷藏冷却、个人电脑、办公设备（包括服务器）和其他。从调查结果出发到获得各终端用能途径的能耗是通过一系列模型和数据处理来进行估算的。表 1-13 和表 1-14 为公共建筑能耗调查完成的 2003 年美国建筑能耗量以及能耗强度统计。

2003 年美国所有建筑能耗调查统计 **表 1-13**

—	所有建筑		建筑总能耗（万亿 BTU）					
	建筑数量（千）	建筑面积（百万 ft^2）	建筑总能耗	耗电 一次	耗电 二次	天然气耗量	燃油耗量	区域供暖
所有建筑	4859	71658	6523	10746	3559	2100	228	636
建筑面积（ft^2）								
1001～5000	2586	6922	685	1185	392	257	34	Q
5001～10000	948	7033	563	883	293	224	36	Q
10001～25000	810	12659	899	1464	485	353	28	Q
25001～50000	261	9382	742	1199	397	278	17	Q
50001～100000	147	10291	913	1579	523	277	29	Q
100001～200000	74	10217	1064	1771	587	275	37	165
200001～500000	26	7494	751	1152	381	211	36	123
超过 500000	8	7660	906	1513	501	224	10	171

续表

—	所有建筑		建筑总能耗(万亿 BTU)					
	建筑数量（千）	建筑面积（百万 ft^2）	建筑总能耗	耗电		天然气耗量	燃油耗量	区域供暖
				一次	二次			
建筑主要用途								
教育	386	9874	820	1121	371	268	47	134
食品销售	226	1255	251	629	208	39	Q	N
餐饮服务	297	1654	427	654	217	203	Q	Q
卫生设施	129	3163	594	748	248	243	11	Q
住院病人	8	1905	475	539	178	204	9	Q
门诊病人	121	1258	119	209	69	38	Q	Q
住宿	142	5096	510	709	235	215	35	Q
商业	657	11192	1021	2214	733	264	21	Q
零售(非大型百货商场)	443	4317	319	637	211	91	Q	Q
封闭式百货商场	213	6875	702	1578	523	172	Q	Q
办公室	824	12208	1134	2170	719	269	18	128
公共集会场所	277	3939	370	506	167	102	29	Q
公共秩序以及治安	71	1090	126	172	57	29	8	Q
宗教用途	370	3754	163	188	62	82	18	Q
服务业	622	4050	312	451	149	139	Q	Q
仓库以及贮藏	597	10078	456	738	244	132	9	Q
其他	79	1738	286	401	133	87	Q	Q
闲置建筑	182	2567	54	46	15	28	Q	Q
建筑年份								
早于 1920 年	333	3784	303	274	91	143	38	Q
1920～1945 年	536	6985	631	649	215	232	55	129
1946～1959 年	573	7262	588	744	247	223	48	Q
1960～1969 年	600	8641	791	1085	359	276	Q	117
1970～1979 年	784	12275	1191	2079	689	402	23	77
1980～1989 年	768	12468	1247	2382	789	339	12	Q
1990～1999 年	917	13981	1262	2484	823	345	9	Q
2000～2003 年	347	6262	511	1048	347	140	Q	Q
调查范围以及地区								
东北部	761	13995	1396	1772	587	462	181	166
新英格兰	252	3452	345	426	141	87	74	Q
濒大西洋中部	509	10543	1052	1347	446	375	107	Q
中西部	1305	18103	1799	2414	799	751	24	225
东北中部	728	12424	1343	1733	574	567	Q	192
西北中部	577	5680	456	681	225	184	Q	Q
南部	1873	26739	2265	4654	1542	527	15	182
濒大西洋南部	926	13999	1241	2612	865	246	13	117
东南中部	360	3719	340	591	196	107	1	Q
西南中部	587	9022	684	1451	481	174	1	Q
西部	920	12820	1063	1905	631	360	9	Q
山区	316	4207	446	700	232	190	Q	Q
太平洋地区	603	8613	617	1205	399	170	4	Q

续表

—	所有建筑		建筑总能耗(万亿 BTU)					
	建筑数量(千)	建筑面积(百万 ft^2)	建筑总能耗	耗电 一次	耗电 二次	天然气耗量	燃油耗量	区域供暖
气候区(取 30 年来的平均数据)								
小于 2000 冷度日数以及大于 7000 热度日数	882	11529	1086	1412	468	468	63	88
5500～7000 热度日数	1229	18808	1929	2621	868	737	67	257
4000～5499 热度日数	701	12503	1243	1947	645	368	91	140
小于 4000 热度日数	1336	17630	1386	2686	890	389	6	101
等于 2000 冷度日数或者大于不等于 4000 热度日数	711	11189	879	2081	689	138	1	Q
建筑单位数目								
1	3754	45144	4167	6454	2138	1462	183	384
2～5	762	12565	1161	1859	616	359	31	156
6～10	117	3358	378	692	229	95	7	Q
11～20	47	3369	307	656	217	69	Q	Q
大于 20	22	5060	473	1056	350	96	Q	Q
目前闲置	157	2161	37	28	9	18	Q	Q
能源种类								
电力	4617	70181	6522	10746	3559	2100	228	636
天然气	2538	48473	5042	7651	2534	2100	101	306
燃油	465	16265	1867	2830	937	523	228	179
区域供暖	67	5576	1029	1040	344	48	1	636
能源终端								
具有采暖的建筑	4182	66446	6370	10365	3433	2077	225	635
具有制冷能力的建筑	3825	63560	6149	10402	3445	1987	181	536
具有热水系统的建筑	3659	62827	6158	10202	3379	2035	218	525

注：1. Q 为有待于进一步证实的数据，由于其相对标准误差大于 50%或者该数据的来源少于 20 个样本。

2. N 为使用特定能源种类的未能获得调研反馈的样本。

2003 年美国所有建筑根据主要能源消耗种类的能耗强度统计　　表 1-14

—	主要能源种类消耗强度(千 BTU/ft^2)										
—	总量	采暖	供冷	通风	热水	照明	烹饪	制冷	办公设备	计算机	其他
所有建筑	91.0	33.0	7.2	6.1	7.0	18.7	2.7	5.3	1.0	2.2	7.9
建筑面积(ft^2)											
1001～5000	99.0	30.7	6.7	2.7	7.1	13.9	7.1	19.9	1.1	1.7	8.2
5001～10000	80.0	30.1	5.5	2.6	6.1	13.6	5.2	8.2	0.8	1.4	6.6
10001～25000	71.0	28.2	4.5	4.1	4.1	14.5	2.3	4.5	0.8	1.6	6.5
25001～50000	79.0	29.9	6.8	5.9	6.3	14.9	1.7	3.9	0.8	1.8	7.1
50001～100000	88.7	31.6	7.6	7.6	6.5	19.6	1.7	3.4	0.7	2.0	8.1
100001～200000	104.2	39.1	8.2	8.9	7.9	22.9	1.1	2.9	Q	3.2	8.7
200001～500000	100.2	38.2	7.8	7.4	9.2	22.7	1.8	1.3	1.1	2.6	8.2
超过 500000	118.2	38.2	11.8	8.8	10.6	28.7	2.3	2.4	Q	3.2	11.1

续表

—	主要能源种类消耗强度(千 BTU/ft²)										
—	总量	采暖	供冷	通风	热水	照明	烹饪	制冷	办公设备	计算机	其他
建筑主要用途											
教育	83.1	39.4	8.0	8.4	5.8	11.5	0.8	1.6	0.4	3.3	4.0
食品销售	199.7	28.9	9.8	5.9	2.9	36.7	8.6	94.8	1.6	1.5	9.1
餐饮服务	258.3	43.1	17.4	14.8	40.4	25.4	63.5	42.1	1.0	1.0	9.5
卫生设施	187.7	70.4	14.1	13.3	30.2	33.1	3.5	2.6	1.2	3.2	16.1
住院病人	249.2	91.8	18.6	20.0	48.4	40.1	5.6	2.0	1.1	3.6	18.1
门诊病人	94.6	38.1	7.2	3.3	2.5	22.6	Q	3.5	1.3	2.6	13.2
住宿	100.0	22.2	4.9	2.7	31.4	24.3	3.2	2.3	Q	1.2	7.0
商业	91.3	24.0	9.9	6.0	5.1	27.5	2.3	4.4	0.7	1.0	10.3
零售(非大型百货商场)	73.9	24.8	5.9	3.7	1.1	25.7	0.6	5.0	0.6	0.9	5.6
封闭式百货商场	102.2	23.6	12.4	7.5	7.7	28.6	3.4	4.0	0.8	1.1	13.2
办公室	92.9	32.8	8.9	5.2	2.0	23.1	0.3	2.9	2.6	6.1	9.0
公共集会场所	93.9	49.7	9.6	15.9	1.0	7.0	0.8	2.2	Q	Q	6.5
公共秩序以及治安	115.8	49.9	8.9	9.5	14.0	16.5	1.3	2.9	0.6	1.5	10.6
宗教用途	43.5	26.2	2.9	1.4	0.8	4.4	0.8	1.7	0.1	0.2	4.9
服务业	77.0	35.9	3.8	6.0	1.0	15.6	Q	2.1	0.3	0.8	11.4
仓库以及贮藏	45.2	19.3	1.3	2.0	0.6	13.1	Q	3.5	0.2	0.5	4.8
其他	164.4	79.4	10.5	6.1	2.1	34.1	Q	6.0	Q	2.9	18.9
闲置建筑	20.9	14.4	0.6	0.4	0.1	1.7	Q	Q	Q	0.0	3.1
建筑年份											
早于 1920 年	80.2	47.7	1.8	2.9	4.4	9.1	4.4	4.4	0.5	0.9	3.9
1920～1945 年	90.4	45.5	3.8	4.4	6.2	13.2	2.9	3.7	0.4	1.2	9.1
1946～1959 年	80.9	39.1	4.5	4.9	6.3	12.9	1.9	3.7	0.6	1.5	5.7
1960～1969 年	91.5	40.8	5.6	6.1	7.8	14.7	1.7	4.8	0.8	2.2	6.9
1970～1979 年	97.0	32.3	7.9	7.0	8.3	21.6	2.6	5.2	1.1	2.3	8.6
1980～1989 年	100.0	28.8	9.8	6.6	8.2	23.9	2.7	6.0	1.3	3.1	9.6
1990～1999 年	90.2	25.2	9.2	7.2	6.0	21.0	2.9	6.5	1.3	2.6	8.4
2000～2003 年	81.6	19.4	8.8	5.9	6.3	21.7	3.3	6.5	0.7	1.6	7.4
调查范围以及地区											
东北部	99.8	48.2	3.9	5.4	6.7	17.1	2.7	4.5	0.9	2.3	8.1
新英格兰	99.8	53.9	3.0	4.5	5.8	16.0	1.9	6.0	0.7	2.0	6.0
濒大西洋中部	99.7	46.3	4.2	5.7	7.0	17.4	3.0	4.0	1.0	2.4	8.7
中西部	99.4	48.3	3.7	6.0	5.9	17.3	2.1	5.1	0.9	2.0	8.1
东北中部	108.1	54.4	3.7	6.7	6.2	18.5	2.2	5.0	1.0	2.2	8.2
西北中部	80.2	34.8	3.8	4.6	5.3	14.6	1.8	5.3	0.6	1.6	7.8
南部	84.7	19.4	11.5	6.7	7.1	20.3	3.1	6.3	0.8	2.2	7.4
濒大西洋南部	88.7	19.9	11.6	7.1	7.1	22.2	2.9	6.8	0.9	2.7	7.6
东南中部	91.4	30.3	7.2	6.6	8.6	19.5	2.7	6.8	0.6	1.5	7.6
西南中部	75.8	14.2	13.2	6.0	6.5	17.7	3.5	5.2	0.7	1.7	7.1
西部	82.9	23.2	6.7	5.6	8.5	19.1	2.6	4.6	1.6	2.3	8.8
山区	106.1	39.8	7.4	6.4	9.7	22.4	1.8	4.8	Q	2.1	10.2
太平洋地区	71.6	15.2	6.4	5.2	7.9	17.5	2.9	4.5	Q	2.4	8.0

续表

—	主要能源种类消耗强度(千 BTU/ft²)										
—	总量	采暖	供冷	通风	热水	照明	烹饪	制冷	办公设备	计算机	其他
气候区(取30年来的平均数据)											
小于2000冷度日数以及大于7000热度日数	94.2	48.1	2.4	5.7	5.8	15.6	1.9	5.4	0.8	1.6	6.9
5500~7000热度日数	102.6	48.5	4.0	5.8	6.8	18.7	2.5	5.0	0.9	2.2	8.2
4000~5499热度日数	99.4	37.0	6.3	6.1	7.6	20.7	3.0	5.2	1.5	2.6	9.4
小于4000热度日数	78.6	18.6	8.1	6.1	7.6	18.7	3.0	5.7	0.9	2.0	7.9
等于2000冷度日数或者大于不等于4000热度日数	78.6	9.5	17.3	6.8	6.9	19.5	2.9	5.3	0.8	2.6	7.0
建筑单位数目											
1	92.3	34.6	6.4	6.0	8.0	17.5	3.1	6.4	0.9	1.9	7.4
2~5	92.4	36.6	6.6	5.9	6.0	19.5	2.1	4.4	1.1	2.1	8.1
6~10	112.6	40.1	9.4	7.5	5.7	26.6	2.5	3.3	1.2	5.3	11.1
11~20	91.1	24.3	11.0	7.5	5.1	24.3	2.0	3.3	1.0	2.4	10.2
大于20	93.4	19.4	14.6	7.8	5.4	26.0	1.7	2.7	1.3	3.4	11.2
目前闲置	17.2	12.8	Q	0.1	Q	1.2	Q	Q	Q	Q	2.3
能源种类											
电力	92.9	33.7	7.4	6.2	7.1	19.1	2.7	5.4	1.0	2.2	8.1
天然气	104.0	38.7	7.3	6.9	9.0	20.4	3.8	5.3	1.0	2.4	9.2
燃油	114.8	42.0	8.7	8.0	12.5	23.9	2.2	2.9	1.5	3.2	9.8
区域供暖	184.6	109.3	6.0	12.6	10.8	26.9	Q	2.2	0.8	5.3	8.9
能源终端											
具有采暖的建筑	95.9	35.6	7.3	6.4	7.4	19.5	2.8	5.4	1.0	2.3	8.1
具有制冷能力的建筑	96.7	33.7	8.1	6.6	7.5	20.2	2.9	5.8	1.1	2.4	8.4
具有热水系统的建筑	98.0	34.7	7.8	6.6	8.0	20.1	3.0	5.8	1.1	2.4	8.5

注：1. Q为有待于进一步证实的数据，由于其相对标准误差大于50%或者该数据的来源少于20个样本。
2. N为使用特定能源种类的未能获得调研反馈的样本。

以上是美国公共建筑能耗调查统计的2003年美国建筑能耗情况。现在，我们不妨以美国加州为例，进一步探讨美国商用建筑的用能情况：

加利福尼亚州位于美国西部，是美国经济最发达、人口最多的州。加州是美国经济总量最大的州，2008年加州国民生产总值19423亿美元，占到全美的14%，如果作为独立经济体，它的国民生产总值在世界上排名第八，人均GDP达50699美元。因此，本书列出该州的建筑能耗统计情况以期能够更全面地反映美国建筑能源消耗情况。

加州商业终端能源调查（CEUS）是一项综合性的商业能源使用状况调查，旨在为加州州政府未来能源需求预测提供数据支持。Itron公司具体负责该调查并与加州能源署签订调查协议。该项调查主要搜集详细的建筑能耗系统数据、建筑几何外形信息、用电和用气量数据、建筑热外壳特性、建筑设备清单、能源使用方案以及其他相关的商业建筑信息。

2004年的加州商业建筑用能调查有层次地收集了2800个商业建筑作为随机样本。这些建筑主要位于以下几个能源供应单位的服务区域：太平洋燃气与电力公司、圣地亚哥燃气与电力公司、南加州爱迪生电力公司、南加州燃气公司以及萨克拉门托市政能源供应区。统计样本通过能源供应分区、气候区、建筑类型以及用能水平进行分级。图 1-13 为根据不同的能源供应单位划分的区域图。

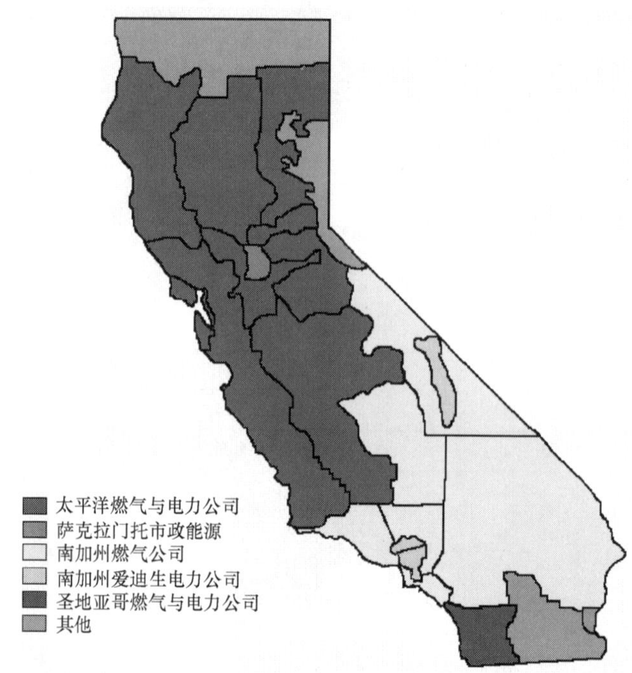

图 1-13 根据能源供应区域划分的加州商业建筑用能调研分区

该统计调查使用了专门为加州商业终立端能源调查项目开发的软件，能够通过调研现场所获得的数据自动提供能耗模型。再将每个参与调研的建筑通过模拟所得出的能耗量与该建筑实际的历史能耗数据（由能耗账单记录提供）进行校准。软件能够生成建筑用能终端能耗负载配置文件，因此不同形式的建筑用能末端用电量以及用气量估算都能够通过用户自定义的商业市场分类得出。该软件能够实现既有建筑节能改造评估、能耗效率评测、气候参数设置以及其他各种与基准用能方式及情况不相同的能耗情景。

对于不同的能源供应区域、建筑面积、能源品种占比、用电和用气量、建筑能耗指标、能耗密度以及长达 16 天的逐时用能末端能耗配置参数都能够通过 12 个典型的商用建筑分类获得。

对于加州能源署，该能耗调研的主要目的有三：

（1）收集建筑中不同用能末端的能源使用效率的数据，以用来为加州未来的政府节能项目以及政策的设计和规划提供支持。

（2）发展建筑末端用能系统饱和判断、末端用能情况以及商业建筑逐时负荷配置参数的设定，并为加州能源署的建筑用能末端形势及发展预测提供支持。

（3）建立一套灵活的建筑能耗需求分析模型，用来预估逐时因素对于建筑用能影响、节能措施效果、建筑用能管理策略的影响、建筑标准以及其他相关项目和政策对于建筑能耗的影响提供支持。

根据最新一期（2004 年）加州商业建筑能耗的数据统计结果，大型办公楼、百货零售为用电量大户，而餐饮业以及混合业态的建筑则成为了使用燃气的主要对象（表 1-15）。

加州2004年建筑能源消耗统计 表1-15

建筑业态	总面积 (kft²)	年度能耗密度			年度能源总耗量	
		耗电量 (kWh/ft²)	天然气耗量 (cal/ft²)	天然气耗量 (kBTU/ft²)	耗电量 (kWh/ft²)	天然气耗量 (Mcal)
所有商业建筑	4920114	13.63	0.26	25.99	67077	1278.60
小型办公楼 (<30000ft²)	361584	13.10	0.11	10.54	4738	38.10
大型办公楼 (≥30000ft²)	660429	17.70	0.22	21.93	11691	144.80
酒店	148892	40.20	2.10	209.98	5986	312.60
零售	702053	14.06	0.05	4.62	9871	32.50
食品店	144209	40.99	0.28	27.60	5911	39.80
具有制冷设备的仓库	95540	20.02	0.06	5.60	1913	5.30
无制冷设备的仓库	554166	4.45	0.03	3.07	2467	17.00
学校	445106	7.46	0.16	15.97	3322	71.10
高校	205942	12.26	0.34	34.24	2524	70.50
卫生中心	232606	19.61	0.76	75.53	4561	175.70
旅店	270044	12.13	0.42	42.40	3275	114.50
多业态	1099544	9.84	0.23	23.34	10817	256.60
所有办公楼	1022012	16.08	0.18	17.90	16430	182.90
所有仓库	649706	6.74	0.03	3.44	4380	22.40

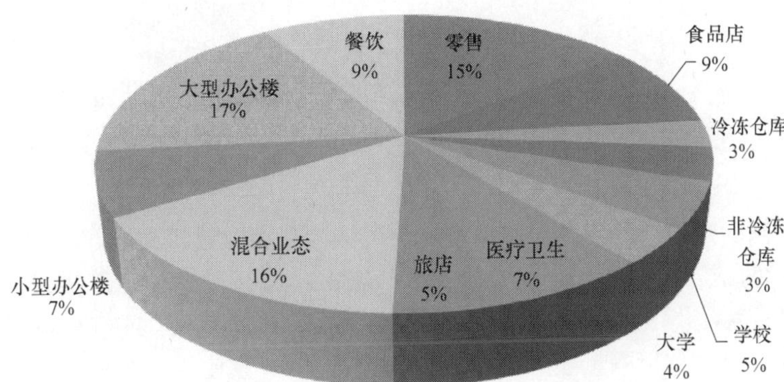

图1-14 商业用电在不同建筑业态中的分布

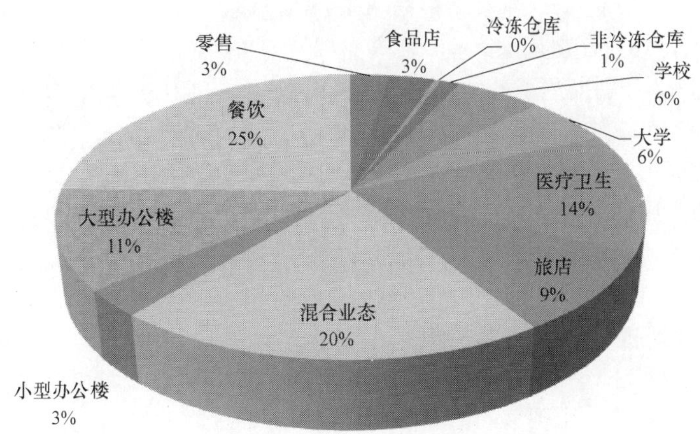

图1-15 商业用气在不同建筑业态中的分布

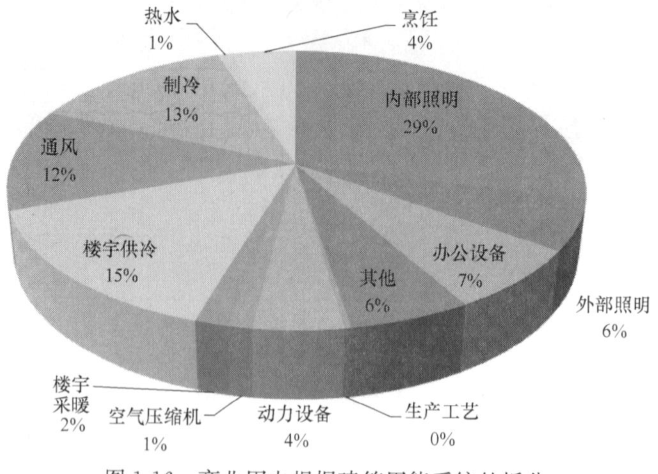

图 1-16 商业用电根据建筑用能系统的拆分

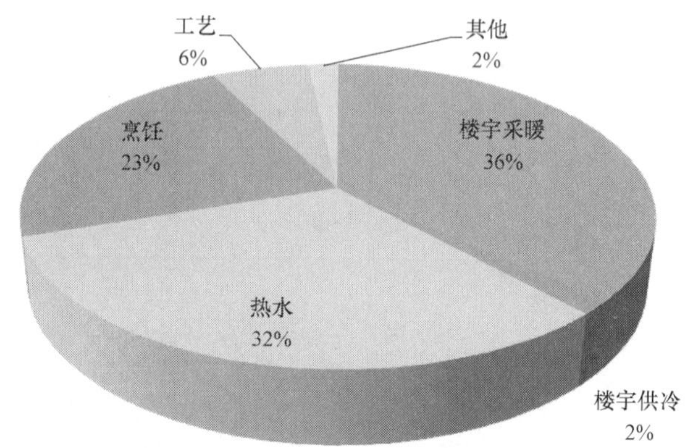

图 1-17 商业用气根据建筑用能系统的拆分

根据调查得到的结果，所有的位于电能供应范围内的商业建筑面积在 49 亿 ft^2 左右。而根据图 1-14 所显示的结果，在这些建筑中，商业区域占比较高的几种建筑形式为混合业态建筑（商业区域在 22%左右）、商业零售建筑（14%左右）以及大型办公楼（13%左右）。

所调查的商业建筑年用电量在 677 亿 kWh 左右。用电量比重最大的建筑类型为大型办公楼（17%）、混合业态建筑（16%）以及商业零售大楼（15%）。天然气使用量（在电力供应范围内）每年在大约 12.79 亿 kcal 左右。根据图 1-15 所显示的结果，三种类型的建筑占到了总用气量的 54%以上，它们分别是餐饮业、混合型以及卫生中心。

图 1-16 和图 1-17 分别描述了各种建筑用能系统的用电和用气占比，耗电量最大的建筑用能系统为照明系统（29%），其次为供冷系统（15%）、制冷系统（13%）以及通风系统（12%）。主要的建筑用气系统为建筑采暖（36%）以及生活热水制备（32%）。

而上述加州的商用建筑能源消耗情况能从一定程度上反映美国整体的商用建筑能耗情况及方式，包括其主要的建筑用能系统对于不同形式的能源消耗比重等，对研究美国建筑能耗情况具有积极意义。

1.5.3 美国建筑能耗未来走向及预测

作为评定一个国家生产物品以及提供服务所需要提供的单位能耗，耗能强度（即单位 GDP 的能耗）被用来评价一个国家的能源使用效率有多高。自从 20 世纪 50 年代早期至 70 年代早期，美国一次能源总消耗量以及 GDP 几乎以同一速度增长（图 1-18）。在这一阶段，油价几乎保持不变的水平。与此形成鲜明对比的是，自 20 世纪 70 年代中期至 2008 年，能源消耗量与 GDP 增长率之间的关系发生了微妙的变化：一次能源消耗水平以小于原先平均增长速度三分之一的速率进行着增长，而 GDP 则保持着原先的历史增长水平。GDP 的增长从能耗增长的关系中脱离开来，表明美国的能源强度得到了降低：在 1973～2008 年间美国的能源强度平均每年下降了 2.8％。因此若以此计，则美国的能源强度将持续降低，在 2008～2035 年这段时间内以每年 1.9％的速率下降。但总体能耗依然呈较有规律的上升趋势。

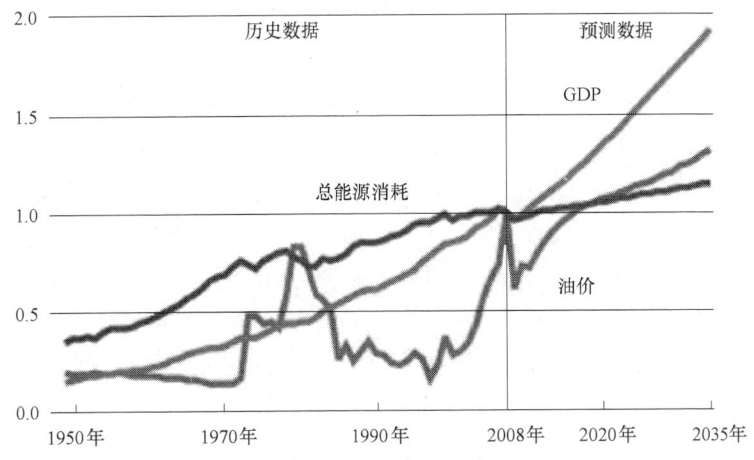

图 1-18 美国总体能源消耗量、油价以及经济生产力发展趋势

而在建筑能耗方面，数据显示：美国建筑一次能源消耗量在 1980～2008 年之间增长了 50％左右。美国能源信息管理局预测该增长率在近期内将由于美国经济的衰退而保持不变，但是到 2013 年，该增长率将超过 2008 年时的水平并且维持稳定增长直至 2035 年。随着每年 0.6％的增长速率，一次能源总消耗量将有望在 2035 年达到 47 万亿 BTU，相对 2008 年的能耗水平将累积有 18％的增长。美国至 2035 年的建筑能耗预测情况如图 1-19 所示。

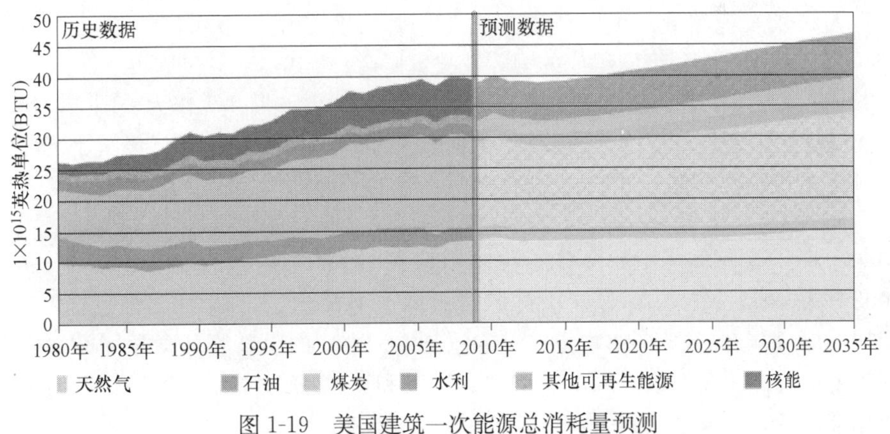

图 1-19 美国建筑一次能源总消耗量预测

美国建筑能耗的这一增长情况主要受美国人口、民居建筑数量以及商业用地增加的影响。根据预测，在 2008～2035 年之间，这三种因素都将分别拥有 28％、30％以及 39％的增长。由于对煤炭的使用需求的降低，煤炭的使用将暂时降低 12％，而化石燃料以及天然气都将在此期间增长 14％左右。而非水电类的可再生能源（包括风能、太阳能、生物质燃料）将有 127％的增长。

第2章 标　　准

2.1 美国建筑节能标准简介

1. 美国建筑能源消耗及制定节能标准的必要性

美国是世界上最大的能源消费国家。自1998年以来，建筑能源消耗（包括商业和民用建筑）已超过工业部门，成为美国最大的能耗部门。

使用普通建材可节省建造初投资，但将导致居住者在以后的使用过程中需支付高昂的能源使用费，因此政府必须制定并实施相关的节能标准，开发先进的节能技术。

美国建筑节能标准为新建和改造建筑设定了必须达到的最低节能要求，而且有相关部门致力于不断修订节能标准。研究表明，如果执行目前的节能标准至2030年，美国共能减少消耗330万亿BTU，是目前消耗量的2%。除此，居民的能源消费、大气污染程度和温室气体排放量也将大幅度减少。

2. 制定和修订美国建筑节能标准的相关机构

《1992年能源政策法案》要求美国能源部积极参与并与州、地方政府和建筑标准制定机构（比如美国暖通空调工程师协会）密切合作，制定和实施建筑节能标准。

为此，美国能源部在1993年成立建筑能源标准处，该机构是主管建筑节能标准的推动、支持和培训工作的联邦政府的专门机构。建筑能源标准处的工作人员与国际标准委员会（ICC）和美国暖通空调工程师协会以及其他支持节能的机构合作，不断修订建筑节能标准，保持其与时俱进。

国际标准委员会是一个会员制的协会。该机构制定用于居住和商业建筑的标准规范，如建筑安全、防火和能效等领域。美国暖通空调工程师协会是由从事供暖、通风、空调和制冷（HVAC&R）的专业人士和组织组成的国际性技术协会。

《1992年能源政策法案》规定美国暖通空调工程师协会标准90.1作为美国能源部正式测定商业建筑和高层居民建筑节能水平的依据。《1992年能源政策法案》还将美国建筑部门委员会（CABO）制定的《示范节能标准》的1992年版作为能源部正式测定低层居住建筑节能水平的依据。

自1975以来，美国暖通空调工程师协会标准90（以90A和90.1的命名）在1980、1989、1999、2001年和2004、2007年不断发布更新版本。美国建筑部门委员会也在1983、1986、1989、1992、1993年和1995年多次发布《示范节能标准》的更新版。国际标准委员会接替美国建筑部门委员会，并在1998、2000、2003、2006和2009年发布示范节能标准的更新版，即国际节能标准（International Energy Conservation Code）。

美国暖通空调工程师协会标准90.1—2007版本的内容包括建筑物外围护、暖通空调、热水服务和水泵、电力系统、照明系统、其他设备及能源成本预算方法等。国际节能规范涵盖相似的题目，但标准的细项内容要求较低、简单或简略。

标准的制定和修订只是一方面，更重要的是各州和地方政府能接受并严格执行标准。通常，在接受某一修订标准前，各州和地方政府会组织由设计师、施工人员和标准执行官员组成的顾问团，他们将决定接受或拒绝哪些标准。

为了帮助各州更好地接受和执行节能标准，建筑能源标准处开发了免费软件、工具用以支持节能标准规范，并开展了一系列外出活动，包括每年对各州的培训、提供满足不同需求的培训和技术支持、建立涵盖所有有关美国建筑能源标准有关信息的网站等。另外，美国政府还开展了一些激励措施，比如资金补贴、税收减免等。

3. 建筑节能标准的分类

1）地方建筑节能标准

目前，各州政府和地方政府主要采纳两类基本建筑节能标准——国际节能标准、美国暖通空调工程师协会标准 90.1。除此之外还有一系列的附加标准和非标准项目可供参照，它们通常是根据国际节能规范和美国暖通空调工程师协会标准 90.1 制定的，而且叙写更详细。

节能标准为建筑物在建造过程和使用过程中应满足的要求给出了明确规定，通常采用的是强制性的语句，由国家机构，比如美国暖通空调工程师协会发布。

国际节能规范是由国际标准委员会发布的国际标准的一部分，它是示范节能标准，经过修改可以适用于不同气候类型的地区。因此，若地方政府决定接受国际节能标准，必须根据各自的建筑实际情况和节能目标对其作出修改。国际节能标准的制定会参考美国暖通空调工程师协会标准，特别是在商业建筑标准方面参考美国暖通空调工程师协会标准 90.1。

2）联邦建筑节能标准

联邦政府的建筑有独立的节能标准——《联邦建筑节能标准》，不隶属于任何州和地方的节能标准。

3）国际设备标准

《电器和商用设备标准计划》（Appliances and Commercial Equipment Standards Program）是美国能源部的另一个独立计划，负责制定家用电器和商用设备的检测程序和最低能源性能标准，该标准只着重于规定设备的制造要求，而没有涉及设备的使用要求，虽然在建筑标准中有设备使用的相关规定，但在控制设备运行效率方面却无从下手。

大家应该听过“能源之星”计划，该计划是美国环保总署（EPA）和美国能源部为了节约能源和保护环境联合制订的节能计划，极具国际声誉。如今，“能源之星”计划包含 50 多类产品，其中家用电器有洗衣机、洗碗机、电冰箱和冷冻箱、房间空调器、除湿机、房间空气净化器、吊扇。“能源之星”属于自愿性能效标签，企业为了提高竞争力可以自愿选择，但美国有些州要求强制通过“能源之星”计划。美国“能源之星”计划已与澳大利亚、新西兰、加拿大、欧盟、日本和中国台湾开展合作，可以在这些地区或国家申请“能源之星”。

4）建筑节能标准的修改过程

国际节能规范和美国暖通空调工程师协会标准 90.1 的修订过程都是公开的，必须经过所有参与建造过程的人员的一致同意后才能通过，这一过程关系着新标准能否被各州广泛接受。建造过程的参与者是节能标准的主要利益关系者，他们影响着标准的修订，这些人包括：建筑设计人员、规范执行官员、建筑所有者和使用者等。

当然，建筑的科学性和节能性不是标准中唯一要考虑的，除此之外还有市场可行性、建造费用等。

国际节能规范每 3 年进行一次完整的修订。任何人都可以要求改进已有标准并提出原有标准的代替条款，然后由各建筑参与者提交。最后，国际标准委员会向公众公布建议修改条款并获取反馈意见。在公开听证会上，对每条标准的同意或是反对意见都会被呈递给标准修订协会，该协会有 7～11 人，成员由国际标准委员会指定，但未必一定是国际标准委员会成员。

目前，美国能源部向国际标准委员会提交了 56 条修订条款对 2009/2010 版节能标准作出的修改，其中，32 条针对商业建筑，其余 24 条针对居民建筑。另外，对于商业建筑，美国能源部修改国际节能规范条款的目的主要是为了使其内容与美国暖通空调工程师协会标准 90.1 更一致。有些修订条款的提出不改变原有标准的本质内容，而是提高它的实用性，修改了其中的措辞和谬误。

5）建筑节能标准的发布

美国暖通空调工程师协会标准 90.1 和国际节能规范的每个新版本出炉之后，美国能源部会代表联邦政府对其进行评估，在一年内发布评估决议，如果美国能源部发现新版本比旧版本更具有节能效果，该决议将会发布在联邦记事（Federal Register）上，各州和当地政府有权决定是否采用、实施和执行联邦政府推荐的示范节能标准，或制定独立于美国暖通空调工程师协会和国际节能规范的建筑节能标准。

一旦新标准通过评估，美国能源部就必须对各州提供技术和资金支持。美国能源部还必须给每个州的州长致函，告知他们关于新标准的决议、各州的责任，给出能得到技术支持和资金的建议。每个州的能源办公室也会收到类似的信件，但内容会比寄给州长的更详细。

目前，美国能源部正在审查美国暖通空调工程师协会标准 90.1—2010。美国能源部准备对标准 90.1—2010 和标准 90.1—2007 进行一系列的分析对比，最终分析结果将在之后得出，所用方法与对标准 90.1—2007 进行分析的方法类似。

《国际节能规范（2012 年）》也将接受美国能源部的审查分析。2010 年 9 月份，美国能源部将开始评估《国际节能规范（2012 年）》相较于 2009 年版是否更具节能效果。

不管是商用标准还是民用标准，自美国能源部发布新标准评估决议的 2 年内，各州必须根据新标准对本州的建筑节能标准作出相应调整，并证明本州标准的修改可以达到或是超过新标准，如果不能，该州必须致函能源部秘书处说明原因。

6）节能标准的强制实施和遵守

政府负责强制执行标准，而设计人员和施工人员则要遵守标准，这就像一枚硬币的两面，双方之间的沟通很重要。

当决定采纳某一标准后，政府不仅要使建筑部官员做好强制执行新标准的准备，而且必须告知设计施工人员严格遵守新标准。为了使工作更高效，这两个团体需要接受培训，培训内容取决于建筑部官员、建筑师、设计师、工程师等在工作过程中的具体需求。

相比于州执行机构，州下属的各个地方执行机构由于靠近建筑地点，因此能更有效地监督节能标准的执行情况。但地方执行机构常常缺乏充足的资源来支持节能标准的实施，而且在同一州内不同的地方执行机构的执行标准会有所差异。因此，有的州会下放更多的权力给各地方执行机构，例如亚利桑那州和俄克拉荷马州等州决定不在全州范围内由州政府推行或制定建筑节能标准，而把决定权下放给下一级地方政府。当然，州执行机构必须经常到各地方视察，以确保执行节能标准的连续性。

7）如何衡量建筑与节能标准的符合程度

美国能源部知道，要想准确测出建筑与节能标准的符合程度不仅困难而且代价很大。为了帮助各州以统一度量方式汇报各自的节能措施与标准的符合程度，建筑能源标准处正在研发相关程序，这些程序连同支持性的工具软件一起，将有效地证明各州与建筑节能标准的符合程度。

建筑能源标准处提供了两个主要的评估软件——REScheck 软件和 COMcheck 软件，它们都是基于网站平台的，而且可供下载。

REScheck 软件是用来简化计算示范节能标准、国际节能规范和其他一系列州属标准的符合程度的，它提供了两种计算方法。

COMcheck 软件用来简化计算商用建筑和高层民用建筑与相关能源标准的符合程度。

另外，建筑能源标准处计划利用开发网络平台、发布相关材料、组织培训等手段帮助各州实施各自的节能方案来达到 90%的标准符合率（美国能源部提倡各州的建筑节能措施与节能标准要有 90%的符合率）。一个“在线入口”能使各州得到这些资料。这个入口同时也是与“美国各地区建筑节能符合程度数据库”中各个符合程度度量的连接点，各州可以通过这个数据库了解其他州的活动情况，还可以追踪本州、本区域和本国的节能发展趋势，为各州之间提供相互交流的平台。

2.2 强制性标准

在过去的一年里，对和建筑节能息息相关的几个最重要的标准作了修订。特别是美国暖通空调工程师协会标准 90.1 的重新修订。之后的章节，我们将最新修订的几个标准一一列出，并作详细的说明。

2.2.1 商业建筑标准（美国暖通空调工程师协会标准 90.1—2010）

美国暖通空调工程师协会标准 90.1—2010 全称为建筑能耗标准——除低层住宅建筑（Energy Standard for Buildings Except Low-Rise Residential Buildings）。标准由美国供热、制冷和空调工程师学会于 2010 年 11 月发布。

标准志在确立建筑（除低层住宅建筑）的最低能源效率要求。限定建筑在设计、建造和运行维护阶段所应达到的最低能源效率，并且确保现场能源资源和新能源在建筑中的使用。

最低能源效率要求的使用对象包括：

（1）新建建筑及其系统；

（2）建筑新建部分及其系统；

（3）既有建筑新增系统及设备。

美国暖通空调工程师协会标准 90 最初于 1975 年发布。根据美国国家标准协会（ANSI）和美国暖通空调工程师协会关于标准定期修改程序的规定，美国暖通空调工程师协会标准 90 在 1980、1989、1999 年又陆续发布了标准的修订版。每一次修订，标准都必须经过公开评估后整体发布。进入 20 世纪 90 年代后，由于科技的高速发展和能源价格的不断提高，美国暖通空调工程师协会理事会决定自 1999 年起以每年发布若干附录的方式持续改进标准。2001 年版的标准发布后，每 3 年都会进行一次新修订版的完整发布。新标准除了主体内容上的更新外，还会包含所有经过核准的附录及勘误表。这样的更新速度使得标准能更快地将建筑模拟和能耗规范的信息包含和参考入内。

与 2004 年版的标准相比，美国暖通空调工程师协会标准委员会一致确定 2010 年版标准的工作计划应是实现降低 30%能耗费用的目标。为实现这一目标，美国暖通空调工程师协会和美国照明工程学会（IES）理事会通过了 109 项附加内容，并将其列入新版标准内。

标准给出了建筑运行流程中所涉及的几大技术内容：围护结构；供热、通风及空调；生活热水；建筑供电；照明；其他设备。每项技术都有相关的条文，用以考核其能耗情况，条文说明的基本流程如图 2-1 所示。

为体现出标准因地制宜的使用原则，首先根据各地区的不同气候条件（主要为供冷、供热度日数），将地球划分为 8 个气候区。然后，再根据温湿度情况划分出 A、B、C 三个级别的气候类型。

其中：

C——海洋性气候（Marine）：最冷月平均温度范围为 27～65℉（−3～18℃）；最热月平均温度不超过 72℉（22℃）。夏季干燥，在冬季的最大降水量为其余季节最少降水量的 3 倍以

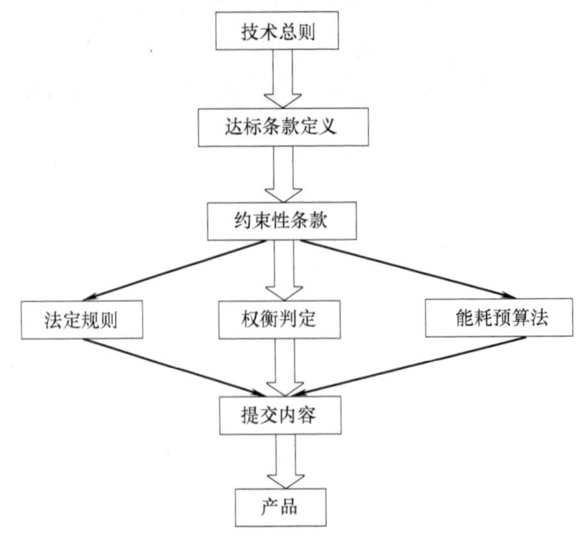

图 2-1 美国暖通空调工程师协会标准考核能耗情况的基本流程

上。冬季为北半球的 10 月至翌年 3 月（南半球的 4 月至 9 月）。

B——干燥气候（Dry）：除 C 类气候区以外，年降水量低于一定量的地区。

A——湿润气候（Moist）：除 A、B 以外的气候类型。

标准中的附录 B 已对美国和加拿大各地区进行了详细的气候分区说明。世界其他主要国家及城市的说明也已给出。

1. 围护结构

对于建筑围护结构的要求，按照不同的空调空间分为了三类：①针对非居住空调空间的围护结构要求；②针对空调空间的围护结构要求；③针对半供热空间的围护结构要求。而要求主要对以下几个方面作出了描述与规范。

1）围护结构的绝热性能

绝热性能以 *U* 值指标传热系数 ft^2——单位面积围护结构在单位时间内的传热量与两侧温差之比，单位：Btu/(h・ft^2・℉）或（W/cm^2・℃）和 *R* 值指标（热阻——传热系数的倒数，单位：h・ft^2・℉/Btu 或 m^2・℃/W）衡量。每一项指标都会具体根据围护结构材料、所属空调空间类型、建筑所在气候区这三项相关因素给出阈值。

针对窗或透明墙体介质，除了 *U* 值指标以外，还需满足窗墙比指标及 *SHGC* 值指标（太阳辐射得热系数）。

2）窗、门

建筑窗户性能的量化可以由材料的 *U* 值、*SHGC* 值、*VT*（可见光透射率，Visible Transmittance）值和漏风量来表示；建筑门的性能量化可以由 *U* 值和漏风量来表示。所有生产出的门窗产品都需由国家认可的实验室进行测试鉴定。

3）空气渗透

标准规定：建筑整体的围护结构都需设计、安装连续完整的气密层。针对墙体的气密层的施工方式、标准认可的墙体材料及其最小允许厚度都在标准中给出。窗户的漏气量规定应与各行业规范保持一致，其具体指标已在标准中给出。

4）供热、通风及空调

对于供热、通风及空调系统的要求主要针对三种项目形式：①新建建筑；②既有建筑新增供热、通风及空调系统；③既有建筑改建供热、通风及空调系统。

一个合格的项目需要满足此章节内总则、强制性条文、提交内容以及最低设备效率的要求。与其他技术要求不同，相对于采暖通风与空调系统的强制性条文，该章另有简易条文。

为量化项目评估方式，标准特别列出了最低设备效率要求。涉及的设备有：空调系统和冷凝设备、热泵设备、冷水机组、供热锅炉、空气加热器、冷却塔、换热器等。相关的设备性能要求，有以下几个效率参数：

EER：能效系数（energy efficiency ratio），净制冷量与输入电功率之比。

IPLV：综合部分负荷值（integrated part-load value），设备部分负荷下 *EER* 或 *COP* 值对应于多种负荷需求量的加权计算系数。

COP：制冷系数/热泵效率（coefficient of performance），排热量与输入能量的比值；对于热泵系统，*COP* 值表示产生的热量与输入能量的比值。

SCOP：季节性 *COP* 系数（seasonal coefficient of performance），制冷/制热季总制冷/制热量与使用能量的比值。

Ec：燃烧效率。

Et：热效率。

2. 生活热水

对于生活热水的标准要求包括了生活热水系统中的设备效率、管道保温、热水温度控制、生活热水水泵、蓄水池等。

标准中列有不同类型热水器和热水锅炉的性能要求。需评估的性能参数为 *EF*（品质因数）和 *Et*（热效率）。

3. 建筑供电

本章涉及建筑的输配电系统和变电设备。

《2005年能源政策法案》中所列出的低压干式输电系统的变压器相关要求应首先得到满足。

标准的强制性条文中给出了电压压降、自动插座控制等要求。

4. 照明

建筑的照明包括建筑室内照明、建筑外轮廓照明及建筑外部的场地照明三部分。其强制性条文规定了四个方面的内容：照明控制、出口指示、室内外照明功率和功能测试。

标准将室外照明区域根据场地类型分为0～4级5种照明类型区。随后，根据照明类型区内不同功能场所（如：停车区、人行道、入口等）限定了相应的照明密度。最后，就可根据面积（长度）与照明密度的乘积求得建筑室外的照明功率。

针对室内照明能耗的估算，标准中提到了两种方法：

（1）建筑面积法（Building Area Method）：通过建筑内部功能区所对应的照明密度与区域面积估算建筑内部的照明负荷。

（2）空间法（Space-by-Space Method）：如果建筑内部的一个自然空间内有两种不同的功能区，在估算照明功率时可以将自然空间划分成多个子空间，然后再根据以空间法计量的照明密度中的相关值与子空间面积计算子空间照明功率，最后求得整体照明功率。

5. 其他设备

除上述章节中所提到的设备以外，建筑中的其他设备的要求也在本章中给出。其他设备的强制性条文主要针对以下三种设备：

（1）电动机；

（2）自来水增压系统；

（3）电梯。

6. 能耗分析及标准使用现状

截至标准发布之时，标准所能创造的能耗费用节省量估计可达 23.4%，能耗节省量估计可达 24.8%。

关于能耗的估算，标准中有相应章节说明能耗预算的具体方法。实际项目在进行建筑能耗评估时，可以选择履行规定条文或满足能耗预算值。能耗预算法提出了对于仿真模拟及能耗费用预算的方法。

除了能耗预算法以外，标准的附录中还给出了另一种能耗性能评级方法。后者在前者基础上有所修改，专为不满足标准的建筑设计进行评级。这样一套评级方法及其规定的模拟要求，在绿色建筑评估体系认证中可以使用。

目前 2009 年出版的最新版《绿色建筑评估体系——适用于新建和重大改建工程（2009 年）》（LEED NC 2009）中已说明将美国暖通空调工程师协会 90.1—2007 年版中的能耗性能评级方法作为基准模型的设计计算条件。用于计算基准模型能耗，并与实际建筑进行比较，以对节能性能进行评级。

2.2.2 居住建筑标准（《国际节能规范（2010 年）》）

国际节能规范的居住标准部分也作了新的修订。该标准的全名为《2009 年国际住宅标准——针对一至两户住户的住宅》（2009 International Residential Code® For One-and Two-Family Dwellings）。

1. 国际住宅标准（International Residential Code）

1）概要介绍

国际住宅标准是一部综合的、独立的住宅标准。它给出了针对一到两户的民居和三层以内的联排别墅的标准规范。从国际上来看，标准的官方制定者都认为现代的、与时俱进的住宅标准需要将关注重点放在一户到两户的民居住宅或别墅上。为了实现这一定位要求，2009 年版的国际住宅标准设计制定了保护公众在社会中健康和安全的相关标准守则和条文。

国际住宅标准包括了住宅建筑所涉及的建筑系统、给水排水系统、机械系统、燃气系统、能源系统和电力系统。其呈现方式为说明性方法（比如，一系列措施）与性能测试方法（比如，能耗模拟）的结合。2009 年版的国际住宅标准可与国际标准委员会所发布的所有的国际标准相匹配，包括：国际建筑标准、国际节能标准、国际既有建筑标准、国际防火标准、国际燃气标准、国际机械标准、国际标准性能评判准则、国际管道施工标准、国际污水处理标准、国际物业管理标准、国际郊区—城市交界地标准和国际市区划分标准。

国际住宅标准有许多优点，其中之一就是标准守则的开发程序提供了一个让住宅建筑的专业人士讨论指导性条文要求的国际论坛。这个论坛为讨论已提出的修订议案提供了一个良好的平台。标准守则同时也鼓励国际共同应用条款内容。

2）发展历史

第一版的《国际住宅标准（2000 年）》的发布是自 1996 年以来国际标准委员会及国际标准委员会的三个法定会员单位的代表们不断努力的成果。当时三个法定会员单位是：建筑官员与标准管理员国际部（Building Officials and Code Administrators International，Inc）、建筑官员国际会议（International Conference of Building Officials）、南方建筑标准大会国际部（Southern Building Code Congress International），以及来自全国住房建筑商协会（National Association of Home Builders）的代表。这个项目的意图是为了起草一部独立的住宅标准，力求与已有的标准守则保持一致并纳入国际住宅标准。1998 年的国际一至两户的住宅标准和由建筑官员与标准管理员国际部、建筑官员国际会议、南方建筑标准大会国际部、国际标准委员会发布的最新标准守则的技术方面内容是之后的国际住宅标准发展的基础。随后，1998 和 1999 年的公开听证会讨论了修改提案。

《国际住宅标准（2009 年）》应运而生，替代了之前发布的标准。事实上自 2006 年版起，标准就反映出了一些变化。2008 年，国际标准委员会的标准开发进程给国际住宅标准带来了更深、更广的发展。以后的新标准每三年将会发布一次。

国际住宅标准以建立与住宅标准相符合的条款为原则，住宅标准适当考虑了公共健康、安全和福利；这些条款并没有增加不必要的建设成本，且并没有强制规定使用新材料、新产品或新的建造方法，也没有给予特定型号或某种材料、产品、建造方法特殊优待。

3）主要内容

国际住宅标准的使用对象为：

（1）单户家庭住宅；

（2）两户家庭房屋（双联单元）；

（3）三到多单元的联排别墅。

针对这三类用户，国际住宅标准给出了完整的、综合的建造守则规范。确切地说，国际住宅标准的应用范围是针对地上三层以下的住宅建筑的。如果是四层的单户居民住宅，其相关标准则需要寻求国际建筑规范（International Building Code®）。

将住宅建筑建设守则分项单独处理的益处在于读者可以省去在大量不相关的条文规范中搜索适用条文的时间。分项守则也可以明显区别住宅与非住宅规范，并更能适应于标准使用范畴的建筑物。

国际住宅标准共有 44 个章节和 17 篇附录。其覆盖范围包括了别墅和联排别墅的所有组成部分——整体结构、壁炉和烟囱、保温设施、机械系统、燃气系统、水管管道系统和电气系统。国际住宅标准的主体形式以说明性条文（规范）为主，配以一些例子和性能测试方法。可以说，国际住宅标准是住宅建设的完整手册。

需要指出的是，国际住宅标准包括了传统的和常规的住宅施工管理方法。住宅建设中的大多数需求都会在国际住宅标准中得到解答，但国际住宅标准不会强调那些非典型的、业界不常见的建造方式。

（1）建筑构架

住宅的整体结构要求包括对于建筑规划、地基、楼板、墙体墙面、房屋顶棚的要求。

建筑规划首先要考虑建筑结构的完整性、安全性、防火性和宜居性。其次，提出了照明、通风、卫生设备、房屋最小空间、层高和环境舒适性的要求。再次，对开窗、楼梯、保卫等安全措施提出了要求，并考虑到了抗风雪、抗震及防洪设计。在地基、楼板、墙体墙面及房屋顶棚等建筑构架的要求中，国际住宅标准都对构架的强度、设计及施工方法及适应环境变化、保温节能性能等作出了说明。

（2）机械系统

住宅的机械系统包括供热和制冷设备、通风与排气系统，以及风管系统。

标准列举了多种家用供热和制冷设备，这些设备的安装需要格外注意，因为其涉及的制冷和制热能源可能会引起火灾或者制冷剂泄漏事故，这会对房屋内的居住者及房屋本身带来不利影响。

住宅的通风与排气系统标准规定了包括厨房、卫生间内的排风以及干衣机和抽油烟机等设备。条文规定了排风管道系统的材料、结构与安装要求。

关于送、回风和排风管的条文将关注点放在了系统结构完整性和防火性能上。在相关章节中规定了会影响到空气分布性能的材料和施工方式。

（3）燃气及烟道系统

国际住宅标准考虑到了住宅的燃气和烟道系统。其中，燃气系统中注重对助燃气体、炉膛设备、锅炉热水器及燃气本身作出规定，以安全使用为原则，并注重系统及设备的能源效率。

另外，标准又用部分章节对于别墅所需的壁炉和烟囱、烟道系统作出了规定。例如，对于石砌壁炉和烟道结构安全的考虑，以及及时排出燃烧烟气的要求。

（4）给水排水系统

国际住宅标准规范中给水排水系统所包含的条文大致可分为：循环水管、给水与配水系统、生活污水排管、雨洪排水、水管附件等。每项内容都对系统所涉及的管道材料、附件或安装方法作出了规定。

（5）电气系统

关于住宅电气系统的条文主要分以下几个章节：

（1）电气要求总则；

（2）电气术语；

（3）供电系统；

（4）分支电路及支路要求；

（5）配线方法；

（6）电源及照明分布；

（7）设备及照明；

（8）器具安装；

（9）二级远程控制，信号传递和新型电路。

不同于其他部分，电气系统的条文有独立的总则要求和术语定义。用来说明规范范围、标签标示方式、设备安放位置和电线连接。而为了避免与之前的概念混淆和误解，还特地编写了独立的电气术语说明章节，以明示特定名词的含义。

2.《国际节能规范（2009年）》

1）概要介绍

为适应日益变化的节能设计要求，国际标准委员会发布了国际节能标准。国际节能规范对建筑的高性能围护结构的设计，高效机械设备、照明和电力系统的安装作出了重点要求。以此优化化石燃料的使用，并尽可能地利用可再生的能源。

国际节能规范是一部综合的节能规范，其集合了说明性条文和相关节能性能规定，建立起了对于建筑能耗的限制要求。2009年版的国际节能规范可与国际标准委员会所发布的所有的国际标准相匹配，包括：国际建筑标准、国际既有建筑标准、国际防火标准、国际燃气标准、国际机械标准、国际标准性能评判准则、国际管道施工标准、国际污水处理标准、国际物业管理标准、国际住宅标准、国际郊区—城市交界地标准和国际市区划分标准。

国际节能规范规范有许多优点，其中之一就是标准守则的开发程序提供了一个让节能专家讨论指令性条文要求的国际论坛。这个论坛为讨论已提出的修订议案提供了一个良好的平台。标准守则同时也鼓励国际统一应用条款内容。

2）发展历史

第一版的国际节能规范于1998年发布。它是基于1995年由美国建筑官员委员会（Council of American Building Officials）发布的能耗模拟规范（Model Energy Code）所发展而成的。后者在1997年中所作出的调整和修订也被收录进了1998年版的国际节能规范。美国建筑官员委员会同意将所有的权利和义务转交给国际标准委员会和国际标准委员会的三个法定成员。2009年的新版国际节能规范替代了之前2000、2003、2006年的版本，在内容上不断更新。国际节能规范将会继续保持每三年更新发布新版标准的发展进程。

国际节能规范是以节约能源为基本原则的。其条款并没有增加不必要的建设成本；并没有强制规定使用新材料、新产品或新的建造方法；并没有给予特定型号或某种材料、产品、建造方法特殊优待。

3）主要内容

国际节能规范规定了新建建筑最低的节能要求。其节能条款所针对的建筑对象是所有商业建筑及住宅建筑中的耗能单元，包括供热和制冷系统、照明系统、热水系统、电力电气系统。

国际节能规范是一个设计文件。也就是说，在建筑施工之前设计师必须确定建筑外围护结构的 *R* 值（热阻）和窗户的 *U* 值（导热系数）的最低要求。

根据建筑住宅属性和商业属性的不同，国际节能规范分别给出了：

① 外围护结构保温性能的最低要求；

② 外窗和外门的 *U* 值、*SHGC*（太阳得热系数）值的最低要求；

③ 风管保温的最低要求；

④ 照明和功率效率的最低要求；

⑤ 配水系统保温的最低要求。

(1)《国际节能规范（2009 年）》的框架结构

同其他国际标准委员会所发布的标准一样，国际节能规范内容和条文规范的排布基本遵循建筑规划和评审的顺序结构，其可分为以下五个部分（表 2-1）：

《国际节能规范（2009 年）》的章节分布 **表 2-1**

章　节	主　题	章　节	主　题
1～2	实施声明和术语定义	5	商业建筑能耗效率
3	气候分区和常用材料要求	6	参考标准
4	住宅建筑能耗效率	—	—

(2) 气候分区

国际节能规范特别指出了会影响到建筑设计外部条件的气候区。除此之外，国际节能规范也对影响到冷热负荷计算的基本假设中的建筑内部设计条件作了说明。

针对不同的气候区，国际节能规范给出了围护结构保温材料和窗体材料的基本要求。

大多数建筑能耗的影响因素主要是气候。因此，标准提供了相应的数据标准，例如表达墙体、屋顶保温性能的 *R* 值；表达门、窗传热性能的 *U* 值；以及关于气候区中机械系统性能要求的条文。

标准中也会对建筑位置的正确划区方法作出说明。

(3) 住宅建筑能耗效率

此项内容中包含了对于住宅建筑设计和建造阶段中与能源消耗效率相关的要求。需要注意的是，国际节能规范中所指的住宅建筑是指 R2、R3、R4 型三层或三层以下的房屋。而大于三层的住宅的 R-1 型建筑也归入本标准的商业建筑能耗效率要求中并进行了介绍。这里规定的住宅建筑必须遵循国际节能规范对于能耗效率的要求。R1、R2、R3、R4 表示住宅建筑的四种类型，本标准中，R2、R3、R4 指的是三层或三层以下的住宅建筑。

条文内容对于提高建筑围护结构、供热和空调系统和生活热水系统的能耗效率有着积极的作用。

(4) 商业建筑能耗效率

此版块的能耗效率条文针对的对象为：①商业建筑；②三层以上的住宅建筑。与前一部分

（住宅建筑能耗效率）的条文相似，这部分的条文对①和②两种类型的新建建筑制订了建筑和建筑系统的能效要求，以提高建筑整体的能源利用效率。

条文内容对于提高建筑围护结构、供热和空调系统和生活热水系统的能耗效率有着积极的作用。

2.2.3 加利福尼亚州建筑标准（Title 24—2008）

加州最近也调整了其建筑标准 Title 24—2008 的主要内容。该标准适用于所有的住宅和非住宅建筑。住宅建筑包括所有的独户住宅和低层的多户住宅，非住宅建筑包括旅馆、四层及四层以上的多户住宅。

1. 效率标准的适用对象

（1）建筑功能：不同使用功能的建筑（如娱乐、教育、健康、商业、工业用建筑）；自该标准生效之日起申请获得建筑执照和更新建筑执照且申请已存档（或依据法律需要存档）的建筑；政府机构使用建筑；非空调、采用直接或间接机械供热或供冷的建筑；使用木材燃烧供热或无机械供热的低层住宅建筑。

（2）建筑构件：建筑围护结构、空调系统、水暖系统、室内外照明系统、室内外标识性设施。

（3）地板和居住楼层。

另外，有部分章节是针对特别建筑的。表 2-2 列出了详细内容。

节能标准应用分布 **表 2-2**

<table>
<tr><th>场　所</th><th>应　　用</th><th>强制性</th><th>规定性</th><th>性能</th><th>扩建/改建</th></tr>
<tr><td>规则</td><td>100，101,102，110，111</td><td>—</td><td>—</td><td>—</td><td>—</td></tr>
<tr><td rowspan="9">非住宅建筑、高层建筑、宾馆、汽车旅馆</td><td>综述</td><td>140</td><td>142</td><td>—</td><td>—</td></tr>
<tr><td>围护结构(有限制条件)</td><td>116,117,118</td><td>143</td><td>—</td><td>—</td></tr>
<tr><td>围护结构(无限制条件)</td><td>—</td><td>143(c)</td><td rowspan="4">141</td><td rowspan="6">149</td></tr>
<tr><td>空调系统(有限制条件)</td><td>112,115,120-5</td><td>144</td></tr>
<tr><td>水暖系统(有限制条件)</td><td>113,123</td><td>145</td></tr>
<tr><td>室内照明系统(有限制条件的处理空间)</td><td>119,130,131，134</td><td>143(c),146</td></tr>
<tr><td>室内照明系统(无限制条件的处理空间)</td><td>119,130,131，134</td><td>143(c),146</td><td rowspan="2">N. A</td></tr>
<tr><td>室外照明系统</td><td>119,130,132-4</td><td>147</td></tr>
<tr><td>冷库</td><td>围护结构和空调系统</td><td>126</td><td>N. A</td><td rowspan="2"></td><td rowspan="2"></td></tr>
<tr><td>标志</td><td>室内和室外</td><td>130,132,133</td><td>148</td></tr>
<tr><td rowspan="3">低层住宅</td><td>综述</td><td>150</td><td rowspan="3">151
(a,f)</td><td rowspan="3">151
(a-e)</td><td rowspan="3">152</td></tr>
<tr><td>围护结构(有限制条件)</td><td>116,117,118，150(a-g,l)</td></tr>
<tr><td>空调系统(有限制条件)</td><td>112,115，150(h,i,m,o)</td></tr>
</table>

注：表中的数字为标准里的相应条款的序号。

2. 该标准的历史

为满足加利福尼亚州减少能源消耗的法律条例，加利福尼亚州建筑节能标准在 1978 年正式得到确定。在这期间，为了融合各项新的节能技术和方法，这部标准得到了不断地更新。

自 1978 年以来，加州建筑节能标准和电器节能标准的实施为电力和天然气应用消费节省了超过 560 亿美元的花费。据推测，到 2013 年此标准将另外节省 230 亿美元。

2008 年版的标准在 2010 年 1 月 1 日正式生效，取代了之前 2005 年版的标准。任何在此期间或在此后申请施工执照的建筑工程都必须遵循 2008 年版标准。该标准属于加州行政法规施行细则第六部分的第 24 条，是加州独一无二的资产。在大家对标准编写的积极参与和相关组织对公共利益的长期努力下，标准最终得以问世。在 2008 年版标准的发展和采用过程中，秉持了以严格的技术、富于挑战又切实可行的设计和施工案例、公共参与以及对利益相关者观点的充分考虑来保证标准的严谨性的一贯做法。

2008 年版的标准出台后，能源委员会员工、顾问在与太平洋煤气和电力公司、南加州爱迪生公司、圣地亚哥煤气和电力公司、南加州煤气公司签订的合同中，对标准进行了详尽的修订，使得标准得以概念化，评估得当且公正。

仔细回顾了制定之前版本的人员的诸多意见与看法，并且在这部手册上也得到了很大程度上的反映。CABEC 和 Energy Soft 的成员对手册内容作出了极大贡献。

3. 标准内容简介

源建设法规

能源建设法规共分八个部分阐述。

第一部分指出法规的适用范围：

法规适用于所有的住宅和非住宅建筑。标准并没有减少持证或注册建筑专业人员或其他设计师、建造师的从业资格和责任，在州或地方法律下执行机构的职责亦没有减少。

第二部分对相关术语作了解释。如验收要求、替代计算方法批准手册（用于能源效率标准中非住宅建筑即旅馆、四层及四层以上的多户住宅和住宅建筑及所有的独户住宅和低层的多户住宅的计算）、设备效率规章、经批准的计算方法、建筑执照（由执行机构颁发的有关电、水、机械和建筑本身的许可证或批准）、委员会、合乎法规的方法、空调建筑面积、产品评级程序、能量预算、执行机构、执行理事、空调通风系统、制造装置、窗体评级委员会（评价窗体产品的传热系数、太阳的热系数和漏气量）、公共顾问、热阻、图纸记录、参考附录等。

第三部分对设计人员、安装人员、施工人员、制造商、供应商的许可证、执照、信息要求、执行要求均作了相关阐述。文件材料包括符合性证书、建筑执照的申请、安装证书、保温证书、现场核实和诊断测验证书，建造者需要提供合乎法规、操作、围护和通风设备的信息，制造商和供应商要提供设备的信息。同时指出一些例外设计（不完全满足已批准计算方法的模型）所需满足的要求与申请方面应提交的书面文件。

第四部分指出委员会强制执行法规的三种情形：

（1）没有地方执行法定机构；

（2）房屋建筑在州政府的管辖范围之内；

（3）执行机构未能执行任务时。

第五部分阐述了采用当地节能标准的要求和所需的相应的申请文件，希望采用当地节能标准的地方政府部门需要向执行理事提交必要的材料，包括所提议的地方节能标准、地方政府如何确定是否节能的研究分析、地方政府节能标准规定的建筑耗能需低于加州标准规定的能耗的申明和地方政府对于标准成本效益的确定。

第六部分是关于能源委员会的权利和义务方面的问题。指出能源委员会应对每部分条约作出书面上的相应解释。对于符合相关要求的某些建筑，能源委员会可以免除其遵循某些条约与规定。申请者应向执行董事提交涉及相关材料的申请书。

第七部分指出为校核是否满足能量预算所用的计算方法和可选的组件。委员会可以批准采用符合条件的公共领域的计算机程序、满足一般性和程序上要求的替代计算方法、可选的组件，也可以修改和撤回一些计算方法的证书。执行理事每年需要在历年 12 月 31 日或之前出版一个记录相关决议的手册、时事通信或行政指导。

第八部分规定了实际应用时应考虑的相关程序。对于窗体产品的认证与品牌树立提供了实施准则与要求以及传热系数和太阳得热系数标准的默认值预设表。在反射率和发射率方面为屋面产品的认证与商标树立提供了实施准则和要求，为采用特定的室外照明水平及如何确定室外照明区域提供了标准及使用方面的行政法规。

4. 效率标准

效率标准共分九个章节进行阐述。

第一章介绍了标准的应用范围和有关建筑的定义和规定。标准中强制性和一般性规定的表述方式有所区别。其中介绍了许多相关组织机构，如美国空调厂商协会、美国国家标准学会、空调制冷学会、美国试验材料学会、制冷技术学会等以及由这些组织机构制定的标准。同时，对一些建筑部件进行了定义，如冷屋顶、隔墙，还对一些名词作了解释，如日照面积、死区、日较差、需求响应、管道封闭、气候带等。

第二章规定了系统、设备、建筑材料的制造和具体施工的强制性要求，适用于所有场所。包括：对系统和设备的一般要求，对设备效率法规规定设备的强制性要求，对空调系统设备的强制性要求（效率、带附加电阻加热器热泵的控制、恒温控制器、汽油壁炉备用损失控制），对家用水暖系统及设备的强制性要求（制造商的证明，温度控制，效率，安装，热水分配系统控制，保温，服务于集合住宅单位、高层住宅、旅店、汽车旅馆和非住宅建筑的热水循环回路），对游泳池和水疗系统及设备的强制性要求（制造商的证明、安装），使用天然气的炉子、厨房用具、游泳池和水疗系统的燃烧指示灯的要求，对窗体产品和外门的强制性要求，对围护结构上的连接和开口的要求，对保温和屋顶产品的强制性要求，对照明控制设备、镇流器和灯具的强制性要求等。

第三、四章分别规定了对非住宅建筑、高层住宅、宾馆、汽车旅馆的空调系统、水暖系统、照明系统和设备的强制性要求。包括：空调系统、水暖系统、通风系统、空调系统的控制要求、管道保温、气流组织系统、管道、非住宅建筑机械系统的适用性说明，冷库设计（强制性），照明控制，需安装的室内照明控制装置，室外照明控制及设备，照明控制标识。

第五章主要阐述了非住宅建筑、高层住宅、宾馆、汽车旅馆的性能要求和需满足的规定性条约以及实现节能目标的方法。包括：能量预算、达到规定要求的方法、建筑围护结构、空调系统、家用水暖系统、室内照明、室外照明、标识方法等。

第六章主要是非住宅建筑、高层住宅、宾馆、汽车旅馆的扩建、改建、修缮工程的相关规定。

第七章规定了与低层住宅建筑特征和装置相关的强制性要求，如顶棚保温，松散填塞保温，墙体保温，活动地板保温，壁炉、装饰燃气炉具和圆材煤气炉的保温，空气减速器包装，蒸汽屏蔽，空调设备（包括冷热负荷、设计条件），室内照明，气流组织等。

第八章规定了低层住宅建筑性能要求和需满足的规定的管理方法。包括：基本要求，性能标准，性能标准的合规示范要求，性能标准的合规方法，必要的计算假设，规定标准及组件包（保温、辐射遮挡、窗体技术、遮阳技术、蓄能技术、供暖系统应用、室内采暖和供冷、住宅水暖系统、恒温控制器、空调管道、集中式通风系统和屋顶产品和技术）。

第九章规定了与现有低层住宅建筑扩建、改建、修缮工程相关的节能标准。

2.2.4 加利福尼亚州电器能效管理标准

加州电器能效管理标准于2009年8月开始实施，包括2008年12月3日由加利福尼亚委员会批准的修订部分，并已替代之前的所有版本。该法规的正式版本由行政法规办公室出版。

1. 标准适用对象

加州电器能效管理标准覆盖联邦监管和非联邦监管的电器，共有23类电器在标准管理范围内。标准适用于加州已出售、标价出售的电器，而批发销售于外州的零售点和设计、出售大型专用旅行车和其他移动设备的电器不在标准监管范围内。

(1) 冰箱，支持交流电的冷冻机，包含但不限于出售瓶装或罐装饮料的自动售货冰箱机柜，商业自动制冰机，有门或无门冰箱，有门或无门冷冻机，冷库，饮水机，不包括以下电器：①总冷藏体积超过 39ft^3 的消费产品；②总冷藏体积超过 85ft^3 的商用冷藏柜和冷冻机，冷库不包括在内；③急冻式冰箱；④制冰量低于每天 50 磅和高于每天 2500 磅的自动制冰机。

(2) 房间空调器，房间空气调节热泵，整体式末端空调器，整体式末端热泵。

(3) 采用电动的整体式空调或热泵的中央空调，没有设计风扇和使用燃气空调和燃气热泵的不包括在内。

(4) 局部空调器，蒸发冷却器，吊扇，含灯具的吊式风扇，大风扇，住宅排气扇，除湿机。

(5) 蒸汽式空间加热器，燃油式空间加热器，释放和不释放红外线的加热器，电动住宅用锅炉，燃气组合空间加热和水加热设备。

(6) 水加热器，包括但不仅限于热水锅炉。

(7) 气体泳池加热器，燃油泳池加热器，电阻泳池加热器，热泵泳池加热器，住宅泳池泵和电动机组合，替代住宅泳池的泵电动机。

(8) 卫生洁具包括淋浴喷头、面盆龙头、厨房水龙头、计量水龙头、置换通风装置、公用洗涤池、浴盆喷头转向器、预冲洗喷阀。

(9) 厕所、浴间设备，如抽水马桶和小便器。

(10) 荧光灯镇流器：额定输入电压为 120 或 277V；输入电流频率为 60Hz；T5、T8、T12 灯或汞蒸气灯。

(11) 灯具：联邦规定的通用荧光灯，联邦规定的反热罩白炽灯，加州规定的通用白炽灯、通用灯具，包括 GU-24 灯座。

(12) 应急照明：照明出口标志。

(13) 交通信号模块和交通信号灯。

(14) 灯具：朝天灯，金属卤化物灯，便携灯具，橱柜灯具，包括含有 GU-24 插座、基本配置和 GU-24 适配器。

(15) 由联邦规定的消费产品——洗碗机。

(16) 由联邦规定的消费产品——家用洗衣机和商用洗衣机。

(17) 由联邦规定的消费产品——干衣机。

(18) 由联邦规定的消费产品——炊具，餐饮服务设备。

(19) 电动机，不包括有确定目的的发动机、特殊用途的发动机和被美国能源部淘汰的发动机。

(20) 运转于 60Hz 频率、额定输出功率不少于 15kVA 的低压干式输电变压器。

(21) 电源。

(22) 音频与视频消费产品：电视机、小型音频产品、数字通用唱片播放器、数字通用唱片录音机。

(23) 电池充电器系统。

2. 主要内容

使用说明。标准的第 1～4 章对其应用性和实用性进行了详细说明。

1) 介绍了标准的适用范围（前已述及）。

2) 对标准中涉及的名词术语作了定义与解释。

(1) 有对名词缩写的介绍，如 AC 代表交流电，DC 代表直流电，HP 代表马力，RPM 代表每分钟的转数等。

(2) 介绍了一些协会、机构，如美国家电制造商协会，空调制冷采暖学会，美国国家标准协会，美国采暖、制冷与空调工程师学会，美国机械工程师协会，美国国际管道暖通机械认证协会，国际电器制造业协会等。

(3) 针对常用的电器设备、零件、特性参数等也作出了严格的解释，如镇流器、镇流器效率值、发光二极管、臭氧层消耗物等。

对于标准适用的电器（1）～(23)，也进行了详细说明。

3）阐述了电器测试方面的问题。对需要测试、国家认可的工业执照认证制度和持有国家免检证书的电器作了具体的说明。制造商应该运用适当的测试方法对标准适用电器的基本模型的各个组件进行测试。

4）针对每种电器说明了测试方法，包含对（1）～(23) 23 种电器的测试方法。对于每种电器需要测试的参数及其满足的标准作了相关的说明。

3. 具体的电器标准

标准的第 1605 章节针对能源绩效、能量设计、水系统性能及设计介绍了通用标准，可分为以下几个部分。

1）参考联邦标准内容的加州标准

介绍了与包含在或符合《耗能器具节能法》和《能源政策法案》的联邦标准相同的加州标准。对于（1）～(23) 总共 23 类电器标准分别进行了阐述，具体参数的要求多数以表格形式出现，下面举例说明（表 2-3～表 2-7）。

蒸发式冷却空调的标准 **表 2-3**

电　器	容量(BTU/h)	最小能效比(BTU/Wh)	
		2003 年 10 月 29 日有效	2004 年 10 月 29 日有效
蒸发	<65000	12.1	12.1
冷却	≥65000,<135000	11.5	11.5
空调	≥135000,<240000	9.6	11.0

注：对于加热部件为非电阻加热的电器，扣除要求的能效比的 0.2。

末端整体空调器和末端整体热泵标准 **表 2-4**

电　器	模式	装机容量(BTU/h)	最小能效比(BTU/Wh)
末端整体空调器和末端整体热泵	制冷	≤7000	能效比 8.88
		>7000,<15000	能效比 10.0-(0.00016×装机容量)
		≥15000	能效比 7.6
末端整体热泵	制热	任意值	COP1.3+0.16×(10.0−0.00016×装机容量)

室内空调器和室内空调热泵标准 **表 2-5**

电　器	是否装有百叶窗板	冷却容量(BTU/h)	最小能效比(BTU/Wh)
室内空调器	有	<6000	9.7
室内空调器	有	≥6000～7999	9.7
室内空调器	有	≥8000～13999	9.8
室内空调器	有	≥14000～19999	9.7
室内空调器	有	≥20000	8.5
室内空调器	无	<6000	9.0
室内空调器	无	≥6000～7999	9.0
室内空调器	无	≥8000～19999	8.5
室内空调器	无	≥20000	8.5
室内空调热泵	有	<20000	9.0
室内空调热泵	有	≥20000	8.5
室内空调热泵	无	<14000	8.5
室内空调热泵	无	≥14000	8.0
窗式专用室内空调器	两者其一	任何值	8.7
窗式滑动室内空调器	两者其一	任何值	9.5

水冷空调和水源热泵的标准 **表 2-6**

电 器	容量(BTU/h)	最低效率			
		2003年10月29日有效		2004年10月29日有效	
		最小能效比	COP	最小能效比	COP
水冷空调	＜17000	12.1	—	12.1	—
水源热泵	＜17000	11.2	4.2	11.2	4.2
水冷空调	≥17000,＜65000	12.1	—	12.1	—
水源热泵	≥17000,＜65000	12.0	4.2	12.0	4.2
水冷空调	≥65000,＜135000	11.5	—	11.5	—
水源热泵	≥65000,＜135000	12.0	4.2	12.0	4.2
水冷空调	≥135000,＜240000	9.6	—	11.0	—
水源热泵	≥135000,＜240000	9.6	2.9	9.6	2.9

注：对于加热部件为非电阻加热的扣除要求的能效比的0.2。

符合能源政策法规的风冷空调和空气源热泵的标准 **表 2-7**

电 器	容量(BTU/h)	系统形式	最小效率(所列年份为有效日期)			
			1994年或1995年1月1日	2008年1月15日	2010年1月1日	
					空调	热泵
单元式风冷空调和热泵(制冷模式)	＜65000	分体式	10.0 SEER1	13.0 SEER	—	—
	＜65000	整体式	9.7SEER1	13.0 SEER	—	—
	≥65000,＜135000	全部	8.9EER1	—	11.2EER3 11.0EER4	11.0EER3 10.8EER4
	≥135000,＜240000	全部	8.5EER2	—	11.0EER3 10.8EER4	10.6EER3 10.4EER4
	≥240000,＜760000	全部	—	—	10.0EER3 9.8EER4	9.5EER3 9.3EER4
单元式风冷空调和热泵(制热模式)	＜65000	分体式	6.8HSPF1	7.7 HSPF	—	—
	＜65000	整体式	6.6HSPF1	7.7 HSPF	—	—
	≥65000,＜135000	全部	3.0COP1	—	3.3COP	
	≥135000,＜240000	全部	2.9COP2	—	3.2COP	
	≥240000,＜760000	全部	—	—	3.2COP	

2）针对联邦监管电器的加州标准

该部分介绍了加州的专用标准，适用于联邦监管的电器，由于是地方法规，所以仅在以下时间有效。

(1) 美国能源部规定的生效期；

(2) 通过某些事件，如联邦法规的改变而导致联邦优先权移除的一年后，但不早于2004年7月1日。

如同“联邦标准内容的加州参考标准”，这一部分也是针对（1）～(23) 23类电器的标准分别进行了阐述，具体参数的要求多数以表格形式出现，例如洗衣机的相关标准要求见表2-8。

洗衣机水资源利用效率标准 **表 2-8**

电 器	最大水因子(加仑/ft^3)	
	2007年1月1日有效	2010年1月1日有效
上掀盖式洗衣机	8.5	6.0
前开门式洗衣机	8.5	6.0

3）适用于销售和安装的加州标准（表 2-9、表 2-10）

冰酒器类标准 表 2-9

电　器	最大年能耗(kWh)	电　器	最大年能耗(kWh)
带有人工除霜装置的冰酒器	13.7V+267	带有自动除霜装置的冰酒器	17.4V+344

注：V=以立方英尺为单位的体积。

属于消费者产品的冷冻机标准 表 2-10

电　器	最大年能耗(kWh)	电　器	最大年能耗(kWh)
带有人工除霜装置的立式冷冻机	7.55AV+258.3	柜式冷冻机	9.88AV+143.7
带有自动除霜装置的立式冷冻机	12.43AV+326.1		

注：AV=1.73×冷冻机的体积（以立方英尺为单位）。

该部分介绍了针对非联邦监管电器的加州专用标准作为地方标准是适用于在加州销售的电器的，任何不满足此能效标准的电器不得销售。同样，针对（1）～(23）23 类电器分别阐述了标准要求。

4）电器标识与标准的执行

各制造厂商均需要将有关已出售的和标价待售的电器的说明文件递交执行理事。标准对由制造商递交文件的格式和种类等分别作了一般性的规定。制造商需要提供厂家信息、产品检测和性能资料。对于提交的数据信息，标准也作了详细的要求。针对不同的电器，需要确定基本信息必需项和对应各项的厂家实际数据。例如，对于商用自动制冰机，基本信息必填项包括：设备类型；冷却方式；制冰方式；制冰率；能耗和水耗。对应的厂家实际数据为：集中式或分散式；风冷或水冷；立方体，薄片，碎块或其他（特别指明）。需要提交的数据信息可以在标准中的表格里查到。

对于电器标识，以及制造商名称或商标名称、设备型号和日期、能源绩效等信息均需清楚地标于电器的明显处。例如，对于联邦规定的商用和工业用设备，有以下能源绩效信息需要标明（表 2-11）：

联邦规定的商用和工业设备能源绩效信息 表 2-11

类　别	能源绩效信息
中央空调系统(仅能在印刷材料上标出)	制冷容量、季节能效比(SEER)、能效比(EER)
单元式中央空调	制冷容量、季节能效比(SEER)、能效比(EER)
热泵分流系统(仅在说明书中标出)	制冷容量、制热容量、季节能效比(SEER)、能效比(EER)、制热季节能效比(HSPF)、COP
单元式热泵	制冷容量、制热容量、季节能效比(SEER)、能效比(EER)、制热季节能效比(HSPF)、COP
组装式空调末端	制冷容量、能效比(EER)
组装式热泵末端	制冷容量、制热容量、能效比(EER)、COP
加热炉	输入速率、热效率
快速制热锅炉	输入速率、热效率、燃烧效率
热水器	输入速率、额定储存容量、实际储存容量、热效率、待机损失
热水锅炉	额定输入功率、额定储存容量、实际储存容量、热效率、待机损失

2.2.5 美国电器及商用标准

电器及商用设备标准计划由美国能源部发起，其对家用电器及商业设备的使用方和生产方进行了调研并提出了相关规定与参考要求，以提高电器、设备的使用效率，降低电器、设备的能源消耗。

美国能源部在制定联邦能源效率标准和标准实施时间方面的具体要求已由美国国会通过的相关法律给出。标准将要求电器制造商降低产品的能耗、水资源的消耗及运行成本，以达到让利于消费者的目的。

对此，美国能源部开展了以下三方面的工作：

1. 合格产品标识方案及实施

美国联邦贸易委员会（The Federal Trade Commission）需要对符合规范要求的民用产品进行标识及分类。商用设备的标识由美国能源部和美国联邦贸易委员会共同负责。

2. 制订能效检测方法及步骤

美国能源部对于制造商在证明其电器产品是否符合标准时的检测方法和步骤作出了一些规定。检测程序包括对于每样电器能源效率和能源使用情况的评估和年运行费用的评估。

3. 制定强制性的节能标准

美国能源部建立联邦标准以实现电器、设备能效要求在全国范围内的统一性。美国能源部必须及时更新技术上可行、经济上合理的最大能效水平。标准的制定不仅力求实现消费者利益最大化，而且也希望能将制造商所受到的负面影响降低到最小。

电器及商用设备使用标准是依据《1975年能源政策与节能法案》中的相关条文（P94-163）深化而得的。《1975年能源政策与节能法案》为一些家用电器设定了检测程序、节能目标和标识分级准则。《1975年能源政策与节能法案》也为美国能源部提供了评估制造商所生产的产品是否到达电器标准效率的测试方法。

20世纪70年代，美国联邦政府开始了对于电器产品的测试、标识及规定最低效率标准的评测与实践。1987年第一部关于电器标准的法律颁布。与此同时，也推出了一系列的相关法律和美国能源部条例。随后，法规条例也会定期更新、增加、完善，现有超过50种的民用、商用和工业用产品能找到其对应的能源效率和水资源利用的标准。在20世纪90年代，美国能源部未能如期更新能效标准，并给评标及标识工作带来了一定的延迟和积压。

进入新世纪后，美国能源部加快了标准更新与推进的步伐。2006年，美国能源部向美国国会递交了一个“五年计划”。2009年奥巴马总统上任后，新任政府对于标准的完善、更新和实施给予了更多的资源与关注，促使美国能源部加快了完成最新电器标准的步伐。

制定电器、设备的能效标准，综合经济利益，标准会考虑以下七个方面：

（1）评估生产和使用符合标准的产品对于制造商和消费者的经济负面影响。

（2）评估周期内符合标准的产品所能节省的运行费用，并与价格增长、初投资或维护费用进行比较。

（3）由标准的实施所带来的直接总能耗节省量。

（4）符合标准的产品对于公用事业费的降低或产品性能的降低效果。

（5）产品竞争激烈程度的降低。

（6）全国的节能需求。

（7）其他可能相关的因素。

1）节能标准的制定和建立

节能标准的制定和建立要经过以下三个步骤：

（1）框架搭建和初步分析阶段；

（2）冰箱新能效标准（NOPR）规章制度通告阶段；

（3）确定最终规章条文。

表2-12给出了每个阶段的规章制定过程和分析内容。各阶段的流程顺序为：先通过框架搭建和初步分析，然后通告规章制度，从而最终确定规章条文。

节能标准规章制度程序 表 2-12

框架搭建和初步分析阶段	规章制度通告阶段	确定最终规章条文阶段
筛选分析	生命周期亚群分析	在联邦公报中公布
工程分析	分析对制造商的影响	—
生命周期与投资回报率分析	分析对电、气公用事业的影响	—
分析对全国的影响	环境评估	—
—	分析对就业市场的影响	—
—	分析对管理的影响	—

注：标准中已列出针对每一项产品的规章条文。

2）制定电器、设备能效的检测程序

在标准确定之前，必须对产品的性能进行检测，以提供标准依据。项目的检测程序对于测定所包含产品的能效及能源使用量给出了方法说明。

美国能源部的检测程序用于：①提供用于制定所覆盖产品或设备标准的测试与分析方法；②确定与标准的一致性；③确保制造商的设备始终符合节能标准并代表设备效率；④在执行过程中，确定被纳入的产品是否符合《1975 年能源政策与节能法案》的标准。

检测程序提供评估产品与节能标准符合度的统一方法。好的检测程序应该具备：①可复验性；②代表性；③可复制性；④操作不易，太过复杂；⑤预期技术的变化；⑥阻止对测试程序的规避行为。

3）产品的认证及标准强制实施的方式

此项内容提供了美国能源部监控制造商和贯标方遵循节能、节水和设计标准的方式。

4）产品的认证

制造商在进行产品认证时，需要提供产品的承诺声明和认证报告。其中应声明产品已符合对于节能、节水和设计标准的要求。报告中需要包含的内容明细如下：

（1）产品类型；

（2）产品等级；

（3）制造商名称；

（4）私人贯标机构名称；

（5）制造商的模型编号；

（6）能效/能耗数据或用水量。

5）标准强制实施

美国能源部为保证制造商履行规范条文会采取强制实施措施。措施的实施有三种方式：

（1）由利益相关者向美国能源部提交关于此项产品用能用水性能的书面报告。报告需指出此项产品可实现而未实现的节能节水条款。

（2）在发现报告中的产品缺陷后，美国能源部可以立即执行强制措施。

（3）美国能源部所得到的结论应由二级政府部门所资助的检测程序给出（例如，美国能源部检测程序和能源之星检测程序）。

6）“EnergyGuide”标识

根据《1975 年能源政策与节能法案》的要求，美国联邦贸易委员会会对符合标准的产品进行标识。标识前需要评估产品全年能耗费用和新能源的使用情况，经过美国能源部的检测程序后，每个合格的产品会贴上写有黄色“EnergyGuide”字样的标签。厂商也必须在其产品目录和订购网站上公示相关信息。电器的标签上还需给出产品的年预计运行费用。制造商必须使用由美国能源部给出的全国平均年能源消耗数据。如果商品满足美国能源部推行的能源之星标准，也可以贴上能源之星的图标。注意，被贴标的产品厂商需要向美国联邦贸易委员会递交包含有产品年能耗预测或能效评价的美国能源部检测报告。

7）产品目录

美国能源部目前已给出了部分家用和商用产品的指导标准，产品目录如表2-13所示。

每项产品都附有关于标识（Labeling）、检测程序（Test Procedures）和节能标准（Energy Conservation Standards）的条文与说明。

条文相关的产品目录　　表 2-13

家用产品		商用产品	
电池充电器及外部电源供应器	荧光灯与白炽灯	美国暖通空调工程师协会产品	小发电机
吊扇及含灯具吊扇	荧光灯镇流器	自动制冰机	整体式空调机与热泵
中央空调及热泵	管道设置	洗衣机	冷库与冰库
干衣机	游泳池加热器	输电变压器	热水器
洗衣机	冰箱与冷冻机	发动机	—
烹饪用具	室内空调机	热炉与锅炉	—
除湿机	小风道高速空调机	高强放电灯	—
直接加热设备	电视机	金属卤化物灯及附件	—
洗碗机	朝天灯	末端整体空调机与热泵	—
暖风机	热水器	冰冻饮料贩卖机	—
热炉与锅炉	—	冷冻设备	—

小结

（1）商业建筑标准90.1—2010志在确立建筑（除低层住宅建筑）的最低能源效率要求。限定建筑在设计、建造和运行维护阶段所应达到的最低能源效率，并且确保现场能源资源和新能源在建筑中的使用。本章对美国暖通空调工程师协会标准考核能耗情况的基本流程作了详细阐述，并展开讨论由围护结构、生活用水、建筑供电及其他电动机、自来水增压系统、电梯等设备带来的能耗计算方法。

（2）本章对居住建筑标准《国际节能规范（2010年）》的成立、发展历史及其主要内容作了详细阐述，并从建筑构架、机械系统、燃气及烟道系统、给水排水系统、电气系统分别作了说明。

（3）为适应日益变化的节能设计要求，国际标准委员会发布了国际节能规范。国际节能规范是一部综合的节能规范，其集合了说明性条文和相关节能性能规定，建立起了对于建筑能耗的限制要求。本章也对其主要内容进行了展开讨论。

（4）加州建筑标准Title 24—2008适用于所有的住宅和非住宅建筑。加州电器能效管理标准覆盖联邦监管和非联邦监管的电器，共有23类电器在标准管理范围内。电器及商用设备标准计划由美国能源部发起，对家用电器及商业设备的使用方和生产方进行了调研并提出了相关规定与参考要求，以提高电器、设备的使用效率，降低电器、设备的能源消耗。

2.3 自愿性标准

2.3.1 中小型办公楼先进节能设计指导（ASHRAE ADEG-SMO）

1.《中小型办公楼先进节能设计指导》的适用范围和特点介绍

先进节能设计指导系列（ADEG）是由美国暖通空调工程师协会新近发布的，目前还在收据意见阶段，旨在为建筑提供更先进的节能指导，使建筑能在满足美国暖通空调工程师协会标准90.1—1999最低标准的基础上进一步节能。先进节能设计指导系列由多个领域的专业人士组成的委员会制定，技术支持和指导来自美国暖通空调协会、美国建筑师协会（AIA）、照明工程协会、美国绿色建筑委员会和美国能源部。

该系列刊物包含六个部分，每部分分别针对不同类型的建筑提出节能指导。

《中小型办公楼先进节能设计指导》（The Advanced Energy Design Guide for Small to Medium Office Buildings）是先进节能设计指导系列的一部分，目前仍在制定中。它适用于总建筑面积不超过 100000ft^2（约 9290m^2）的中小型多功能办公楼，房间用途包括行政办公室、管理办公室、银行、财务室和其他办公室等。

《中小型办公楼先进节能设计指导》在制定之初是针对新建建筑的，使其在满足美国暖通空调工程师协会 90.1—2004 最低标准的基础上至少再节能 50%，但实际上也可以用于建筑的全部改造和局部翻新、增建等。该节能指导内容主要涉及以下几个方面（不涵盖美国暖通空调工程师协会标准的全部指标项）：建筑不透明围护结构；窗体构造；照明系统；供热、通风、空调系统；建筑自动化控制；室外空气处理等，但不是每个方面都能达到再节能 50%的要求。

与美国暖通空调工程师协会标准 90.1 不同，该指导为设计人员、施工人员等提供的是建造低能耗建筑的建议，而非最低指标和非硬性规定，建筑相关人员可以自愿选择是否执行该标准。《中小型办公楼先进节能设计指导》的另一个特点是它不仅给出规定性的节能设计策略，还提供了可选择的操作方法指导。因为每个具体建筑所处的地区、气候、实际用途不同，它们所适用的节能设计方案也是不同的，一般的节能设计策略只是从宏观上制定的，不一定能进行实际操作，《中小型办公楼先进节能设计指导》为实际操作提供了选择空间，其灵活性和可操作性很强，建筑相关人员可以根据建筑的具体特点选择合适的方法，因此建筑能效可以得到显著提高。

需要注意的是，《中小型办公楼先进节能设计指导》是针对减少建筑地点的能源消耗提出的节能设计指导，不考虑能源原料的选用和耗量。例如，通常认为建筑地点的电能效率为 100%，建筑能效的测定在此基础上展开，但实际上用户使用的每 1kWh 电能需要消耗 3kWh 的总能源，电能只有 33%的效率。

为了证明该设计指导的节能有效性，研究人员用“逐时模拟”的方法对两类典型办公楼进行实验分析，它们分别是 20000ft^2（约 1858m^2）的小型办公楼和 50000ft^2（约 4645m^2）的中型办公楼，实验信息来源于全国各地不同类型的办公楼模板。

每类典型办公楼要进行两组“逐时模拟”实验，第一组执行美国暖通空调工程师协会 90.1 标准，第二组执行《中小型办公楼先进节能设计指导》标准，并且每组在美国的八个气候区内分别进行实验，每个气候区又分潮湿地区和干旱地区，因此每组典型办公楼需要在 16 个地区进行实验，实验中所用的材料至少拥有两个商家具有该材料的生产能力。最终实验结果表明，执行《中小型办公楼先进节能设计指导》的办公楼的节能率随着气候分区、日照和空调系统的不同而不同，但与第一组办公楼相比可以再节能 50%～61%。

达到节能 50%的目标是非常具有挑战性的，下面是《中小型办公楼先进节能设计指导》强调的一些注意事项：

（1）获取投资者和使用者对完成节能目标的支持；

（2）组建一支经验丰富、有创造力和团队精神的设计团队；

（3）强调各分项工程的有机配合，使建筑整体能效达到预期目标；

（4）注重太阳辐射的利用；

（5）采用能耗模拟预先获取建筑的能效信息；

（6）在建造过程中定期进行试运行，检查建筑各部分功能是否与设计一致；

（7）对建筑使用者和设备操作者进行相关培训；

(8) 使用过程中持续对建筑进行监测，观察其能否在整个生命周期都能达到节能要求。

概括来说，《中小型办公楼先进节能设计指导》主要从以下四个方面指导读者如何达到节能目标，四部分内容介绍由粗到细，由抽象到具体，第一部分介绍建筑团队的管理原则；第二部分涉及技术层面，提供具体的节能技术指导；第三部分针对每个气候区的建筑给出更详细的建议指标值；第四部分是对具体实施方法的指导。

2. 集成式设计过程 (Integrated Design Process)

集成式工程对接 (Integrated Project Delivery) 是建筑设计和施工过程中的一种新管理理念。所谓集成式工程对接是指在建筑的整体设计过程中各个分项工程的负责人站在整个项目的立场上，通过相互协调和沟通使建筑的整体性能提高。而在传统建造中，设计师、监理和施工人员是站在自己的角度上考虑问题，争取自身利益最大化的。

1) 集成式工程对接的原则

(1) 所有的设计和施工管理人员（不管是参与整个设计施工过程的人员还是只负责某些关键技术的人员）都应在设计之初全部参与方案制订；

(2) 预期目标得到大家的一致认可，避免建造后期部门之间出现分歧；

(3) 各部门之间保持坦诚公开的交流，避免恶意的自我保护；

(4) 强调相互协作，为共同目标努力。

其中最核心的原则是强调各部门要注重整体效益，相互讨论，这不仅能提高技术水平，而且能高效率解决建造过程中出现的问题，避免出现各部门推卸责任的现象。

2) 集成式工程对接的实施步骤

(1) 明确投资者对建筑的要求，包括：建造和运行费用、使用寿命、建筑功能等；

(2) 考察建筑现场及周边环境，初步构想建造过程中可使用的节能措施和存在的风险；

(3) 根据投资者的要求和建筑地点的局限性进一步制订详细的建造方案；

(4) 将相关节能标准加入可行的节能设计，并进行详细计算，编写说明书；

(5) 开始现场建造，包括：施工设计、招标投标、正式施工；

(6) 试运行，一般由试运行代理人（通常是不属于系统设计方和施工方的独立组织）操作；

(7) 在工程交接后的设备运行调试和维护中，通常建筑的实际使用情况和设计有差距，试运行代理人需要在建筑使用后的12～18个月里对设备进行重新调试；

(8) 对居住者进行培训，以保证设备的高性能运行。

3. 集成式设计策略 (Integrated Design Strategies)

一个建筑项目要完成50%的节能目标，如果仅从单个部门着手是不可能完成的，比如仅降低空调和照明能耗，因为空调和照明能耗与建筑朝向和围护结构密切相关，因此围护结构的性能以及它对冷热负荷和光照的影响必须满足相关要求，它们之间不是孤立的。这就引出一个问题——各部门的设计方案如何能通过相互协调使建筑的整体性能最高，这部分内容就主要介绍哪里存在这样的协调点，包括以下几个指导方向：

(1) 综合考察建筑内部系统设计的合理性，比如人员密度设定是否合理、选用的照明设备是否节能、电气设备是否有“能量之星”标签等。

(2) 分析建筑本身特征，包括：建筑所处的气候区；建筑形状、大小、层数、朝向等。它们对可选用的节能措施有很大影响，例如对建筑大小，5000ft^2 的办公楼可以用家用空调系统，于是对于“采暖通风与空调系统”这一项，节能空间很小。

(3) 熟悉建筑内部各个系统的常用节能措施，主要是围护结构、照明系统、空调系统等。

(4) 各部门间的协调，例如标准设定、预算分配、安全系数的选择等。例如，对于安全系数的选择，如果采暖通风与空调系统考虑冷热负荷有 20%～30%的富余率，于是风机水泵也要有 20%～30%的富余率，电力系统按照相关规范又有 15%的富余率，如此累加，最后整个建筑的设计总负荷将是实际最大负荷的 3 倍。

1）不同气候区的节能建议

美国能源部根据美国各地区的气候特征将它分为八个气候区，这部分内容以表格形式给出了不同气候区建筑的技术参数推荐值，对于想要通过节能校园合作行动（CHPS）和绿色建筑评估体系（LEED）认证的建筑也可以采纳这里的节能建议。

每个气候区的推荐值表格都对围护结构、照明系统、空调系统、插座负荷和热水供应系统这五项里的各个技术参数给出了具体的推荐值，例如气候区 1 的小型办公楼的屋顶表面反射率推荐值为 0.69，发射率为 0.87。

需要注意的是，《中小型办公楼先进节能设计指导》的建议指标值与美国暖通空调工程师协会标准 90.1—2004 规定的不同，当建筑的某项参数没有《中小型办公楼先进节能设计指导》的建议值时，它必须满足当地建筑标准或美国暖通空调工程师协会 90.1 标准。

2）如何实施节能建议

这部分实际上是上部分内容的拓展细化，具体介绍如何实施上述节能建议，给出最佳的操作方法指导，提醒应该避免的错误做法及如何避免。

2.3.2 绿色建筑标准［绿色建筑评估体系（LEED）］

绿色建筑评估体系（LEED）的名称于 2000 年 3 月推出，是国际上现有的认可度最高、最具影响力的绿色评估体系。经历了从绿色建筑评估体系（LEED）2.0、绿色建筑评估体系（LEED）2.1、绿色建筑评估体系（LEED）2.2 到 2009 年 4 月绿色建筑评估体系（LEED）3 版本的修订与扩充。适用于所有建筑类型——住宅建筑和商业建筑的整个生命周期评估——设计和建造，运营和维护等，并且除了建筑之外还涉及邻里地区。同时，对商业建筑所有者和雇主创造商业价值的绿色建筑也具有一定的意义。其评价体系主要由表 2-14 中的几个评价标准构成。

绿色建筑评估体系（LEED）评价标准 **表 2-14**

评价标准	应用对象
绿色建筑评估体系(LEED)“新建和改造项目”分册(LEED NC2.2)	主要用于指导设计高性能的商业和科研项目，主要侧重于办公建筑
绿色建筑评估体系(LEED)“既有建筑”分册(LEED EB)	用于完善 LEED NC2.0 评价体系，并用于第 1 次要求认证的既有建筑项目，也可用于已获得 LEED NC 认证的建筑
绿色建筑评估体系(LEED)“商业建筑室内”分册(LEED CI)	给予那些不能控制整幢大楼运行的租户和设计师一定的权利来作出可持续的选择
绿色建筑评估体系(LEED)“建筑主体与外壳”分册(LEED CS)	该评价标准针对设计师、施工人员、开发商和要求对建筑主体和外壳进行可持续设计施工的业主
绿色建筑评估体系(LEED)“学校项目”分册(LEED for school)	该评价标准是在 LEED NC 评价标准的基础上，加上教室声学、整体规划、防止霉菌生长和场地环境的评估，专门针对中小学校而制定的评价标准
绿色建筑评估体系(LEED)“住宅”分册(试行)(LEED Home)	该评价标准于 2007 年通过投票后发行正式版本。该标准采取当地认证，建设单位与当地或附近的具有 LEED Home 评价资质的机构联系，由该机构进行认证
绿色建筑评估体系(LEED)“社区规划”分册(试行)(LEED ND)	在结合已有绿色建筑设计要点的基础上，该评价标准评估重点放在社区建设上，同时引入可持续发展的城市设计理论

续表

评价标准	应用对象
绿色建筑评估体系(LEED)“商店”分册(试行)(LEED for retail)	该评价标准针对商店设计和施工特点,阐述了在灯光、项目场地、安全、能源和用水等方面的注意事项和可替代方法
绿色建筑评估体系(LEED)“疗养院”分册(LEED for healthcare)	该评价标准以 LEED NC 为基础,针对疗养院的病人和医务人员的特点,进行技术指导

绿色建筑评估体系通过六个方面对建筑项目进行绿色评定，包括：可持续场地设计、有效利用水资源、能源和环境、材料和资源、室内环境质量和革新设计，在每个方面，绿色建筑评估体系都提出评定目的（intent）、要求（requirements）和相应的技术及策略。建筑项目要获得绿色建筑评估体系认证，必须在每一范畴内达到必需的条件和相应分数，根据所获分数，被评为几种等级：认证、银奖、金奖和铂金奖绿色建筑。

绿色建筑评估体系的最大优势在于它强大的灵活性和制定过程的透明、公正性，这使它能够吸取建筑科学发展过程中的新技术来不断完善自身。经历了多次修订后，绿色建筑评估体系的新版本——LEED V3 版本于 2009 年 4 月 27 日由美国绿色建筑协会发布。

LEEDV3 与旧版本相比有三个更新之处：修订绿色建筑评估体系（LEED 2009）、更新项目在线的认证工具（LEED Online）、评审绿色建筑评估体系绿色建筑专业人员新的评估体系。

绿色建筑评估体系（2009 年）不是现有绿色建筑评估体系的完全代替版本，而是对评价体系作出了关键性的改进。绿色建筑评估体系（2009 年）在三个方面有所改进，即：

（1）统一认证级别门槛。在以往的绿色建筑评估体系中，每类的总分是不一样的，比较起来很麻烦；在绿色建筑评估体系（2009 年）评估体系中，商业和公共机构建筑的绿色建筑评估体系评价分数和评估先决条件都经过了统一处理，满分为 100 分，另外还有 10 分的附加分。绿色建筑评估体系（2009 年）中对“住宅”和“周边环境发展”两项的认证要求没有变化。

（2）指标类别的权重变化。绿色建筑评估体系（2009 年）对原有评分项目的侧重点进行了调整，可持续场地设计、节水、能源与大气所占比重均有所上升。另外还对设计创新的建筑设置了额外的加分点。

（3）注重区域性。在原来六类评价体系的基础上增添了区域性这一类别，与创新设计类别同属奖励得分，对特定地区的节能建筑有优先加分的权利。

例如，对佛罗里达州郊区，根据它的地理位置和传统习惯，绿色建筑评估体系（2009 年）制定了一些奖励得分点来刺激改变该区的传统建筑模式，例如减少对化石燃料的依赖、重复利用已有建筑石材、增加利用该区丰富的太阳能等。

在线绿色建筑评估体系是一种更先进的新认证方式，使得建筑项目组可以很方便地完成注册和认证过程：控制操作细节、完成绿色建筑评估体系认证所需的相关证明文件、提交申请等。现有的在线绿色建筑评估体系 V3 版本更精简、界面更直观，而且添加了很多新功能方便用户操作。

新的评审绿色建筑评估体系绿色建筑专业人员的评估体系。LEED V3 规定，绿色建筑评估体系资格证书分三个等级，下文会有详细介绍。

绿色建筑评估体系的评价机制

绿色建筑评估体系是自愿采用的评估体系标准，主要目的是规范一个完整、准确的绿色建筑概念，防止绿色概念的滥用。绿色建筑评估体系是性能标准，主要强调建筑在整体、综合性能方面达到建筑的绿色要求，很少设置硬性指标，各指标之间可以通过相互调整来相互补充。

绿色建筑评估体系的认证过程由绿色建筑认证机构进行操作，绿色建筑认证机构是专为节能建筑提供第三方认证服务和发放专业资格证书的机构。其内部有按照国际标准化组织（ISO）

标准运作的国际认证组织，从而有力地保证了绿色建筑评估体系认证的质量。认证过程的大致程序如下（图 2-2）：

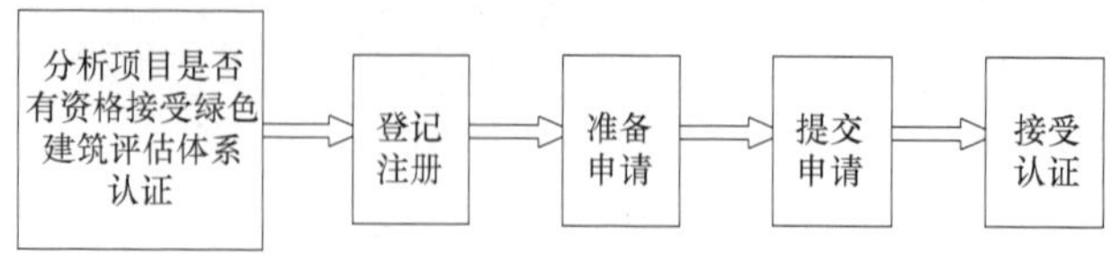

图 2-2 绿色建筑评估体系认证流程图

最低项目要求（MPRs）是建筑项目接受绿色建筑评估体系认证必须满足的先决条件，最低项目要求规定了适合接受绿色建筑评估体系认证的建筑项目的基本特征以及该建筑项目必须达到的一些目标。只有满足了最低项目要求的建筑项目才有资格接受绿色建筑评估体系认证。

绿色建筑评估体系认证申请在“在线绿色建筑评估体系”上完成，认证过程中接受认证者还需要上传一系列的文件证明。

绿色建筑评估体系认证作为一套完整的技术管理体系，强调从项目的规划设计阶段即开始成立由多个领域的科学家组成的团队，从最初方案设计到综合规划、建筑、结构、设备、园林等各专业的有机结合，多角度地对项目进行论证，以确保完成业主意图，使舒适、节能、环保、高效的设计原则贯穿于整个设计之中。因而，在整个绿色建筑评估体系认证实施过程中，需要业主、设计单位、施工单位之间的密切配合。

绿色建筑评估体系认证体系对建筑的评价并不单单停留于定性分析，而是深入到量化。绿色建筑评估体系的得分点所引用的标准很明确，采用清单（check list）的形式。其评价过程也是透明公开的，一些得分点的审核甚至通过公开招募专家来完成。

绿色建筑评估体系评价的基准分满分为 100 分，另外还有 10 分是对有创新设计和区域性建筑的奖励分。以绿色建筑评估体系对商业建筑室内评分为例，评分项目及其分值分配如下：

基本分：可持续场地设计——21 分；
有效利用水资源——11 分；
能源和环境——37 分；
材料和资源——14 分；
室内环境质量——17 分。

奖励分：创新设计——6 分；
区域因素——4 分。

评分等级：认证级——40～50 分；
银级——50～60 分；
金级——60～70 分；
白金级——70～80 分。

这样，通过绿色建筑评估体系认证，用户就能很清楚地认识到某一建筑各方面的优劣，就像牛奶包装上标明的各营养成分的含量。

通过绿色建筑评估体系认证的建筑不仅有环境效益，而且给业主和承租人带来了很高的经济效益。相比于传统建筑，如果初始投资在“绿色设计”方面每增加 2%，在建筑的整个生命周期中总的建造费用将会降低 20%。绿色建筑商品的低使用费用和良好的居住环境使它越来越受到消费者的青睐，它们往往更容易销售或出租，这对开发商来说降低了投资风险，成本回收更快。

同样，电器商品也可以接受绿色建筑评估体系认证。百思买（美国的一家电器零售商）发展部经理表示，绿色建筑评估体系为百思买的商品提供了有力的第三方认证，增加了卖点，百思买也正在努力使它的每一件商品都能通过绿色建筑评估体系认证。

除了接受美国绿色建筑委员会的意见外，各个绿色建筑评估体系委员会对绿色建筑评估体系的修订和实施负主要责任。绿色建筑评估体系委员会包括四个分会：技术顾问组（technical advisory groups）、实施顾问协会（implementation advisory committee）、市场顾问协会（market advisory committee）、技术协会（technical committee）。绿色建筑评估体系的修订过程是公开透明的，而且需要经过绿色建筑评估体系委员会所有成员的一致通过，以保证它的公正性。

绿色建筑评估体系认证体系是全球最权威的，除美国以外的很多国家都承认绿色建筑评估体系认证。它的成功取决于多方面，除了上文提及的它的评价机制和本身修订过程的透明公开性外，还得益于良好的传播机制。你可以在绿色建筑评估体系官方网站上获取所有能有助于通过绿色建筑评估体系认证的参考资源和辅助工具，有：

（1）绿色建筑评估体系工程手册：搜索用户所在地是否有已经通过绿色建筑评估体系认证的工程项目。

（2）地区优先加分浏览器：是一个基于地图的工具，用来查看某地的工程是否能获得地区优先加分。

（3）得分模板：这是通过绿色建筑评估体系认证所需的证明文件的模板。

（4）评分权重体系和使用参考指南，评分权重体系列出了每一子项的分值，使用参考指南则对相关设计方法和技术提出建议和分析，并提供了参考文献目录和实例分析。

（5）绿色建筑评估体系解说：这是一个为建筑项目在接受绿色建筑评估体系认证过程中所遇到的问题提供官方解答的平台，从某个角度上说这项内容增强了绿色建筑评估体系与外界的互动交流，从而推动了绿色建筑评估体系的发展和完善。这项内容是收费的，其大致流程为：建筑项目组向绿色建筑认证机构提交问题并选择要求进行绿色建筑评估体系解说、3～4 周后收到认证评论审核员的解答、再递交美国绿色建筑委员会复审、绿色建筑评估体系解说结果将被立即告知项目组并载入数据库中。

（6）在线绿色建筑评估体系：帮助通过绿色建筑评估体系认证的网上工具，主要用来下载和上传认证所需文件。

绿色建筑评估体系资格证书是针对有能力执行绿色建筑评估体系认证过程的人发放的资格证书。在 LEED V3 中，分三层认证体系，包括：

等级一：绿色建筑评估体系绿色准会员，给想要对绿色建筑表现出承诺，但不直接参与绿色建筑项目的人（非专业人士）。

等级二：LEED AP，相当于目前专业人士认证。根据专业方向的不同，LEED AP 分五类，包括：面向建造和设计的 LEED AP BD&C，面向室内装修的 LEED AP ID&C，面向建筑运营维护的 LEED AP O&M，面向家庭绿色建筑的 LEED AP H，以及面向社区规划的 LEED AP ND。

等级三：绿色建筑评估体系特别会员，指具有很高专业水平的精英。

绿色建筑评估体系资格证书由绿色建筑认证机构负责发放，但是它不负责相关培训，美国绿色建筑委员会提供所有与绿色建筑评估体系认证考试和绿色建筑相关的信息和培训。培训的课程是由绿色建筑评估体系认证体系的幕后组织设定的，并由专业人士结合工程实例讲授。

小结

（1）2010 年房地产市场行情萧条，但绿色建筑评估体系发展良好。随着能源储量减少，绿色建筑越来越受青睐，到 2010 年年底，全球已经有 1 亿 ft^2 的建筑通过了绿色建筑评估体系认证，16 个国家加入了绿色建筑评估体系国际组织，2011 年成员国的数量还将增加。

（2）目前，绿色建筑评估体系的最新版本是 LEED V3，但是美国绿色建筑委员会为满足建筑市场对绿色建筑评定的要求，提高建筑环境和经济特性，仍在不断对已有版本进行更新完善。例如，LEED NC2.1 版评价体系将在 2011 年 12 月 15 日颁布，届时所有近期通过绿色建筑评估体系认证的工程项目要提交符合新版本的证明材料。

（3）美国绿色建筑委员会还在美国成立了绿色学校中心，为国家的希望——学生们，建造更健康节能的建筑。

2.3.3 建筑标识系统能源之星（ENERGY STAR）

“能源之星”（ENERGY STAR）计划是美国国家环境保护局与美国能源部合作推出的商品节能标识体系，它以节能环保为目的，推广节能环保型消费品的使用，核心是促进消费者选择低能耗产品，引导公众购买和使用节能环保设备，使其了解能源的重要性和节约能源的紧迫性，并且自觉选择符合能源之星要求的产品，鼓励高效低耗低污染产品的开发，从而减少能源使用并有效保护环境。

该项目的实施需要制造商、销售商、建筑承包商、能源管理公司（ESCO）、公用事业部门、第三方中介机构、消费者和其他组织共同参与，通过将产品标识与信息发布、宣传推广活动以及选择性融资活动相结合来提高能效。

1. 能源之星的发展过程

1992 年，美国国家环境保护局首先将这一计划应用于电脑和办公设备，比如大多数电脑显示器都有“能源之星”的标识，表明它能适时休眠，节约电能。

1996 年，美国国家环境保护局和美国能源部就共同使用“能源之星”标识推广高能效产品达成共识，并对“能源之星”标识进行了适当的修改。由于美国能源部在长期的节能技术推广和应用中积累了丰富的经验，两者之间的合作大大加快了“能源之星”标识认证工作的进程。

目前，能源之星评价已经深入到住宅采暖和空调系统、办公设备、家用电器、建筑物（住宅、商用和工业建筑）等产品。

2. 能源之星的评价对象

截至 2009 年年底，能源之星计划覆盖了家用电器、采暖供冷、照明产品、房屋建材、电子设备和餐饮服务六类终端耗能产品。

针对不同种类的产品，美国国家环境保护局和美国能源部制定了详细的标准要求，一般包括两个部分：“合作伙伴承诺书”和“产品技术要求”。其中，产品技术要求一般包括（不限于）以下六个部分：

（1）定义。包括对该产品与能源之星认证相关的各个定义。

（2）产品认证范围。明确获取能源之星认证的产品范围（如型号、规格等，类似于美国联邦法规中“覆盖产品”的概念）。

（3）认证产品的能效规范。具体规定能源之星认证产品的能效规范（如限值等，很多产品规定了现阶段及未来时间的限值要求）。

（4）检测方法。包括针对认证产品的能效所必须采纳的检测方法、标准等。

（5）实施日期。规定该技术要求实施和生效的具体日期。

（6）技术要求的修订。对未来技术要求进行修订时的说明。

3. 能源之星产品认证

能源之星产品认证采取制造商自我声明的模式，获取认证需以下三个步骤：

（1）确定产品是否已经符合或者能够符合能源之星标准。采用能源之星的相关产品技术要求测试产品；如果在产品测试方面需要帮助，可与美国环保署直接联系。

(2) 制造商成为能源之星的合作伙伴。在能源之星官方网站下载"合作伙伴协议书"、"承诺书"，并填写相关产品和制造商信息。通过电子邮件或书面材料送达环保署指定地址。

(3) 履行能源之星合作伙伴的义务。美国环保署要求合作伙伴满足以下要求：成为能源之星合作伙伴后的 3 个月之内，至少要注册 1 种能源之星认证产品，依照能源之星的一致性指南，在制造商网站和产品包装上使用能源之星认证标识，每年向环保署提供获证产品的销售数据，并定期更新自身的能源之星认证产品的清单。

符合节能标准的商品会贴上带有绿色五角星的标签，并进入美国国家环境保护局的商品目录得到推广。

4. 能源之星的推广应用

据美国国家环境保护局统计，美国仅 2010 年因执行能源之星而减少的温室气体排放量相当于 33000000 辆汽车的排放量，同时减少能源费用近 180 亿美元。

在节能管理与能效标准方面，能源之星虽然是自愿性节能评价机制，但这项认证已经深入人心，无形中形成了进入美国市场的技术壁垒和获得市场份额的保障，使其从自愿性标准向强制性标准靠拢，成为全球影响最为广泛的认证计划。

能源之星在美国本土发挥着重要作用，同时也成了一个国际性的节能标志，国际影响力不断提高。目前，加拿大、欧盟、日本、中国台湾、澳大利亚、新西兰等国家和地区被美国国家环境保护局授权开展能源之星认证工作，上述国家和地区也相继出台了激励政策，以促进能源之星认证产品的推广和应用。

在一定程度上，产品获得能源之星认证已经成为进入发达国家市场的一个通行证。同时，它也已成为能源相关产品节能和能源效率的标杆，在其他国家制定能效法规或标准时，都是主要的参考之一。就美国国内而言，在制定强制性节能标准以及测试方法标准时也会引用能源之星标准中的测试方法作为其测试参考。

5. 能源之星在建筑用能基准评价中的应用

建筑节能在建设节约型社会中占据着重要的地位，将能源之星推广至建筑用能领域，能够深入了解建筑用能情况和节能潜力，为设定节能目标、跟踪进展、奖励节能成果提供平台。

能源之星建筑项目基准评价工具是在 1999 年由美国能源部建立的全国商用建筑能耗数据库（CBECS）的基础上开发的，通过比较分析目标建筑与数据库中类似建筑物的能源效率，并以百分制来计算能源利用效率得分，50 分为平均能耗水平，75 分以上为最佳水平，该工具适用于办公楼、宾馆、中小学校舍、医疗机构、超市、宿舍和仓库。

每隔 4 年，美国能源部将各类建筑能耗数据库更新一次，同时采用统计学回归分析方法确定各类建筑能耗与关键影响因素（如气象参数、运行时间、人员数量等）之间的关系和建立能耗基准评价模型（用于建筑的能耗预测，表征相似建筑的用能水平；模型建立的前提是对各类建筑能耗数据、系统运行和建筑使用相关数据以及气象数据的标准化处理以便于统计回归分析），再结合数据库中整体建筑实际用能的分布情况建立针对各类建筑的用能基准评价表，该评价表的建立和查找中的一个关键参数是能源利用效率，即建筑实际能耗与基准模型预测能耗之比。建筑管理者需输入基本建筑能效相关数据（建筑规模、位置、住户数量、计算机等），查阅基准评价表，即可得到工具对建筑整体能耗的评测（图 2-3）。

据美国国家环境保护局统计，截至 2008 年年底，美国获能源之星认证的建筑已达 4218 座，商业建筑数量增长 25%。美国能源之星认证的建筑总数中包括约 1500 幢办公建筑物、1300 幢超市、820 幢 K-12 等级学校、250 幢宾馆、超过 35 幢生产设施，以及超过 185 家银行、医院、郊外住宅区和大型零售商店。

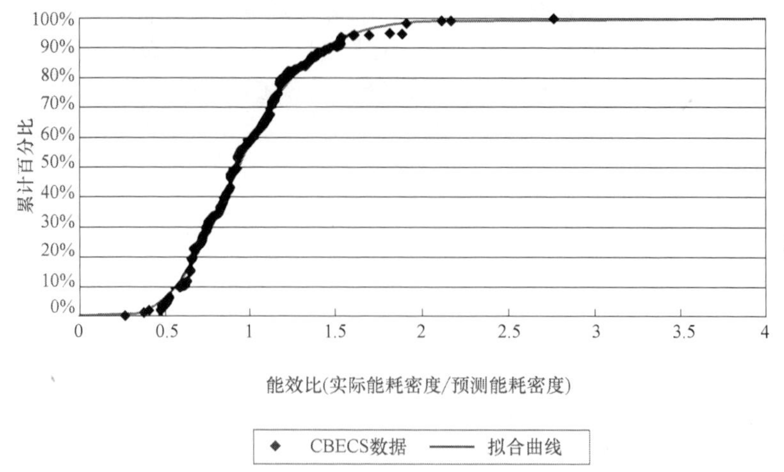

图 2-3 建筑用能的总体累积分布的分析图

自项目实施到 2010 年，美国国内已修建了大约 10 万栋按“能源之星”标准建造的住宅，并大多采用新型节能环保的建筑装饰材料。

能源之星住宅计划在美国是一个全国性的志愿计划，旨在建设一种能源效率提高 30%的新型住宅。合格的能源之星住宅须经过第三方的验证，以确认建造商已适当地采用了提高能源效率的措施。只要能看到能源之星的标识，住宅的购买者不是专家也能够很有信心地作出购买决定。2010 年 4 月 19 日，美国国家环境保护局宣布推出新的，要求更加严格的住宅能源之星方案。与现有的能源之星准则相比，新规定要求新住宅与 2009 年的国际节能规范相比，再节约 20%的总体能效，15%的水电。

6. 认证程序的改进

作为此次测试和认证提升计划的一部分，几乎每一类产品都将被要求使用实验室出具的测试结果，此次调整中立即生效的条款为：制造商要想获得“能源之星”的认证标签，必须提交完整的试验报告和评估成果，并由美国国家环境保护局证明，在美国国家环境保护局审核批准该产品为“能源之星”合格产品之前，制造商将无法获得“能源之星”认证标志。同时，在对“能源之星”资格认证审查过程中，美国国家环境保护局加强了批准系统，不再依赖自动批准程序，而是对所有新的资格申请进行检查和批准。

7. 第三方认证模式

此次修订引入了第三方认证机制以及受控于第三方认证机制的第一方实验室机制：全新的第三方认证流程将于 2011 年 1 月 1 日启动，将独立的、第三方实验室如 Intertek 作为产品符合性评估的优先选择。

能源之星覆盖的 2/3 的产品在 2011 年都将制定新的标准，能效要求势必有所提高。

8. 能源之星的成功经验

“能源之星”在全球建筑节能领域树立了标杆典范，其核心理念的实现与政府的推动有着密不可分的关系，使得项目实施的可操作性大大提高。

美国联邦政府在此过程中始终非常强势，出资对各类耗能产品建立不断更新的、细致的节能标准，并对符合节能标准的产品进行认证，授予“能源之星”标识，并出资大力推广“能源之星”产品。1993 年 4 月，克林顿总统签署了总统令，要求所有联邦政府机构必须购买有能源之星标识的电脑、监视器和打印机，对该项目起到了巨大的推动作用，对提高能源之星设备的市场占有率也产生了很大的影响，是该项目成功的主要推动力之一（美国国家环境保护局，2000）。

除此之外，为了增强普通居民的节能意识，提高高效节能产品的市场销售量和使用量，美国政府将经济性激励政策和措施作为一个重要手段予以应用，收到了非常显著的效果。其中，联邦政府和各级州政府以及水、电、气等公用事业单位大力实施开展的“经济性激励项目”，也是促使节能产品走进千家万户，在全社会形成良好节能意识和氛围的重要经济手段之一。

（1）产品信息：能源之星项目为顾客提供了非技术性的情况说明书、宣传小册子以及交互式的网址（http：//www. energystar. gov/），以便帮助消费者更好地了解使用高能效产品对经济与环境方面的益处。

（2）选择性融资活动：为了降低购买高能效设备和产品的费用，能源之星项目与金融机构合作，帮助他们为能源之星产品制订和推销选择性的融资业务（表 2-15、表 2-16）（美国国家环境保护局，1998）。

现行的能源之星所涵盖的家用产品范围 **表 2-15**

类 别	产品名称	类 别	产品名称
家用电器	洗衣机	采暖供冷	中央空调
	除湿机		房间空调器
	洗碗机		锅炉
	冷冻机		除湿机
	冰箱		通风器
	房间空气净化器		煤气炉
	饮水机		住宅空气源热泵
生活热水	蒸汽冷凝热水器		住宅地源热泵
	热泵热水器		墙体气密性和保温
	高效蓄热水器		分体式空调器
	太阳能热水器		房间空气净化器
	无水箱热水器	照明电器	装饰灯串
电子设备	音频/视频产品		吊扇
	电池充电器		集成式 LED 灯
	计算机(含笔记本)		紧凑型荧光灯
	无绳电话		灯具
	显示器		家用 LED 照明
	影印设备	房屋建材	密封和保温
	机顶盒和电缆盒		屋顶产品
	电视机		窗户、门和天窗

现行的能源之星所涵盖的商用产品范围 **表 2-16**

类 别	产品名称	类 别	产品名称
商用电器	洗衣机	采暖供冷	中央空调
	自动售货机		锅炉
	饮水机		通风器
房屋建材	密封和保温		地源热泵
	屋顶产品		轻型商用空调
	窗户、门和天窗	餐饮服务	微波炉
电子设备	音频/视频产品		洗碗机
	电池充电器		商用炸锅
	计算机(含笔记本)		商用煎锅
	显示器		商用热食品储藏柜
	计算机服务器		商用制冰机
	影印设备		商用烤箱
	电视机		商用冰箱和冷冻箱

续表

类 别	产品名称	类 别	产品名称
餐饮服务	商用蒸锅	生活热水	蒸汽冷凝热水器
照明电器	商用 LED 照明		热泵热水器
	紧凑型荧光灯		高效蓄热水器
	灯具		太阳能热水器
	LED 照明灯		无水箱热水器

小结

(1) 据美国国家环境保护局统计，美国仅 2010 年执行能源之星而减少的温室气体排放量相当于 33000000 辆汽车的排放量，同时减少能源费用近 180 亿美元。

(2) 目前，加拿大、欧盟、日本、中国台湾、澳大利亚、新西兰等国家和地区被美国国家环境保护局授权开展能源之星认证工作，上述国家和地区也相继出台了激励政策，以促进能源之星认证产品的推广和应用。

(3) 2010 年美国国家环境保护局和美国能源部对能源之星计划进行了调整强化，引入了第三方认证机制，并改进了认证程序。在 2011 年，能源之星覆盖产品的三分之二都将制定新的标准，能效要求势必有所提高。

第3章　美国建筑节能技术研究

3.1　大学建筑节能科研动态

3.1.1　卡内基·梅隆大学（Carnegie Mellon University）

1. 卡内基·梅隆大学先进楼宇系统与楼宇性能诊断中心

卡内基·梅隆大学建筑学院是计算机与建筑技术应用方面的领先者，下设两个节能研究机构——先进楼宇系统集成协会（ASBIC）、楼宇性能和诊断中心（CBPD）。

先进楼宇系统集成协会是学校、工业、政府联合掌舵的机构，与楼宇性能和诊断中心合作，主要从事提高商业建筑及其楼宇系统的质量和运行能效的研究。楼宇性能和诊断中心已创立30余年，它与工程学院的研究人员合作发展建筑节能新技术，在建筑性能方面所作的开创性的贡献为其赢得了很高的声誉。

目前这两个机构开展了多项研究项目，比如国家环境评估工具、智能工作室能源供应系统、可独立供电的建筑、高性能楼宇设计准则、建筑投资决定支持工具等，其中智能工作室能源供应系统和建筑投资决定支持工具是两项比较突出的关于建筑节能的研究项目。

智能工作室能源供应系统（IWESS）是利用太阳热能和一种可再生液体（生物柴油）来为智能工作室提供电力、空气调节的冷/热量和规定温湿度的通风气流的组合装置，它的特点是能在尽量少消耗一次能源的情况下为室内人员创造舒适健康的生活和工作环境，使人员的健康水平、生产力、舒适度达到传统方式的两倍。智能工作室（IW）是建造在一栋礼堂屋顶上的面积为600m^2的建筑，房间功能有办公室、会客厅和学生与教员的工作室。

智能工作室能源供应系统的电力供应系统属于分散式发电系统，是集制冷、供热、通风、发电和热电联产功能于一体的装置。它由以下几部分组成：

(1) 太阳能接收器，是52m^2的凹槽形反射器，聚焦点在表面经过处理的钢管上，用来加热高压丙二醇水溶液使其蒸发，用产生的蒸汽驱动16kW的吸收式制冷机/加热器。

(2) 以生物柴油为燃料的25kW发电机，内置热交换器，回收发动机冷却液和发动机排气产生的热量。

(3) 局部冷却/加热单元，即对流型风机盘管和安装在管道和顶棚上的辐射竖框。

(4) 通风单元，包括外部新风和排气进行热湿交换的装置、冷却或加热新风的热泵和除湿的干燥装置。

(5) 模拟系统，它可以模拟得到一年中智能工作室每小时的温湿度、控制智能工作室空气状态所需消耗的能量、运行费用。这对提高智能工作室能源供应系统的运行性能和评估智能工作室能源供应系统部分改造的影响非常重要。

这个系统的操作控制装置还与外部电网连接，用以应对当室内能源使用量超过设计值或其他意外情况发生时的状况。

建筑投资决定支持工具（BIDS）是一个基于实例的成本效益分析工具，分析绿色建筑（即能耗低，且能改善居住环境质量、人员健康状况和生产力的建筑）的投资效益，提高投资回报率。这个项目用实验和现场实例来证明使用高性能的建筑部件、灵活的基础设施和系统集成与效益、工作人员的健康、生产力的关系，这一系列的数据资料将会成为决定建筑生命周期的依据。

下面介绍提高建筑效益的几个设计策略。

1）清凉屋顶

顾名思义，清凉屋顶相较于普通屋顶吸收的太阳辐射更少。用清凉屋顶代替传统屋顶可以减少14％～79％的建筑室内最大冷负荷，节省2％～79％的制冷能耗。清凉屋顶的类型主要有反射性屋顶、绿色屋顶等，用邻近的树木遮挡太阳辐射的屋顶也可以称为清凉屋顶。浅色、反射性屋顶将大部分太阳辐射都反射回天空，吸收的小部分太阳辐射最后也将重新发射回天空而不是被建筑体吸收。所谓绿色屋顶，就是用绿色植被作为屋顶的一部分，提高屋顶热阻。但是由于植被生长需要大量的泥土，因而会增加建筑承重，需要额外的支撑装置。使用清凉屋顶不仅能够减少建筑的太阳辐射得热，节省空调运行费用，还能显著缓解城市热岛效应。

2）混合模式调节系统

混合模式调节系统是将自然通风和机械空调制冷系统相结合的空调系统，主要有三种类型，共有的特征是使部分建筑围护结构成为采暖通风与空调系统和智能控制系统（控制建筑空调系统在“自然模式”和“机械模式”间的切换）的一部分，区别于传统建筑的密闭围护结构，运用这种系统的建筑装有可调节开度的窗户和通风口。用自然通风系统来代替机械通风可以节省47％～79％的采暖通风与空调系统能耗，增加3％～18％的生产率，投资回报率至少为120％。

传统变风量空调系统是通过重复处理回风来调节室内温湿度的，自动控制装置控制整个房间的空气状态基本一致，而混合模式空调系统的新风比较高，自动控制和手动控制相结合，满足不同使用者的需求。这种系统适用于处于温和地带的中低层建筑，能有效减少空调能耗，提高人体舒适度。

3）地板下送风系统

传统的办公楼中央空调系统通常采用顶棚送风（上送风）的空调方式，它强调送风气流与室内空气的充分混合，由吊顶送出的空气吸收室内产生的全部余热、余湿并稀释污染物，这样使室内所有空间的温湿度基本一致。此种控制方式不能很好地满足同一使用空间中不同使用者对温度和通风的不同要求。而且，一旦系统安装后，就不便于以后根据需要更改风口的位置。

地板送风的送风口一般与地面平齐设置，地面需架空，下部空间用作布置送风管或直接用作送风静压箱，送风通过地板送风口进入室内，与室内空气发生热质交换后从房间上部（顶棚或者工作区之上）的出风口排出。采用静压箱送风后，送风口一般与地面平齐设置散流器直接送风至工作岗位。使用者既能控制风量也能控制出风的方向，很明显地提高了个人的舒适度。由于回风口设于吊顶上，下送上回的气流组织形式，有利于从使用空间中排除余热、余湿和污染物，从而保证工作区较高的换气效率和空气质量。此外，地板送风系统比传统空调方式更节能。

4）试运行

试运行是保证楼宇系统（采暖通风与空调系统、照明、电力系统等）安装正确并能按照设计要求运行的不可或缺的过程，包括：测试发现系统存在的问题并提出解决方案；重新组装系统或调整系统程序；更换现有不合适的系统或局部构件；添加新的系统部件。试运行能保证设备的运行质量、优化系统减少能源浪费、明显降低能源使用费用，因而能使建筑在短期内回收投资试运行的费用。

5）日光照明

日光照明即利用太阳光直射、散射或反射来满足室内全部或部分照明需求，它与人工节能照明系统结合，以满足室内照明用电密度。日光照明不仅能降低照明能耗，还能创造视觉刺激，提高工作人员的生产力和舒适度。另外，使用日光照明系统每单位照度产生更少的热量，降低了空调冷负荷。高性能的日光照明系统采用的技术有：设立中庭使太阳光穿透到室内；采用低遮阳率和高可见光穿透率的 Low-e 玻璃；利用内外遮阳装置使太阳光折射和散射等。

6）高性能照明系统

所谓高性能的照明系统（一般针对办公楼）是指它不仅能满足办公楼内各种不同工作的照明度、亮度和对比度、使用者适应性等的要求，同时能耗低，它是工作环境优劣的重要评价依据，对生产力和工作人员的健康有很大影响。应用的技术有：采用 T-8/T-5 荧光灯或 CFL 荧光灯、电子镇流器等。

7）人性化的工作空间

即为工作人员创造舒适的工作空间，电脑等设备的安装配置更符合人体工学的特点。

卡内基·梅隆大学建筑学院师资力量雄厚，不仅有兢兢业业的教育学者，还有备受赞誉、勇于创新的领域开拓者，他们引领着建筑节能的发展方向。下面介绍相关教师的建筑节能研究情况。

F 教授在到卡内基·梅隆大学任教之前是亚利桑那大学的副教授，在当时是 Drachman 设计建筑联合组织（DDBC）的执行委员会委员之一，该组织致力于研究建筑的地域性和节能建筑。

H 教授是楼宇性能诊断中心（CBPD）和先进楼宇系统集成协会（ASBIC）的创始人，楼宇性能诊断中心和先进楼宇系统集成协会是目前卡内基·梅隆大学从事建筑节能研究的重要机构。

L 教授是能源基金会的董事会成员，积极参与中国可持续能源项目的相关工作，比如：绿色建筑准则的制定及相关培训工作、中国可持续设计示范工程等。他还是新加坡一些大型工程建筑项目的楼宇性能顾问，并且活跃在美国和中国台湾的一些绿色项目中。他在节能方面的研究方向是建筑的整体性能研究。

2011 年 1 月 L 教授应邀参加第三届以色列绿色建筑会议，发表关于“将旧建筑改造成节能建筑”的演讲。3 月参加在中国北京举行的第七届绿色节能建筑国际会议暨新技术博览会。

L 教授的研究方向有：材料创新、可再生能源和高性能商业和居民建筑的集成设计过程。他持有绿色建筑评估体系资格证书，为欧洲、亚洲、加拿大和美国等地的建筑提供绿色建筑评估体系认证咨询。他还参与多个创新可持续发展项目，提出建造健康、节能、环境友好型建筑的新标准。

2. 卡内基·梅隆大学的节能研究最新动态

1）参加城市建设的高密度临界点研究

都市的高密度发展一直被视为一种可持续发展的策略，特别是考虑到城市扩张、土地和自然资源利用浪费等问题。继 21 世纪议程之后，关于城市环境的绿皮书已经提交到欧盟委员会，提议建设高密度的市区，提高基础设施的再利用水平，增加就业机会和种类，使生活娱乐方式多样化，创建充满活力的都市生活。

但是高密度都市也会带来很多负面影响，比如环境污染、交通拥挤、热岛效应、由过于拥挤而带来的社会问题、传染病的快速传播和高昂的住房费用等。

比如亚洲的一些发展中国家，城市密度已经很高，如何使城市得到进一步发展但又不牺牲环境质量和居住舒适性的问题就摆在眼前。

开展这个研究项目正是为了解决以上这些问题，研究高密度的城市对人们生活和工作的影响，寻找城市建设的高密度性和可持续发展性之间的联系。这个项目的重点就是研究城市密度的临界点、高密度城市的建筑形式和居住者的感觉，但是它不是孤立的，必须与其他研究项目，比如城市微环境、温室效应、城市交通问题等结合起来，这些都密切影响着高密度城市的能源使用效率、可居住性和居民生活质量。

这项研究主要分为两部分：利用计算机模拟得到高密度的城市建筑带来的影响；调查人们的居住感觉，比如拥挤程度、舒适感、是否方便等。

2）加入节能创新中心

美国能源部将出资 1.22 亿美元在未来 5 年内建成节能创新中心，卡内基·梅隆大学是该中心的成员之一。节能创新中心召集了全国的顶尖研究人员，他们来自学术界、两所美国国家实验室和一些私人机构，目的就是发展先进的节能技术，减少污染，使美国成为节能领域的领先者。

节能创新中心的任务就是研究开发高性能的楼宇系统，建立同时适用于新建建筑和改造建筑的节能模型。卡内基·梅隆大学的研究任务是开发可持续发展的建筑围护结构和研究能集设计、模拟、控制于一体的辅助工具。涉及的技术有：可以使设计师、工程师和承包商共同参与建筑设计的计算机模拟和设计工具；先进的热电联合系统；带有室内环境控制一体化设备的采暖通风与空调系统等。

3.1.2 麻省理工学院（Massachusetts Institute of Technology）

1. 麻省理工学院的建筑技术

麻省理工学院的建筑技术研究项目是由美国建筑部、土木和环境工程部、机械工程部联合开展的项目。建筑行业是美国国内最主要的产业之一，全国 1/3 的投资用于建造商业和居民建筑，1/3 以上的能源消耗于建筑及其相关行业，由此引发的问题正是该项目需要解决的。建筑技术研究项目是一个跨学科项目，参加的研究生来自不同专业，比如建筑专业、各个工程专业和物理学专业，他们有不同的工作经历，但共同点是对建筑有强烈的兴趣，并且接受了完整的数学、物理和其他技术学科的培训。

调查研究是建筑技术研究项目的基石，每个学生都会亲自参与一项课题的调查研究，开展的研究项目主要有以下几个。

1）自然通风建筑中的热分层

CoolVent 是建筑技术研究项目在过去十年中开发的模拟软件，它可以在建筑设计的初始阶段模拟出自然通风对室内温度和气流的影响，得到一个月中典型日各个时刻的热环境参数。第一代 CoolVent 的计算基于一个多区域的模型，用到很多能量方程和流体方程，并且前提假设是建筑内各区域的温度分布一致、气流从出口单向射出。对于满足假设的情况，CoolVent 能很好地模拟出实际情况，但是当室内热分层过于明显时模拟结果需要修正。

这项研究的目的就是研究自然通风房间的热分层情况，通过模拟得到房间的热分层、热流密度梯度对房间温度的影响以及进出房间内各个区域的气流。

2）通风模拟

在美国的所有建筑中，空间冷却和通风能耗占建筑总能耗的 16%，在比较炎热的季节，这一比例更高。降低空间冷却和通风能耗的策略之一就是利用自然通风，这是一种利用自然压力，比如风压和浮力压差，将外界空气导入室内的被动冷却通风方式。利用自然通风的一个首要限制条件就是外部环境气候，如果室外空气的温度和湿度不满足室内舒适性要求就不能直接利用自然通风，这是常有的情况，因此另一种节能技术——混合通风就应运而生。混合通风是将自然通风技术和传统的机械供热、制冷和通风技术相结合的节能空调技术。现在存在的主要问题是如何精确预测混合通风系统的工作性能。以往的气流组织工具计算结果很不精确，因为它基于这样的假设条件：通风管道中的温度分布均匀、管道中气流方向一致，然而实际情况是管道中的温度分层很严重，特别是管道进口处，由于气流漩涡的存在，管道中的气流方向也不确定。

这项研究的目的是深入研究自然通风，为能耗模拟软件中的气流组织工具建立更好的模型，因而能更精确地模拟混合通风的能耗情况。

3）混合模式空调系统的优化控制

传统的机械空调系统为了设计方便而考虑通常采用密闭的窗户，居住者无法直接接触到室外的新鲜空气，这项研究提出了一种新的节能、舒适的空调方式——混合模式空调系统。混合模式空调系统是自然通风和机械空调系统相结合的空调系统，自然通风是理想的低能耗方式，机械空调系统能有效控制室内的温度，两者结合能同时满足节能和舒适性要求。混合模式空调系统有多种工作形式，包括：通过可调节的窗户的自然通风方式；借助低压头风机的通风方式；机械通风方式。

这项研究的成果之一是开发出了能很好地适用于不同特点的混合模式系统的可变系统识别框架（一种控制策略），这个框架的有效性已经通过建立装有混合模式空调系统的多区域建筑模型得到认证。另一个成果是开发出能从实验数据中提取建筑时间常数的程序。

4）通风控制策略

由于缺少确切的设计资料，建筑空调系统通常设计工况与实际工况相差甚远，再加上控制系统性能欠佳，空调系统长时间在能效很低的部分负荷下运行。在控制系统中使用微电子设备和电动电子设备能改善通风系统的控制性能，它主要存在两方面优势。首先，风机不是通过节流阀门来控制而是通过改变转速来控制；其次，通过数字信号而不是模拟信号来控制流量调节阀，总风机可以减速使流体通过阀门时压降最小。最近的一项研究对这两方面优势进行了定量分析，为投资者决定投资方案提供了有用信息。

5）采暖通风与空调系统性能模拟

采暖通风与空调系统通常都得不到有效控制，研究人员很难很快建立采暖通风与空调系统的模型来评估其控制系统的性能和各个单独反馈回路的相互影响。麻省理工学院和英国拉夫堡大学合作为一个大型的采暖通风与空调系统建立了模拟试验台。

2. 麻省理工学院的建筑能耗研究

1）评估不同屋顶的节能潜力

以往的研究提出了通过屋顶节能的方法，比如清凉屋顶、绿色屋顶，但是没有考虑能影响不同技术的节能潜力的因素。这项研究的目的就是开发这样一个工具，它通过分析这些因素可以很快得到不同节能屋顶系统的节能潜力大小。来自日本和美国佛罗里达两个地区的实验数据通过模拟屋顶温度验证了这个工具的有效性，这个工具已经被编录到了麻省理工学院的设计指导工具中。

2）利用红外热像技术比较居民楼围护结构的节能性

由于在过去 20 年中能源价格相对便宜，很多居民楼在建造时没有进行节能设计，因此现在需要对旧楼进行节能改造。要改造必须先知道楼房中哪些地方存在问题，哪户居民楼的能耗大，即要对各个住户进行调查统计，特别是测量通过围护结构的热量损失，但是这种方法将会牵涉太多人员且周期长、工作量大、效率很低。这项研究就是开发红外线热像技术，它可以很快得到每个楼房的能耗情况，并且进行比较。它的大概工作过程是：载有红外线热像仪的汽车依次驶过每栋居民楼，得到它们的外表面温度分布图像，然后利用温度分布图分析邻近楼房相互之间的热影响，以及它们围护结构的保温情况和从建筑缝隙逃逸出的空气量，最后通过分析就可以得知哪些楼房能效低，需要改造。

3）麻省理工学院设计指导工具

麻省理工学院设计指导工具是一个评估建筑围护结构性能的模拟工具系列，通过设定一系列的建筑参数和运行工况，设计师可以用相应的模拟工具模拟出建筑的实际能耗和舒适程度。

与现有的一些复杂难学，而且需要详细完整的设计资料的计算工具不同，麻省理工学院设计指导工具能应用于设计初级阶段，非技术人员也能轻松使用。

3. 麻省理工学院的建筑材料和建造方法研究

1）建筑改造的新型保温材料

目前的建筑改造方法主要有两种：简单改造和深入改造。简单改造快捷且费用低，但效果欠佳，常用方法是填补门窗缝隙来减少空气渗透或者在屋顶加厚保温层。深入改造费用较高且施工繁琐，常用方法有增加墙体的保温层和改装高性能的窗户。

这项研究的目的就是寻找一种廉价、安装方便的薄保温层，初步设想是使用二氧化硅气凝胶，它是迄今为止发现的导热系数最低的材料，这样既可以减小保温层厚度，又可以实现良好的保温效果。

2）适用于发展中国家的保温材料

在很多资源缺乏的发展中国家，建筑通常是用石质材料建成的，没有保温措施。在冬天，这种建筑内部会异常寒冷，很不适宜居住。麻省理工学院现在正致力于研究一种廉价的保温材料，所用原料是常见的稻草。这项研究的重点是稻草的密度，制作稻草保温层需要的胶粘剂材料和数量，以及如何将稻草保温层贴附到石质墙体表面。麻省理工学院的学生正在巴基斯坦进行实地调查实验。

3）可持续发展材料研究

随着建筑节能技术的发展，现在已经开发了很多可持续发展材料，但没有哪种材料占有很明显的优势，因为各种可持续发展材料的有效对比分析需要大量的科学标准和经济标准。这项研究的目的就是从现有资料中找出有用信息，制定评估标准，来比较精确地评价各种材料的可持续发展潜力，鉴定新材料的性能，找到研制可持续发展材料的主攻方向。

4）日光照明系统

研究日光照明系统的目的是提高建筑中的自然光使用量，减少照明系统能耗和供热、制冷能耗，使居住者能与外界接触，提高人体舒适度，并且增加建筑的审美价值。

来自不同专业的学生都参与了日光照明系统研究项目，项目内容涵盖十分广泛，比如开发实验工具和计算机模拟工具，使设计师能将日光照明系统成功地应用到建筑设计中；研制能优化玻璃遮阳系统的工具；制定新的日光照明度量标准等。

5）建筑结构——混凝土的材料流动管理分析

可以这么说，现在全世界都在造房子、拆房子，建筑材料用量庞大，但是很少有人研究关于建筑材料的流动管理问题，这将严重影响到处理越来越多的建筑废料的问题。因此，有人提出了混凝土的材料流动分析（MFA）这个课题，目的是增加建筑材料流动的透明性。麻省理工学院在一年内跟踪调查了大量建筑材料的使用处理情况，从它们生产出来到被使用后，理想情况下，通过这项研究，作为现有建筑的混凝土数量及其人类圈的平均停留时间可以得到量化。

6）国际研究——城市环境与建筑间的相互影响

建筑能耗的模拟通常都没有考虑建筑在城市中的地理位置，天气数据是从城市外围的机场的气象台获取的，那里的温度和风速与市区有比较大的差别。为了提高模拟结果的准确性，美国能源部的EnergyPlus建筑能耗模拟软件将与法国国家气象研究中心的“城市表面能量平衡”耦合，这种耦合方法考虑了从建筑内散失的热量和城市温度的相互影响，以及城市温度对空调设备能耗的影响。结果表明，城市热岛效应很大程度上是由于建筑制冷系统产生的废热造成的。

另一项辅助课题是预测街道表面的空气流动情况和建筑群间气流及其上部气流间的紊流交换情况，目的是研究城市建筑的不断发展对城市环境的影响。这个课题主要在新加坡开展，作为新加坡—麻省理工学院技术研究联合会研究内容的一部分。

4. 麻省理工学院建筑节能方向的师资

(1) G 教授：该教授拥有建筑技术及机械工程两个学位，也是建筑技术研究项目的领军人物，他的研究方向主要是建筑节能设计、自然通风、发展中国家的可持续建筑设计和建筑设计工具的研发。

该教授最近的研究项目是开发可持续发展的节能建筑技术和可兼容的建筑设计方法。这个项目的研究内容围绕建筑自然通风、节能建筑设计方法和将节能措施与控制室内空气质量措施相结合等方面展开。它的许多技术研究都是与清华大学合作开展的，研究技术成果和建筑设计方法适用于中国的一些城市。

另一项关于利用自然通风提高室内空气质量和降低能耗的研究项目正在进行中，G 教授和他的学生与日本开发者合作准备在东京市中心设计建造一栋自然通风办公楼。该教授还与他的同事一起建立了一个关于先进建筑设计的网站，提出了一些设计理念和方法供设计师在设计的初始阶段参考。

(2) N 教授：该教授的研究方向是建筑的能量利用、控制、通风，他一直致力于提高建筑的能量利用水平。自 20 世纪 70 年代的石油危机以来，该教授的重点研究方向是建筑能耗测量和模拟，建筑系统诊断和控制，自然通风和机械通风，以及高性能制冷系统的研发。

最近，N 教授参加了新加坡—麻省理工学院技术研究联合会，研究方向是建筑和城市环境间的相互影响，这是城市热岛效应的重要影响因素之一。

3.1.3　斯坦福大学（Stanford University）

1. 基于建筑需求驱动的变参数建筑设计模型

研究背景：随着未来几十年内的世界城市人口的不断增加，高层建筑将作为建筑主体类型进而缓和人口增加对建筑的需要。尤其是当前流行的建筑设计理念，早期建筑设计方案在很大程度上决定了建筑使用阶段的性能，然而大多数建筑师在初期建筑设计阶段仅仅根据当前的建筑设计理念或法则来考虑建筑设计方案，所导致的结果是有限的自然采光、过高的建筑冷热负荷等，最终工程师通过不同的节能措施来降低建筑运行阶段的能耗。

该项目提出了“基于所有建筑方案的设计”的理念来进行综合性建筑设计：①明确建筑性能的设计目标；②明确建筑设计外形及建筑材料等参数的所有选择方案；③建立所有设计参数的模型，进而提出多种建筑设计方案；④应用过程集成和设计优化的方法进行设计方案的生成及分析；⑤进行所有的参数敏感度分析并生成所有设计方案的建筑性能报告，反馈给建筑设计师及相关人员。

项目目标是开发一个“基于所有建筑方案的设计”的网页式设计软件，该系统通过对建筑设计所涉及的主要参数进行整合分析和优化，实现建筑设计理念的同时，达到既有的建筑性能目标。最终通过与建筑设计咨询公司 SOM 合作，在部分高层建筑设计过程中应用和测试该设计工具。

2. 空调系统运行工况的预测与实际结果之间的对比分析

项目背景：低能效运行工况下的空调系统一方面增加了建筑系统的运行能耗及费用，另一方面会影响室内舒适度。该问题的解决方法则是通过不断的建筑系统性能评估，将该信息反馈给建筑系统管理人员，进而进行不断的系统调试，直至达到既定的系统能效目标。

该项目目标是通过分析比较空调系统运行工况的预测结果与实测数据，自动生成运行工况的调试反馈信息。同时，通过对四幢建筑内空调系统的实测分析，验证该方法模型的准确性，并最终提出空调系统能耗模拟与实测结果对比分析指南。

3.1.4 加州大学伯克利分校（University of California at Berkeley）

1. 高级人员热舒适度模型

研究目标：开发一个有关人体能够感知周围详细的热复杂性能的计算模型，该模型能够进行详细的室内环境模拟，并能够对人体整体及局部的热感知舒适度进行预测。

研究方法：自 20 世纪 90 年代以来，加州大学伯克利分校下的建筑科学小组一直致力于高级热舒适度模型的开发研究工作。最初该模型用于评估人员在不同车型内的舒适度，用以分析非均态和瞬态条件下的人体体温调节及相应的热舒适反应。

该模型包括一个用户界面，可以建立一个标准的房间，并可以在房间的任何位置设置人员模型。同时，还开发了用以描述温度分层及非均态等特性的建筑空调系统数据库。该模型还可以输入建筑能耗模拟软件 EnergyPlus 的气象参数数据，用以计算人员与室内环境之间的热对流、传导及辐射等传热量。同时，还可以计算透过玻璃的太阳光与人体的传热等过程。通过对热环境的描述，该模型可以生成人体皮肤温度分布、舒适度指数等图像结果。

该工具在建筑设计和建筑科学研究中得到了广泛应用。例如温度分层热环境下的舒适性研究，诸如常见的置换通风和地板送风系统等，同时还开发了辐射空调系统的设计指南等。从长远的角度来看，结合该模型与能耗模拟工具，使得高级舒适度分析可以成为能耗模拟标准的一部分，并对建筑产品的舒适度等级进行评价。

2. 室内环境品质调查工具

研究目标：制订并实施一个基于网络的室内环境品质调查工具，从室内人员的自身角度来量化建筑的运行表现性能，并开发一个报告工具以帮助建筑管理人员对比自身建筑与其他类似建筑，以作出明智的管理决策，同时评估建筑设计特点和设计策略的效果。

研究方法：人居环境中心（Center for Built Environment）开发了基于网络的室内环境品质调查工具，该工具具有集成、灵活的数据采集结构，并且能够自动生成调查报告。该工具所特有的数据分支结构允许对所有被调查者进行更详细的数据收集。目前，人居环境中心（Center for Built Environment）的调查集中于七个有关室内环境性能的领域，包括热舒适、空气品质、噪声、照明、室内清洁度、空间格局以及办公家具等。截至 2009 年 10 月，已经在超过 475 幢建筑内应用实施了该工具，并且有多达 51000 个用户给出了反馈信息。除此以外，人居环境中心（Center for Built Environment）还建立了类似的其他调查模型以收集其他方向的信息，例如安全、便利、交通、运输和绿色建筑设施等方向。

3. 辐射供冷研究

该项目的总体目标是促进辐射供冷系统的应用、设计及优化，并制定相关的系统设计指南和准则。

研究方法：在该项目的初期阶段，人居环境中心（Center for Built Environment）进行了全方位的辐射供冷系统文献检索，侧重于当前系统设计的种种问题，案例分析及各种研究问题。并通过对该领域内专业人士的了解，对北美地区的辐射供冷技术应用作出全面准确的评估。项目的中期阶段，对各种设计和能耗模拟工具软件进行评估和对比，以了解哪些功能及特性需要进一步发展和研究。

人居环境中心（Center for Built Environment）在辐射供冷技术领域的研究工作主要有：①模拟研究；②实验室研究；③辐射供冷系统的建筑实地测试研究。

4. 地板送风系统研究

项目目标：建立地板送风系统（UFAD）的一整套信息系统及地板送风系统的建筑综合数据库，包括一系列建筑信息概述和深入的实地调查研究。

研究方法：该项目主要分三步逐次、详细的研究层次：①对所有候选建筑项目进行详细的审查，并将基本的建筑信息输入至数据库；②通过实地考察和对项目设计人员、管理人员等的采访，进而建立所有建筑项目的简介；③对研究选定项目进行深入的实地调查研究。整个研究的过程综合所有的信息，例如项目简介、地板送风系统设计中存在的问题及解决方案、系统运行工况的描述和整个系统的评估。而在深入的实地调查研究中，则集中了解系统设计和运行，并从现场实测的信息、室内人员的舒适度、能源使用情况等方面来评估系统的整体性能。该项研究涵盖了美国和加拿大地区超过250个地板送风系统项目，同时还通过网上问卷调查的方式来了解部分建筑的性能。

3.1.5 加州大学戴维斯分校（University of California at Davis）

1. 加州大学戴维斯分校能效中心

加州大学戴维斯分校（UCDavis）能效中心（EEC）成立于2006年，是美国第一所基于大学的节能中心，主要由加州清洁能源基金会（CalCEF）资助，能效中心同时还受到其他公共机构和私人机构的大力支持，其使命是加速美国节能技术的发展及其商业化、培养节能领域的人才（表3-1）。它与产业界和政府合作，为美国节能技术的创新及其商业化的快速发展和各领域对节能人才的迫切需求而服务。

加州大学戴维斯分校能效中心的师资力量　　表3-1

职　　位	研究方向
土木工程专业、环境科学专业教授、交通研究机构(ITS)创始者	检测气候变化；替代能源的研究；交通行驶的土地利用；零排放车辆的研究等
博士、机械工程师	可再生能源的技术开发、生命周期分析及其国际发展情况等
土木与环境工程专业教授、西部制冷能效中心主任、加州大学戴维斯分校能效中心副主任	节能；通风及室内空气质量；提高建筑内热量散布能效等
设计专业教授、加州照明技术中心主任、能效中心主任	新型住宅和商业建筑的照明技术
环境设计部教授、加州照明技术中心联席主任	建筑节能策略和技术；采光与窗体系统；电力照明系统与门窗开度控制

能效中心的主要工程项目有以下几个。

1）农业和食品生产行业

（1）减少烘干大米所用的能源——每年加州烘干大米需要消耗600万kcal的天然气，现在能效中心正对某些品种的大米进行抗裂性分析，大米的抗裂性提高后可以留在稻田里自然风干，减少天然气耗量。

（2）减少生产制冷机和冷藏柜的能源——通过采用节能新技术和调整管理方法来寻找生产制冷机和冷藏柜的节能可能性。

（3）提倡低碳饮食——美国整个食品链（包括生产、包装、配送和烹调食用）每年消耗全国总能源的16%，这项研究的目的是计算调查食品链各环节的能耗密度及其排放的温室气体，在此基础上制订节能措施。

2）建筑行业

（1）西部制冷挑战赛——美国西部的气候干燥炎热，但是用的空调都是针对温暖潮湿的气候设计的，造成很大的能源浪费。这是一项空调制造商的比赛，竞争生产适合美国西部城市气候的空调机组，降低制冷能耗。

（2）家庭住宅低碳化——这个项目是为了鼓励使用廉价的家庭节能技术，并且在社区开展节能友谊赛。

（3）采用节能技术建造新的社区中心——可持续发展研究领域的学生打算在加州大学戴维斯分校校园里建造新的社区中心，采用太阳能热辐射板来用于季节性供热和制冷，展示这个节能技术的可行性。

3）交通领域

（1）灵活拼车——灵活拼车体系的建立是为了减少燃料消耗量、二氧化碳排放量、缓解交通拥挤，同时增加人与人之间的交流。但是这个体系存在很多问题亟待解决，比如拼车对公共交通的影响、责任分配、涉及的法律问题以及这个体系的节能潜力等。

（2）轮胎圆桌会议——降低轮胎的滚动摩擦阻力能减少燃料耗量，但是要说服消费者购买这项节能技术需要为他们提供合理清晰的信息，而且轮胎的销售很特别，消费者每购买一个轮胎都会牵涉一名售货员，因此必须完善轮胎销售过程的信息传递系统。召开轮胎圆桌会议的目的就是讨论新轮胎的销售策略，即消费者如何买，商家如何卖。

4）政策措施

通过研究和实地考察推行节能政策的制定，减少温室气体的排放。

5）加州大学戴维斯分校西部社区

加州大学戴维斯分校西部社区是建在校区中心附近的住宅区，供学校教员和学生居住，方便他们的交通和利于参加校园活动。加州大学戴维斯分校西部社区的建造有三个原则：

（1）居住可行，加州大学戴维斯分校西部社区的房价低于市场价，学生住房更便宜。

（2）环境友好，该社区采用可持续设计方案，设计多种交通方式使居住者减少对私家车的依赖，降低能源消耗和废气排放。

（3）生活品质：露天场所、公园、小道和庭院的建造将秉承传统戴维斯社区的风格特点。

另外，加州大学戴维斯分校西部社区还被当做实验对象，研究新型节能技术、选择性交通方式和可持续发展的建筑设计。

2. 空气质量研究中心

加州大学戴维斯分校空气污染研究和教学的重点是城市和地区烟雾、室内空气质量、全球气候变化、空气污染对健康和环境的影响、污染媒介的传播，分别对气体和微粒两种污染物形态进行理论研究、实验研究和数值计算。空气质量研究中心（AQRC）的任务是协助研究气体污染物和微粒大气污染物，以及它们对健康、社会和经济的影响。空气质量研究中心的主要研究方向如表 3-2 所示。

空气质量研究中心的主要研究方向 **表 3-2**

研究方向	主要研究内容
大气污染	利用物理、化学分析工具分析排放物的特性；利用数学模型分析气体的化学性以及污染物的传播特点；用动物实验研究大气污染物毒性的生物机制等
交通污染	分析车辆和飞机排放废气的特性；开发使用清洁能源的交通工具；研制新型燃料；推进制定相关政策，鼓励使用更清洁、更节能的交通工具等
城市和地区烟雾	测量气态污染物的浓度；分析大气中微粒污染物的粒径分布和化学组成；建立气体、微粒传播和改变其形态的物理、化学过程的模型；找到污染物各组分的来源并分析污染物的形成过程等
可见度降低	在美国 150 个国家公园和一些边远地区监测造成可见度降低的空气中携带的微粒；分析这些微粒的组分和大小；寻找这些微粒的源头；制定相关政策限制这些微粒的污染物排放等

续表

研究方向	主要研究内容
农业废气	分析牲畜排放的气体和户外作业造成的气体污染的特性；提出方便、经济的解决办法等
全球气候变化	用计算机模拟全球气候；测量影响气候的大气成分；研究气候和水源的关系；研究气候变化对生态系统的影响等
室内空气质量	测量室内污染物成分及含量；研究人体在污染物中的暴露水平；研究室内空气质量对人体健康的影响等

3. 西部制冷能效中心

西部制冷能效中心（WCEC）是加州大学戴维斯分校能效中心的下属机构，它的研究工作针对美国西部城市展开，主要任务有鉴定节能技术的有效性、宣传节能信息和开展节能项目，降低制冷系统的能源消耗量（表3-3）。

西部制冷能效中心的研究人员简介 **表3-3**

职　　位	研 究 方 向
土木与环境工程教授、西部制冷能效中心主任、加州大学戴维斯分校能效中心副主任	建筑中的热量分布；热质交换特点的诊断工具；建筑内的气流模拟与测量；气溶胶的产生传播与室内空气质量等
西部制冷能效中心副主任	组合式屋顶制冷单元的双冷系统；先进双极蒸发制冷机；液体循环屋顶制冷单元等
高级工程师	建筑运行阶段的能效问题

每天一到下午，加州的大部分地区都会出现电力供应紧张，主要原因是传统的制冷系统是针对南方相对潮湿的气候设计的，不适用于炎热干燥的加州，因此能耗浪费严重，例如，空调系统进行没有必要的除湿过程，这使能量负荷和运行费用增加高达15%；而且机组容量通常过大，也没有考虑自然制冷技术。西部制冷能效中心支持并编录了一系列的节能技术策略，它们能够减少制冷系统的用电量，缓解电力供应紧张。在过去的10年中，开展的相关项目表明这些技术措施能节省50%～90%的制冷能耗，同时不降低居住舒适度。

西部制冷能效中心由一个12人组成的指导委员会掌舵，指导委员会成员分别代表加州主要的电力设施机构、加州能源委员会、加州大学戴维斯分校能效中心、美国国家可持续发展能源实验室、主要的零售商和新型建筑协会。

西部制冷能效中心与企业和公共事业机构合作为业主和专业设计人员提供培训项目，帮助他们选择或设计新型节能产品。西部制冷能效中心还与一些公共节能中心合作，帮助在大范围内推广节能技术，开办展览会、演讲，提供节能系统的材料等。

西部制冷能效中心重点研究的技术适合于干燥的西部气候，特别是在目前市场中被忽略掉的一些技术，包括以下方面。

1）蒸发技术

（1）直接式蒸发制冷

直接式蒸发制冷机是蒸发制冷系统最简单经济的选择。制冷机内含有填料层，水不断喷洒而使其保持饱和状态，风机将房间的空气吸入制冷机流过填料层，水蒸发吸收空气热量，同时填料层对空气进行过滤，之后再将处理好的空气送入房间。

对这个系统的改进措施包括：采用高性能的填料、低空气流速、自动恒温控制装置。过去的填料通常用2ft厚的木屑，只能达到50%～80%的饱和度，现在采用一种10～12ft厚的新型材料，可以达到93%的饱和度。现在许多直接式制冷机采用双速电动机，在温度较低的晚上用低速挡，更安静而且能节省30%的能耗，温度高的白天用高速挡。自动温控装置能提高机组的能效，当室内温度达到要求时即关闭机组，没有自动温控装置的制冷机组通常分设控制风机和水泵的两组手动控制装置。

（2）间接式蒸发制冷

间接式蒸发制冷机应用了蒸发制冷效应但是不增加室内空气湿度，风机将室外空气吸入制冷机内，水在其中蒸发吸热，冷却后的室外空气与室内空气通过热交换器进行热交换，降低室内空气温度但不增加湿度，然后将处理后的空气送入房间，室外空气又重新排出室外。

传统的间接式蒸发制冷机所用的标准热交换器通常换热效率不高，经过改进的模型采用比较复杂的多级热交换器。

（3）两级蒸发制冷

所谓两级蒸发制冷系统，就是将空气经过两次蒸发制冷处理后再送入空调房间，通常第一级采用间接式蒸发制冷，第二级采用直接式蒸发制冷进一步降温。市场上的两级式蒸发制冷系统种类繁多，有的是将两种设备组装而成，有的直接是组合式的两级蒸发式制冷机组。

Alter-Air公司正在研发一种三级制冷系统，它的工作原理是：先将室内空气吸入制冷机组内通过热交换器与冷冻水进行一次冷却，冷却后的空气被送入室内，吸收室内热量后再次被吸入一个制冷单元内进行二次冷却，在这个过程中空气被冷却成雾状（温度极低），它可以使周围空气冷却析湿，凝结出的低温水被收集起来，用于第三级冷却过程。

2）辐射供冷技术

根据相关研究，采用辐射方式直接作用于人体，夏季在室内温度较高时仍可以使人体处于舒适状态，避免吹风感；而且辐射供冷系统通常以水作为冷媒传递热量，能量传输密度高，占用空间小，利用率高；由于辐射供冷所使用的水温高于传统空调系统，可以利用深井水、地热等低品质自然冷源，因而相对于传统的对流传热方式具有明显的节能性和舒适性。但是辐射供冷系统也存在缺点，比如：冷辐射表面温度较高时供冷能力低，温度低时表面易结露；辐射供冷无法消除室内潜热，室内品质受影响。

根据辐射板表面在室内布置位置的不同，可构成吊顶辐射供冷系统、垂直墙壁辐射供冷系统和地板辐射供冷系统。地板辐射供冷作为一种新型供冷方式，与吊顶辐射方式相比，由于其与人体之间具有较高的辐射换热系数，因此具有更好的辐射换热效果。

由于辐射供冷方式只能消除显热，所以在工程中通常要与某种形式的空调送风方式相结合，比如置换通风、独立新风等，将室外新风处理好之后送入室内，承担湿负荷。

3）蒸汽压缩技术

（1）蒸发式冷凝器

蒸发式冷凝器是利用盘管外的喷淋水部分蒸发时吸收盘管内高温气态制冷剂的热量而使管内的制冷剂逐渐由气态被冷却为液态。水泵将集水槽中的水输送到蒸发式冷凝器顶部的喷淋管，经喷嘴喷淋到冷凝排管的外表面形成很薄的水膜，风机将空气吸入机组内，吹过水膜表面，促使水膜中部分水吸热后蒸发为水蒸气，其余落入集水槽，供水泵循环使用。

（2）蒸发式预冷器

蒸发式预冷器是一种蒸发式冷却模块，用来预先冷却流经热交换器等冷却设备的空气，提高冷却设备的能效。

（3）炎热干燥型空调

这是针对加州这样的西部炎热干燥的城市设计的空调设备，能有效降低空调耗电量。

4）混合空调技术

这种技术研究的是将直接式蒸发制冷、间接式蒸发制冷技术或两者一起与传统蒸发式冷凝器或冷冻水系统结合的空调系统，水用来吸收制冷剂的热量，因此能减少压缩机的工作量。这种系统大多数用于大型商业建筑，但是现在改用水冷式蒸发冷凝器的系统也可以用于民用建筑。

3.1.6　爵柯斯大学（Drexel University）

能源创新中心合作项目

该项目的研究团队来自高校、美国国家实验室以及工业界等领域的优秀研究人员，旨在发展节能建筑设计，在节约能源、减少污染等节能建筑行业起到带头作用。

爵柯斯大学的研究小组的工作包括：①基于数据模型的自动故障检测与诊断；②智能建筑内传感器系统设计；③分析经济、政策以及行为因素等对建筑能源消耗的影响。

1）变风量末端控制

相比于传统的空调系统，变风量末端控制（VAV Box Control）能够根据空调区域的负荷变化对送风量进行调节，以满足室内舒适度的要求。但是实际中变风量末端在较低的送风量条件下却不能够实现预期中的控制，气流传感器在这样的情况下变得不准确，所设计的最小送风量低于可控制的最小送风量范围。从而导致一系列的问题，例如室内通风不足、气流控制不均衡等。

研究方法：

（1）分析变风量系统中涉及的参数，搭建变风量系统的实验台；

（2）确定影响气流传感器、控制器以及变风量末端的所有因素；

（3）确定新型测试方法的框架及效果。

2）自然采光技术

自然采光模拟与公共健康：最佳视觉效果下的低能耗照明。

3.1.7　宾夕法尼亚州立大学（Penn State University）

1. 可持续发展中心

宾州州立大学建筑工程部成立于1910年，是美国历史最悠久的建筑研究部门，一直以来在建筑技术创新方面所作的贡献饱受赞誉，在1936年第一次被专业工程师发展协会认可，现在工程和技术鉴定理事会也认可了它的建筑工程学士学位。

宾州州立大学建筑工程部设立了几个机构从事不同方向的建筑研究，分别是：

可持续发展中心（CfS）是宾州大学的教师与学生一起研究解决环境、经济和社会的可持续发展问题的重要机构，通过课堂教学和课外活动，可持续发展中心激发学生的热情和创造力，使他们能应对真正的可持续发展挑战。由于拥有宾州政府最高等级的资助，可持续发展中心已经开展了一系列可持续发展相关课程和需要学生亲自动手的研究项目，比如美国印第安住宅计划和太阳能技术大赛，这些项目使可持续发展中心积攒了足够的能力、经验和设施将可持续发展技术应用到实际工程中去。目前，可持续发展中心正在筹划建造一个9英亩的可持续实践中心，供教师、学生、商界人士和居民来测试一些可持续发展做法的实际效用。

可持续发展中心开展的项目有以下几个。

1）美国印第安住宅计划（AIHI）

美国印第安住宅计划于2001年开展，是可持续发展中心的兼服务和教学于一体的标志性项目，这个项目的目的是将可持续发展技术，比如稻草建筑的太阳能系统和住宅的太阳能评估等，应用于美国印第安人保留区的建筑，主要帮助美国北部夏安部落和其他部落提高住宅节能性，参与人员有宾州大学学生、志愿者和一些部落的合作者。

美国印第安住宅计划为宾州大学学生提供了一个三步走的教学计划：春季，学生在印第安保留区通过亲自参与可持续发展技术的研究和建筑计划了解当地的文化历史以及经济情况；到了夏季参加为期两周的实践工作，即当地社区的可持续建筑项目；最后，到秋季开学后，学生需要对之前的学习和实践作出总结和评价，并为以后的项目提出建议。

2）绿色职业计划

该项目是为那些对可持续发展相关职业感兴趣的学生开展的，它与宾州大学就业服务中心合作，为学生提供这个行业的求职信息，是学生和雇主的交流平台，使学生可以最大限度地发挥他们在可持续发展方面的能力。

该项目为所有专业的学生提供可持续发展方面的就业信息，根据学生的兴趣和专业不同，工作人员会指导学生如何正确把握机会。

3）绿色能源挑战

这个项目每年都会开展一项节能比赛，促进学生和国家电气承包商协会成员之间的交流。比赛的大概内容是要求学生在他们的社区内对一栋建筑进行能量检测，并提出提高能源利用率的方法。

4）节电培训与实施资源中心

节电培训与实施资源中心（GridSTAR Center）是政府项目，主要任务是为社会培养和输送电力专业人士，优化国家电网输配系统，在全国各社区中实施节能技术，美国国家能源部已拨款500万美元给宾州大学开展这一项目。节电培训与实施资源中心致力于开发一套持续教育和培训的创新培养网络，使设计师、制造商、施工人员和维护人员能学到新的技术，应对不断发展的电力科技。

5）早晨之星太阳能住宅

早晨之星太阳能住宅是2007年太阳能技术大赛的作品，它是一栋完全零能耗建筑，它自身产生的能量甚至超过所需消耗的能量。早晨之星太阳能住宅最初在宾州组装完成，之后运到华盛顿参加太阳能建筑大赛，在与全国20所大学的竞争中，宾州大学获得第四名，它代表了宾州大学在节能领域的一大进步，是可再生能源和节能技术教学研究的重要设施。

2. 经济绿色研究计划

建筑的环境可持续发展性正受到越来越多的关注，这样的建筑经济节能，比传统建筑产生更少的污染，因而能为人们提供更好的居住环境。真正意义上的可持续发展建筑不仅在设计建造中采用了可持续发展技术和理念，而且由于它所涉及的楼宇系统往往很复杂，需要与建筑的其他要素配合工作才能达到预期效果，建造时常采用特殊材料，建造标准也与传统建筑不同，但是现在很多可持续发展建筑在实施时仍按照传统方式，导致建造成本增加，甚至浪费了很多提高建筑性能的机会。

开展经济绿色研究计划的灵感来自于丰田（Toyota），它通过调整汽车的生产方式和管理策略，而不是改进设计方案，来提高产品的整体效益。经济绿色研究计划的目的就是研究建筑项目的整个生命周期（包括筹划、设计、建造和运行维护）过程中的高效率实施方法，重点解决工程中“如何做”和“由谁来做”这两个问题，减少资源浪费，提高建筑的整体可持续发展水平（表3-4）。

经济绿色研究计划的研究内容和目标 **表3-4**

重点方向	研究内容和目标
可持续发展性和建造可行性的结合	使建筑以高效经济的手段达到可持续发展要求
可持续建造运行和维护技术	提高设计和建造阶段的运行维护资源投入的质量
绘制高性能绿色建筑的丰田项目实施策略	抓住能提高可持续性水平的机会，找到最关键的实施步骤

续表

重点方向	研究内容和目标
建筑的潜在高性能绿色因素	调查成功的高性能绿色建筑，列出在设计的前一阶段工作的指导方针，找到建筑存在的绿色因素
高性能建筑的高效率设计流程	开发测量工具，用于测量高性能建筑采用的关键技术措施的工作性能，为项目工作团队提供高效的项目实施方法
高性能绿色建筑的实施方法	研究项目实施方法、能效和可持续水平之间的关系，为绿色建筑开发实施方法和开发工具
经济适用房的高性能绿色建造原则	调查发展中国家现行的房屋设计和建造方式，研究适用于经济适用房的高性能绿色建造策略，建立能在全球范围内推广的高性能经济适用房模型
绿色医疗保健设施	通过实例分析医院建筑，评估现行的围护结构建造实施方法，使医疗保健行业对其建筑的围护结构的实施方法与建筑的能源体系、长期运行性能、居住者的健康有更正确的认识

烛光工程

由于师资力量的缺乏，也没有足够的教育机构提供高水平的照明技术培训，美国现在有能力参与照明相关工作的高校毕业生远不能满足该行业对人才的需求。烛光工程是宾州州立大学、国际照明设计师协会教育托拉斯和照明行业联合开展的项目，该项目的教学活动（包括上课、研究和外展活动）紧密联系实际社会中的照明行业，目的是培养照明专业人士，使高校毕业生有能力和资格胜任照明工作，满足当今社会对照明专业人士不断增长的需求。

“烛光工程外展大使”是该项目开展的主要外展活动，这是一个全国范围内的活动，除宾州州立大学外，参与的学校还有内布拉斯加大学、帕森斯新学校、得州农工大学和华盛顿大学。该活动的目的是向高中学生介绍建筑照明知识。对照明领域有强烈兴趣并有优秀的交流能力的大学生可以申请成为外展大使，他们走进高中课堂向学生展示课堂上学到的照明知识如何被应用到实际生活中去，特别是建筑照明系统。

3. 室内环境研究中心

室内环境研究中心（IEC）是研究提高室内居住环境质量的机构，通过开展跨学科研究、知识宣传和外展活动等项目使建筑在低能耗的条件下有更安全的室内居住环境，并且更能满足人体的视觉、听觉和热舒适要求。

室内环境研究中心开展的研究通常由多个领域的专业人士组成的团队完成，例如照明和机械专业研究人员合作，研究顶部照明策略使照明和采暖通风与空调系统系统消耗的总能源降到最低。

目前，室内环境研究中心的研究内容主要有：在不同环境条件下管道内紫外线杀菌辐射系统在生命周期内的成本分析、建筑安全措施的评估协议发展、回风策略对建筑能耗和室内空气质量的影响、室内生物气溶胶污染物的再悬浮特性和表面取样方法、快速测定气流特点的半经验工具等。

室内环境研究中心有处于世界领先水平的研究设备和仪器，分别是：

(1) 气体浮质实验室：主要研究常见的导致呼吸困难疾病的室内生物污染物的吸入暴露水平及其在空气中的游走路径。

(2) 建筑环境模拟和测试设备：用于实验研究建筑整体的空气质量和能耗情况，复杂的控制和检测系统使它能在不同的环境条件下工作。

(3) 传染病动力学中心：由于研究传染病的动力特点涉及不同的专业领域，传染病动力学中心汇聚了不同领域的专家，研究内容从寄主的动力特点到病原体的传播，十分广泛。

（4）数字可寻址照明接口照明实验室：这是美国第一所数字可寻址照明接口教学实验室，它有70件最先进的照明设备的样本，比如变色设备、电视机灯具和典型的商业照明设备等，每个灯具都可以现场或远程控制。

（5）独立新风系统的概念验证设施：一些采暖通风与空调系统从业人士发现，在末端设备将独立新风系统和显热处理相结合不仅能达到很好的通风效果而且节约能耗，特别是与吊顶辐射制冷系统结合，在某一处产生的污染物不会随空调系统传播到整个建筑内。

（6）沉浸式环境实验室：这个实验室有一个三向屏幕沉浸式展示设备，人站在三面屏幕中间，能以原尺寸观看3D或4D的CAD模型。

4. 宾州大学建筑节能研究师资力量

（1）B教授：该教授是建筑工程教授，室内环境研究中心主任。该教授的研究方向有：热积蓄、局部供热供冷、室内空气质量、建筑能耗模拟和分析、将热力学应用于建筑等。研究项目有：地下室的热传递模拟和低能耗住宅地下室的热绝缘参数研究；高层建筑围护结构空气泄漏率的实地测验方法；不同顶部照明方案的节能效果；室内空气质量分析项目的升级；快速测定气流特点的半经验工具；生物气溶胶技术的实验室范围测试并开发用于全范围检测的设施；室内生物气溶胶污染物的再悬浮特性和表面取样方法等。

（2）J副教授：该建筑工程副教授是采用计算机技术的建筑（CIC）研究项目主任。采用计算机技术的建筑是通过将计算机和数字媒体技术与建筑工程相结合，提高建筑项目的设计、施工和运行的实施质量。J教授现在的主要研究方向是利用可视化设施模型（VFP）提高工程设计和建造水平，该技术也可应用于建筑教学。除此之外，J教授还涉猎建筑全球化与建筑采购管理策略的研究。

（3）G副教授：该建筑工程副教授的研究方向有：照明系统模拟、日光照明、建筑能耗研究、光度测定等。

（4）A教授：该建筑工程教授的研究方向有：独立新风系统、吊顶辐射供冷、建筑机械部件和系统的数学模拟和优化、太阳能等其他代替能源、控制通风系统以得到理想的室内空气质量等。研究项目有：吊顶辐射供冷系统＋独立新风系统的安全性和舒适性研究；用独立新风系统提高室内空气质量的经济性等。

（5）T副教授：该建筑工程副教授的研究方向：能源系统设计；可再生能源技术；能量转换系统；能源的安全性、可持续发展性；不同能源系统的经济性分析；建筑环境的可持续性和能效分析；建筑采暖通风与空调系统的运行和监控；建筑热负荷分析及能量模拟分析等。

3.1.8 普渡大学（Purdue University）

1. 具有连续制冷剂喷射性能的节约循环性能研究

研究内容：虽然制冷系统的节约装置能够提高整体压缩循环性能，但是多级压缩机的成本限制其规模化的市场应用。但具有喷射式端口的压缩机给较小规模的应用带来了新的机遇，除了消除对昂贵的多级压缩机的需要，多次喷射端口可以在相对较低的成本下来进一步提高制冷循环性能。该项目的研究人员借助于所开发的模型，从而研究关于喷射口的数目对制冷性能的影响，该模型的预测结果显示通过制冷剂的连续喷射，且节约型制冷剂是以无限多喷射口的情况下，能保持压缩机内的饱和蒸汽，从而使整个空调和制冷性能得到明显的改善。在标准工况下，通过应用该装置，整个制冷系统的COP可以提高18％～53％，并随着温度的提高而提高的幅度越大。

研究目标：该项目研究的目标是开发一个节约型蒸汽压缩循环的数学模型，该模型可以用来研究制冷剂喷射点的数目对整个制冷循环性能的影响，并用以优化确定连续喷射条件下的最佳制冷循环性能。

2. 基于不同模型的建筑通风系统性能预测

研究内容：目前建筑物的通风系统需要一个合适的工具用以评估通风系统的性能，该项研究分析比较了不同类型的模型（理论分析模型、经验模型、小尺寸实测模型、实际尺寸实测模型、多区域网络、分区域以及计算流体力学等模型）。分析模型在气流能够给出一个近似解析解的情况下，能够全面评估通风系统的整体性能。经验模型则与分析模型相类似，但开发的前提是具备这样的一个数据库。小尺寸模型可以用以探讨复杂的通风系统问题，但前提是小尺寸模型的相似度与实际系统相同。而实际尺寸模型是最可靠的方法，但价格昂贵且费时。多区域模型在建筑通风系统设计过程中非常有用，但不能够提供具体房间内的详细气流信息。分区域模型的使用前提是事先了解房间内的气流分布情况。计算流体力学模型能够提供有关通风系统最详细的数据信息，但又比较复杂。总体而言，具体问题具体分析，应根据实际的问题来选择一个合适的模型。

该研究从整体上评估了七种不同类型的模型在建筑物通风系统性能预测中的应用，理论分析模型与经验实证模型是由具体实测中而来的，但是有很多的近似值，这两种模型近似，可以通过少量的计算而很快地评估通风系统性能，但缺少详细的通风系统信息。而通过理论分析模型和实证模型得出的信息完全可以用以设计通风系统。

小尺寸及实际尺寸大小的实验模型可以提供更为详细的通风系统信息，并且实测结果是最为可靠的，因此这两种模型通常用来验证数值模型。但实验模型价格昂贵，尤其是全比例模型。因此，问题常常出在如何努力实现小尺寸模型与实际房间或建筑之间的相似性的过程中。

多区域、分区域以及计算流体力学模型均为数值模型，多区域模型可以预测整个建筑的通风性能，但只能够提供气流和污染物的分布，由于使用各种假设的平均特性，对于整体建筑而言，多区域模型是最好的选择。使用分区域模型的前提是需要事先了解某个区域的气流特性。计算流体力学模型能够提供最为详细的建筑通风信息，并且是最为准确的数学模型。但由于其复杂性，需要一个非常专业的用户培训体系。同时，由于计算流体力学模型里面涉及许多的自定义信息，经过实测验证后的计算流体力学模型则是建筑通风系统设计及参数优化研究过程中的有力工具。

3. 基于图形处理器的快速流体动力学模型

研究内容：快速室内气流模拟技术在建筑应急管理系统、可持续建筑的初步设计以及实时的室内环境控制等领域有非常好的应用前景。仿真在模拟气流运动、温度分布以及污染物浓度分布等方面有着非常重要的作用。但目前的室内气流模拟技术还不能够在同一时间满足这些要求。关于快速流体动力学模型（Fast Fluid Dynamics），它是介于计算流体力学模型与多区域/分区域模型之间的方法，相比于计算流体力学模型，它以50倍的速度完成Navier-Stokes方程及其他物质交换方程的求解过程。但这样的速度仍不能够实现整个建筑的实时仿真。因此，该研究则侧重于通过在一个图像处理单元（GPU）的平行计算来加快快速流体动力学模拟的计算速度。研究结果显示，基于图像处理单元的快速流体动力学模拟能够生成合理的模拟结果，并且基于图像处理单元的快速流体动力学模拟相比于中央处理器（CPU）要快10～30倍。从整体而言，图像处理单元上的快速流体动力学模拟计算速度要比中央处理器上的计算流体力学模拟快500～1500倍。在这样的情况下，则可以做到小型建筑的实时气流模拟。

3.1.9　科罗拉多大学博德分校（University of Colorado at Boulder）

1. 建筑一体化光伏集热器

项目目的：该项目研究了与建筑一体化的光伏集热器的性能。该一体化集热器相比于现有的集热器，热效率较低。然而，该系统的潜在的低成本可以允许更大的集热器容量来弥补低效率，尤其在温暖气候地区。热和电效率的结合可高达34%。还有分析表明，热性能预测很大程度上取决于光伏电池间与吸收板间的热阻，而且对于风引起的对流换热性能系数非常敏感。

项目方法：在2008年夏季，该项目组对一个全面测试的集热器进行了监测和数据收集，实测的数据用于校准传热模型。集热器模拟用于研究热效率，作为夜间天空辐热器的集热器的热效率，集热器对电效率的影响，两种常见的外部对流性能系数对集热器性能的影响，以及消除光伏板和吸收器表面间的空气间隙的影响。

2. 被动式建筑蓄热控制的优化

项目目的：该项目研究了建筑蓄热的优化控制，可以节约建筑运行成本和降低高峰电力需求。

项目方法：近优化建筑蓄热控制是基于影响建筑和气候/费率结构组合范围的被动蓄热过程中重要参数的全因子分析。近优化措施源于四个变量的优化控制，然后对不确定的建筑参数和气候变量进行有效性测试。由于费率结构对于节约和控制策略有重大影响，加上提供给公共建筑客户费率的密度，本研究无法提供普遍性的有效控制指导。但是，在大多数情况下，例如，对建筑、气候和费率结构的结合进行了调查，提供了简化控制策略的建议，对于相当数量的建筑类型、设备、气候和费率蓄热策略都具有实用价值。

3.1.10 俄克拉荷马州立大学（Oklahoma State University）

俄克拉荷马州立大学建筑环境与热能系统研究院（Building and Environmental Thermal Systems Research Group）是于20世纪90年代初期由一批怀揣同一个梦想的研究团队组成的。该团队的主要研究方向包括：建筑传热、采暖通风与空调系统建模、建筑能耗模拟、循环制冷技术、制热系统、地热热泵系统以及地热换热器技术。

1. 全新焓湿研究测试实验室的设计与建造

该实验室能模拟世界各地不同的气候条件，从热带气候到大陆性气候，从干旱的沙漠到极地苔原，同时能满足温度从−40～130℃，相对湿度从10%～95%范围变化的环境需求（图3-1）。

图3-1 俄克拉荷马州立大学建筑环境与热能系统研究院的全新焓湿研究测试实验室

该焓湿实验室可用来研究在不同环境条件下系统以及设备的表现。主要用于测试热泵系统、制冷系统，以及制冷设备（最高70kW制冷量）的运行表现。实验室拥有两个相邻的、大小相仿的实验舱室，能适应多种设备配置及设置的需要。实验室的双层滑门旁便是大型起重机，用于起重以及放置各种不同的大型测试设备。

2. 建筑照明得热分布研究

众所周知，建筑从照明所获得的能量是影响商用建筑冷热负荷的重要因素。为了说明建筑照明得热的情况，美国暖通空调工程师协会新的冷负荷计算过程需要两个建筑照明得热的关键参数：屋顶及室内静压散热系数以及对流、辐射系数。然而，现有的研究数据有一定局限性，而且随着现代照明技术的不断发展，很多现有数据业已过时。该研究致力于为现有的、应用较为广泛的照明器具提供较为精确的照明散热参数测试。因此，该研究的主要目的便在于如何在全过程研究实验室内精确地测定实际运行工况下建筑物的照明得热量，其另一个目标也在于为美国暖通空调工程师协会对于建筑冷热负荷的计算过程标准的应用提供实验依据。

3. 低于环境温度条件下管路热绝缘体的热力性能测试

管路的热绝缘系统是为了保护冷冻水管路表面不受水蒸气冷凝影响所采取的措施。而绝缘措施的不当则会造成管路表面生长霉菌进而降低管路使用寿命以及保温效果。

在本项目中，俄克拉荷马州立大学的低温焓湿舱被用来证明管路保温系统的有效热传导率，尤其是在这些系统暴露在与冷冻水循环管路以及与液化气体运输过程中相似的干湿度环境中。实验结果可用以更新机械系统保温设计以及建立一种测试管路热绝缘产品的新型实验装置。

实验室已完成的项目介绍。

1）混合地热热泵系统模拟化设计程序的比较

项目目的：与传统的热泵系统相比，地源热泵系统的效率较高，然而，地源热泵系统的初投资一直是该技术得到更广泛的应用的重要制约因素。减少初投资的一个方法是通过纳入补充地热或汇入系统来减少地热负荷的不平衡，可以创建一个混合式地源热泵系统。

项目方法：该项目提出了一种新的仿真方法，基于混合时间步长模拟来调节地源热泵的大小。这种设计方法采用优化配置来确认地热换热器的长度和补充设备的大小，以便该系统尽可能地符合要求中热泵最大和最小的进水温度。该方法与位于美国的四幢三层办公建筑的现有地源热泵系统进行比较，该方法作出了最接近生命周期成本的最优化设计，而且同时要求大幅度地减少计算时间。

2）空气源热泵系统的户外盘管霜冻的实验研究

项目目的：该项目研究了用于空气源热泵系统的翅片管和微热交换器热泵的结霜情况。该项目收集了换热器在实际操作瞬态结霜的条件下当地霜冻的重量和厚度数据来研究翅片的表面温度和空气相对湿度，以用来影响霜冻沉积时间和霜冻增长率。

项目方法：本文提出了一种新的测量热交换器的霜冻增长率的技术。在盘管上安装了摄像头，可测量霜冻厚度。该实验数据表明，霜冻增长率很大程度上取决于翅片管表面的温度，翅片管温度随着距入口距离的不同而分布不均，造成了霜冻生长的时间滞后和霜冻累积的速率不同。而且测量表明，在相同条件下，微线圈盘管霜冻速度快于翅片管，主要是由于翅片管表面的温度较低以及翅片管的形状。

3）地基换热埋管（Foundation heat exchangers）的建模及分析

项目目的：由于地源热泵系统的能源效率较高，该技术现已在建筑节能领域得到了广泛的应用。而传统地埋管的放置方式以将水平埋管放置于开挖的壕沟内，垂直地埋管放置于垂直钻孔内的方法为主。然而，这样就造成了开挖水平壕沟以及钻孔所带来的成本过高的结果，对地源热泵系统的实际应用及推广起到了瓶颈作用。而与传统建筑相比较，在一些零能耗或者接近零能耗的新型建筑中，大大降低的建筑冷热负荷能够很大程度地降低地缘侧换热器的大小及尺寸。最近，一种新型的地源热泵换热器因此得以获得应用。该埋管方式利用了在建筑建造过程中为地下室空间开挖所预留的空间，将换热器埋置于开挖的地下室空间以及为建筑设备房所预留的地下开挖空间及基础内。与传统地源热泵的换热器埋置方式相比，通过这种方法，地基换热埋管将显著降低地源热泵系统的前期开挖以及安装费用。虽然对于传统埋管方式以及地基换热埋管的研究方法有很多共同点，但至今没有一款设计软件或者模拟软件可以验证地基换热埋管在不同的气候条件及不同建筑类型条件下的表现及适用性。

项目方法：地基换热埋管模型是针于传统地源热泵埋管方式工程量较大、投资成本较高而提出的一项新的埋管方式。本研究完成了地基换热埋管模型的建立以及模拟，主要通过两种模拟手段实现：简化解析模型以及细化数值模型。解析模型是基于线源与汇的叠加方法，而数值模型则是一个运行于 HVACSIM＋环境下的二维有限空间模型。实验采用了参数研究法，对所选择的六种不同的换热器所埋放的地理位置进行了模拟分析并且对采用不同模型所产生的模拟结果进行了分析比较。

4. 师资力量

俄克拉荷马州立大学从事建筑节能研究的教师有：

1）S教授，俄克拉荷马州立大学建筑环境与热能系统研究院教授，关注的领域有：

(1) 建筑能耗分析和负荷计算；

(2) 热力系统仿真与设计；

(3) 地源热泵系统研究；

(4) 建筑和热力系统研究；

(5) 供暖、通风和空调的分析与设计。

2）F教授，俄克拉荷马州立大学建筑环境与热能系统研究院教授，关注的领域有：

(1) 建筑和热力系统研究；

(2) 建筑能耗分析和负荷计算；

(3) 数值传热和流体流动研究；

(4) 热力系统仿真与设计；

(5) 置换通风与冷却吊顶系统；

(6) 建筑系统的仿真研究。

3）C教授，俄克拉荷马州立大学建筑环境与热能系统研究院助理教授，关注的领域有：

(1) 能源转换系统及设备；

(2) 微型制冷系统和微型泵；

(3) 热泵、空调、制冷技术；

(4) 可再生能源技术；

(5) 食品冷藏和冷冻食品；

(6) 余热回收管理工作；

(7) 天然制冷剂和混合物热力学；

(8) 电子冷却和热能管理。

3.1.11 得克萨斯农机大学（Texas A&M University）

1. 能源系统实验室

能源系统实验室（ESL）是得克萨斯工程试验站的一个分支部门以及得克萨斯州农机大学系统的成员。能源系统实验室附属于机械工程学院中的能源系统组（图3-2）。

图3-2 能源系统实验室

能源系统实验室的主任是Dr. David E. Claridge，机械工程学院的教授。实验室在近期雇佣了约120名成员，包括机械工程师、计算机科学研究生、实验室技术员、后勤人员以及研究生和本科生等。

实验室专注于与能源相关的研究、能效以及减排，并在校外研究和测试上获得了超过1000万美元的年收入。一些专业领域有：

(1) 商业与工业建筑运行优化，即Continuous Commissioning®；

(2) 通过研究、模拟、数据分析以提高建筑总体能效；

(3) 针对采暖通风与空调系统系统进行调查研究及校正测试；

(4) 商业建筑节能测量及检验。

在2001年，能源系统实验室被授予一个重要的使命，得益于能效和可再生能源倡议的减排，学校参与了得克萨斯州能源标准的实施以及协助计算，其中可再生能源倡议是得克萨斯节能减排计划（Texas Emissions Reduction Program）的一部分。

除了以上活动以及所承担的责任外，实验室还作为一个知识库，通过调研、学术出版物、研讨会以及总体运行过程等方法帮助得克萨斯州的建筑业保证其能效。此外，实验室还提供车间、培训以及对建筑行业的支持，而最终受益者则是纳税人。

能源系统实验室已完成的项目介绍。

1）炎热和潮湿气候区域下办公建筑选择高性能系统的选择方法

项目目的：提高在炎热和潮湿气候区的办公建筑的性能。①调查和确定用于炎热和潮湿的气候区的高性能的办公建筑系统；②建立高性能办公建筑模型，并采用校正的模型来模拟建筑的高性能特性；③提出能效评估方法来对在炎热和潮湿的气候区的办公建筑的高性能系统进行选择。

项目方法：该项目开发了一个易于使用的工具，用于炎热和潮湿的气候区的办公建筑的高性能系统的初步选择。首先对高性能的建筑系统进行调查研究，选取一个办公建筑作为典型的大型写字楼进行案例研究，对该办公建筑进行模拟仿真，然后用实测数据来校正该模型，校正后的模型用于模拟高效能措施的建筑基准模型。该项目提出了 14 项提高建筑性能的措施：优化玻璃传热系数，减少窗墙比，安装人员传感器等。该工具不仅包括了这 14 项高性能措施的应用，而且还添加了太阳光热和光伏系统。这个选择工具可用于符合美国暖通空调工程师协会标准的建筑的性能评价以及对现有建筑提出改进方案以节约能源和成本。

2）综合性社区氮氧化物减排计算软件的研发

项目目的：研发一种估算公共社区的能耗使用情况以及对于周边地区空气污染影响的简化计算及预测工具。该软件可用于预测所选定的节能方式或项目对于减少气体排放物的影响，也可用于帮助当地政府以及居民了解能源情况以及信息收集与过程管理。该研究为社区范围的能源使用以及氮氧化物的排放提供了解决方案，同时也为预估各个分区的能耗使用情况提供了简便、多样化的手段。

项目方法：为了更好地了解社区范围的能耗使用以及相关氮氧化物的排放，该项目选择了得克萨斯州的 City of College Station 作为社区案例研究对象。当一个社区在采取了建筑用电效率优化的方案后，它也许可以成功地减少氮氧化物的排放；另一个社区也许亦可在改善了发电燃料的配比后同样成功地达到了该目的；而在第三个社区，为了达到该目的，氮氧化物排放性能优良的汽车也许会被强制推广。然而，这些不同的方法对于达到污染物减排的目的终究起到了怎样的作用以及互相之间的影响却从未得到证实。

因此，该研究通过研发一款综合性社区氮氧化物减排计算软件来解决这一问题，并且帮助当地社区完成氮氧化物减排方案。该计算软件在为决策者提供了涉及采取不同的节能措施对于污染物减排影响的初步了解之后，能为当地的氮氧化物减排起到根本解决的目的。为了能更好地帮助决策者，该研究同时也致力于通过提供以下方法来解决这些问题：

（1）检验社区的非再生能源对于氮氧化物排放的影响；

（2）量化每一个终端能源使用者的能耗以及其相关的氮氧化物排放；

（3）评估不同节能方案对于环境影响的利弊。

2. Continuous Commissioning®

Continuous Commissioning®是一个解决操作问题、提升舒适度以及为现存的商业、公共机构建筑和中央工厂设施能源使用最优化的过程解决方案的服务。其融合并拓展了现有的建筑节能实践方法。该服务是建筑暖通空调系统的故障诊断、整体运行优化和连续调试的集成。它基于对系统运行逐时数据的采集与分析诊断，通过持续的优化调试来解决现有商业建筑、公共建筑和生产厂房的中央空调系统运行中的问题，有效改善舒适度和提高能源利用效率，同时评估可利用的节能改造机会。

（1）提高住户的舒适度和满意度；

（2）一般使用现有设施而非昂贵的新机组；

（3）相较传统方法能达到更高的系统效率。

能源系统实验室在不断发展 Continuous Commissioning® 服务的过程中，利用经济又高效的方法提高舒适度以及性能。该服务将最好的逆调试技术加入到建筑能源系统运行过程中，使在全球范围内超过 300 个建筑达到了更完美的性能表现。该服务的目标是根据设备的实际使用情况，为建筑性能提供持续改进的同时，产生快速的节能回报。能源系统实验室及其授权的合作伙伴拥有能够使该服务变得行之有效的设备能力、研究能力以及专业技术能力。这一从工程师和建筑学教授中选拔出来的精英小组具备必要的技术和训练，能快速识别最佳能耗改善机会，以最低成本和最大效用进行节能方案实施。运行该服务进行建筑优化改造，可以实现空调系统运行的能耗测定和建筑物节能潜力的自动诊断、现场系统特性测定和运行故障自动检测并提供优化控制措施和参数、创新的工程设计方案及实施，保证系统和设备运行的良好工况以及节能量的测定及核实。

该服务的成果：

（1）已在超过 300 个建筑上得到实施；

（2）为项目提供平均低于两年的回收期；

（3）已在世界范围内多种气候条件下拥有案例；

（4）从 1300 万美元的总投资中已获得的节能效益超过 9000 万美元。

3. 工业评估中心

得克萨斯农机大学工业评估中心为学生提供了在得克萨斯州大学城校园周边 150 英里内的厂家中免费学习、实习的机会。学生在机械工程学院教师与能源系统实验室工作人员的指导下进行学习，分析给定厂家的能源消耗以及生产力问题。工业评估中心计划是一个由美国能源部以及全国范围内的大学中心赞助的国家级计划（图 3-3）。

图 3-3 工业评估中心

在工作人员和学生小组访问后的两个月，厂方可能收到一个正式的技术报告，叙述建议实施的项目。每个项目都会推荐一种方案诸如功率因数校正、隔绝裸露的蒸汽管道等，同时会计算成本节约、节能减排、生产力节约的费用。同时，每个项目会提供达到节能量的概念信息或设计方案，以及实施成本和回报信息的预测。

4. 河滨能源效率实验室

河滨能源效率实验室（REEL）成立于 1939 年，为供暖、通风以及空调设备的测试和研究基地。70 多年来，这个位于得克萨斯农机大学河滨校区，独立并经认证的实验室服务于全世界的空调和通风设备制造商。该实验室为室内通风研究所（Home Ventilating Institute）的官方测试实验室。河滨能源效率实验室同时也是经过 ISO 17025 认证的实验室，具有根据行业标准进行测试的经验、美国国家标准与技术研究院的设备以及对于顾客定制需要的快速应对及制定都是该实验室的特色，并使其成为在行业领军者中首选的研究所（图 3-4）。

图 3-4　河滨能源效率实验室

河滨能源效率实验室最大的特色是能够针对客户的特定需求和配置定制实验装置，这在实验室中是独一无二的。河滨能源效率实验室是能源系统实验室的一部分、得州工程实验站的一个部门。

（1）实验室的研究方向及提供的服务（图 3-5）

① 定制供暖、通风和空调设备并进行研究和测试；

② 经资格认证的室内通风研究所实验室，用来进行住宅风机的测试；

③ 能源效率、能源节约以及其他能源产品的研究和测试；

④ 提供低于 0.3sones 响度的声环境测试服务（声环境控制实验室）；

⑤ 生物气溶胶取样以及能源运输系统的研究及测试。

图 3-5　河滨能源效率实验室的设备

（2）监测、计量和验证服务

① 能量系统建模和监测；

② 设备功率、热量的计量和验证，以及设备安装及维护服务。

③ 住宅和商业建筑、热电厂和配电站的建模；

④ 为不用种类的环境仪表检测提供专业服务，包括太阳辐射、光、声和噪声、空气速度和压力。

1）风量测试实验室

风机测试可在空气流量实验室中进行，包括五个单元测试实验设备的风量。实验室可用于测试直径达 8ft 的风机。这些实验室配备了充足的仪器，能在全自动化的数据采集系统中提供温度、压强以及流量数据。该实验室依照的标准为：美国国家标准学会与美国通风与空调协会标准 210，美国暖通空调工程师学会标准 51（图 3-6）。

图 3-6　风量测试实验室

2）焓湿测试实验室

焓湿测试实验室为测试单元式空调系统和热泵系统提供了环境控制。该实验室的充分仪器化以及计算机化可胜任监测和记录从 10～120 ℉的干球、湿球和露点温度，并且可测量从 5%～95%的相对湿度。该实验室可以容纳重达 10t 的仪器，并能够在一个美国通风与空调协会 210 喷嘴气流腔中测量从 150～5000CFM 的空气流速。测试设备符合美国暖通空调工程师协会标准 116 以及美国空调制冷协会标准 210/240。

3）半混响声控室

半混响声控室为室内通风研究所中的风机测试认证计划提供了声控分析以验证浴室风扇、其他房间排气扇和厨房吸油烟机的噪声水平。住宅通风行业已利用此类测试中的数据来分析风机噪声并为住宅市场行业（HVI 916）设计更安静的风机。

除了室内通风研究所的测试要求，该声控室同样符合美国国家标准学会标准 S1.121。

4）空气取样测试设备

空气取样测试设备提供了监测和测试气溶胶及取样的功能。风管和堆栈的模型研究可与每小时 100mi 的风洞设施同时进行。实验室拥有示踪气体分析仪、粒子计数器仪表、振动射流雾化喷嘴以及热风速仪等实验设备。

5）光电检测实验室

光电检测实验室是一个能够在炎热和潮湿的气候条件下对光伏装置进行性能测试的、有安全保障的室外实验室。该实验室配备气象站、全球太阳能辐射仪以及电力、电压和电流的测量设备等（图 3-7）。

图 3-7 光电检测实验室

5. 得克萨斯农机大学建筑节能研究的师资力量

(1) B 教授：能源系统实验室主任 B 教授兼任得州农机大学河滨分校计量和校准设备实验室主任，他的研究领域包括：温度监控和相对湿度传感器、流体热能变换器、电子计量传感器（electrical metering transducers）的校准工作。该教授负责发展与实施项目所用仪器的校准技术与程序。仪器包括：相对湿度传感器、温度传感器、流量计、电力变换器、气象观测仪器，以及负责在 LoanSTAR 计量站点实行现场诊断以及故障仪器的修理或更换等工作。

(2) H 教授：该建筑学教授以及研究部副系主任的研究领域包括：建筑能源建模统计，系统运行问题的诊断，利用预测及实际能源消耗的比较进行能效反馈的研究，人工智能，先进能源图形使用法，商业能源审查的预先筛选计算，公共领域的测试与复核（M&V）算法，计算机太阳能着色程序，采暖通风与空调系统的精度检验/准确度测试，BIM-to-thermal 程序以及能源效率和可再生能源项目所带来的空气污染减排量的计算（例如，SOx、NOx、CO_2、PM 和 Hg）。

(3) C 教授：该得州工程实验站主任 15 年来为提升建筑物的舒适度与能效及对于 Continuous Commissioning® 的发展、指导所参与的工作享誉世界。Continuous Commissioning® 服务现已被运用于超过 300 个大型建筑物，其中包括高等教育设施、军事设施、医疗设施以及办公楼。C 教授的研究成果对于建筑物与地面之间的热传递分析以及建筑物中空气渗漏分析的研究作出了重要贡献。他还是节能方案节能量测定与节能量验证技术发展与运用上的领军者。

3.1.12 雪城大学（Syracuse University）

1. 雪城大学建筑能源与环境系统实验室

雪城大学建筑能源与环境系统实验室（BEESL）隶属于雪城大学工程与计算机科学学院机械与航空航天工程系，为学院的核心实验室，与雪城大学环境能源系统内的雪城卓越实验室中心、纽约战略学术研究中心的环境质量系统及纽约室内环境质量中心有着紧密联系。该实验室由美国环境保护署、纽约州议会、美国国家电网以及雪城大学出资于1999年11月成立。

雪城大学建筑能源与环境系统实验室的研究任务可分为三个层面：

(1) 通过开展尖端的学术与行业研究，在室内环境质量（IEQ）、建筑节能（BEE）以及建筑围护三大领域提高科学技术水平和研发创新性的技术；

(2) 充分结合科研与教学，促进研究生与本科生的学术指导与专业培训；

(3) 提供客观、公正的产品测试与评估服务，促进产品研发和相关创新产业的发展。

雪城大学建筑能源与环境系统实验室的研究领域包括：

(1) 建筑环境系统材料热湿性能的研究；

(2) 热湿、空气和污染物模拟的耦合；

(3) 空气净化技术（ACT）；

(4) 智能建筑环境系统（i-BES）；

(5) 材料污染物释放以及室内空气质量。

雪城大学建筑能源与环境系统实验室拥有尖端的科研设备，能够完成实验及计算机模拟分析、从材料层面到全尺寸系统性能的研究任务。在以下研究领域有着广泛的应用：

(1) 室内污染源和其沉降，如建筑材料、家具、办公设备和消费产品等。

(2) 结合建筑围护结构进行的空气、热湿以及污染物传播和传导研究；室内外环境与采暖通风与空调系统系统或组件之间的相互影响。

(3) 置换或混合通风中室内空气与污染物分布。

(4) 多区域功能建筑以及动态建筑中空气和污染物的传播。

(5) 空气渗透和净化技术（独立室内空气净化与装备有暖通管道的室内气相与悬浮颗粒污染物）。

(6) 建筑环境监控与控制系统的敏感性、精确性以及可靠性。

(7) 环境空气采样、工业卫生监测、室内空气质量监测、热舒适度监测以及职业病防护设备和材料的研究。

雪城大学的最新动态：美国能源部最近拨款560296美元给雪城大学所牵头的研究项目，该项目的目的在于研发一款虚拟建筑设计软件，它能够帮助建筑设计师评估建筑以及相关设备的选择，从而最大化地为商用和居住建筑节约能源，同时也更好地保证一个健康、舒适且高效率的室内环境。

该虚拟建筑设计软件（也可称为“综合性计算机模拟环境——为低能耗及高质量室内环境建筑提供以性能为基础的设计软件”）是在雪城大学LC Smith工程与计算机科学学院的张建舜教授以及雪城大学建筑学院教授Michael Pelken的带领下进行的。

2. 研究项目简介

1) 建筑环境系统的热湿性能

(1) 研究领域：

① 研发可用来测试建筑材料的热湿贮存以及传导性能的先进模型测试法；

② 研发一套综合性的、可靠的建筑材料性能数据库，可用于建筑系统以及建筑材料热湿性能模拟与预测；

③ 在建筑环境系统领域中研发能够实现空气、热量、湿度控制的新型材料；

④ 提高人们对于多孔介质中热量、空气以及湿度传导机理的了解；

⑤ 研发能够评估建筑围护系统长期热湿性能以及耐久性的数学模型和计算机模拟软件。

(2) 研究所的实验设备及研究项目、方法：

① 测试基本热湿传导性能（包括热传导、空气渗透性、吸湿以及过度吸湿范围中的热湿

等温吸附线的确定、水分扩散率以及孔型分布）的综合能力；

② 人工气候室：研究包括建筑材料孔结构的描述和 HAM 模型中使用的数据基准线研究在内的材料特性，同时也发展一套测试方法，能够确定建筑材料的储水性能以及传导性能（包括水蒸气渗透率、吸水系数、薄膜的抗液体渗透以及饱和液体传导性）；

③ 研发一种测试方法，使其能够确定居住以及小型商用建筑中非受控气流的表现；

④ 研发一套综合性的、可靠的数据库，用来储存建筑材料（系统）热湿性能的模拟和预测数据；

⑤ 协助美国建筑业发展建筑环境系统热湿、空气传导控制的新型材料（包括评估新材料热湿性能方法的研发）。

2）建筑围护系统中热湿、空气和污染物模拟耦合软件（CHAMPS）应用（热湿、空气和污染物模拟耦合与建筑环境系统是一套非商用软件，用户包括研究机构以及一些专业咨询公司）

研究目的：

（1）了解建筑围护系统对于能耗以及室内环境质量的影响；

（2）建筑材料的耐久性；

（3）建筑环境系统的实时预测与控制；

（4）小规模及全尺寸实验室研究以及实地测试。

该研究项目可用于如下项目的预测和分析：

（1）建筑围护系统的热湿性能；

（2）室外气候和污染对于室内环境的影响；

（3）建筑材料以及家具中挥发性有机化合物的释放对于空气质量的影响。

项目方法：

（1）建立建筑围护结构中气体和所吸收的污染物传导的模型；

（2）建立气流组织对于热湿、污染物传导影响的单向耦合模型；

（3）建立用于材料的热湿及挥发性有机化合物传导性质的相关数据库；

（4）研发常微分方程集成系统的高效求解器；

（5）进行用于确定材料性质的小规模环境舱室实验；

（6）进行全尺寸实验，对室内（室外）环境模拟器的耦合，用来验证模型的合理性和有效性。

3）虚拟建筑系统——物件导向资料库方法在数据驱动建筑模拟中的应用

项目目的与方法：该研究在数据驱动建筑性能模拟中介入了物件导向资料库方法，该方法称为“虚拟建筑系统”。一种递阶的、分级的结构，能够更好地储存建筑结构、材料以及环境数据。该研究将建筑元素进行由下至上的分类。每一个分类都拥有可以表现他们相关组件信息的特征，在存储建筑信息的过程中，建筑构件将会以分类及它们的分类特性而生成。该递阶式虚拟建筑系统结构同样将使高阶物件（母系）性质传递到低阶物件（子系）成为可能。比如，在热湿性能模拟中，与建筑地理位置有着紧密联系的气象信息（属“建筑”类性质）将会被传递给“墙体”类。这对于建筑模拟有着相当重要的意义，因为它能将初级设计阶段（“建筑”类）的信息融入后期设计阶段，而后期设计阶段显然将会有更多细化的模拟过程。以上所述的这些数据中包括建筑几何结构的描述和静态信息、建筑材料性能、暖通空调系统和组件及其特性、描述建筑物运行和环境条件的参数（状态变量等，它们可通过模拟得到，也可以是实地测得的数据）以及一些反映建筑能耗和室内环境状况的数据，而研究如何将模拟环境和虚拟建筑系统相结合的方法是非常重要的。该研究项目将通过两个数据导向的实验来验证该方法的可行性。

4）研究建筑材料传导性能的双室实验法（图3-8）

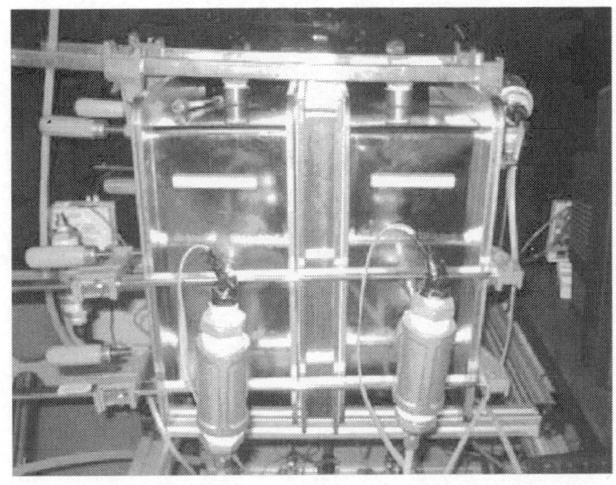

图3-8 双室实验系统

项目目的：项目组应用双室实验法来研究湿度传导以及挥发性有机化合物在有孔介质中的相似传导关系。通过建立相似性关系，人们可以从已拥有的材料湿度特性中推测挥发性有机化合物的传导性质（扩散系数），同时也可进一步将该方法与建筑传热、空气、湿度和污染物模拟相结合。

项目方法：为了更好地了解湿度传导以及挥发性有机化合物传导间的相似性和区别，研究小组将先前已进行过湿度传导的材料——硅酸钙，作为参照材料进行实验研究。在稳定的室温下，研究人员对水蒸气、甲醛、甲苯的传导性进行了独立实验，以对比它们之间的不同和联系。而将来的实验将涉及湿度对于挥发性有机化合物传导的影响，而建筑墙体、地板以及家具中使用的那些具有较强挥发性及传播性的有机化合物也将列入未来的实验研究范围。

3. 雪城大学建筑节能研究领域的教授介绍

(1) Z教授：该教授在建筑环境系统研究领域拥有超过18年的研究经验，曾两次获得加拿大国家研究院的科研奖项。该教授至今已发表了超过90篇技术论文、1部书刊，以及参与制定了2项美国材料与实验协会标准。他的研究领域主要包括：建筑环境系统集成、建筑通风、材料污染物排放、室内空气质量、空气净化以及建筑热湿、空气、污染物传播与传导研究。

(2) K教授：纽约科技与学术研究国家办公室机械航空工程特聘教授，同时也是雪城大学环境质量系统的创会理事之一。他的研究领域主要包括：环境控制以及节能系统研究，其中包括对暖通空调、地热、太阳能、宇宙空间以及综合性热能系统的研究。该教授近期的研究主要集中于高能效建筑环境控制中的热传导过程研究、高密度数据中心研究和该类系统在即时控制系统中缩减模型的应用与研发。

(3) G教授：雪城大学机械及航天技术学院博士研究院副院长，其主要研究领域包括：高等流体力学的应用、湍流以及多相流研究、能源系统、建筑环境研究、呼吸及咳嗽过程的流体力学研究、流控制、动力系统、非稳态航空动力学、声学、信号处理与仪器研究以及博士生教育等。

3.1.13 得克萨斯大学奥斯汀分校（The University of Texas at Austin）

1. 能源与环境资源研究中心

得克萨斯大学奥斯汀分校能源与环境资源研究中心（CERR）是一个从事能源和环境研究、教育以及公共服务的研究型机构，该机构致力于高效和经济的能源利用以及通过与工业企业的合作，研发能够最大限度地减少资源浪费的技术和进程，从而为人类创造一个洁净的生活环境。

成立于1974年的能源与环境资源研究中心，位于J. J. Pickle研究院的电子机械和能源楼内，其实验室和办公区域的占地面积达43000ft^2。在历史上，能源与环境资源研究中心曾参与了很多研究项目，培养了大批研究型人才并促进了能源领域的教育。

能源与环境资源研究中心研究项目的经费来自于不同的州、地区和私人赞助，其中包括得州先进技术研究项目、国家科学基金、美国能源部、美国环境保护机构、得州州长能源办公室以及超过40个的私人及国有公司赞助。

能源与环境资源研究中心的研究小组有如下几个。

1）得克萨斯大学空气资源工程研究组

得克萨斯大学奥斯汀分校已成为了空气资源工程领域内全世界规模最大、最有影响力的研究机构。如今，得克萨斯大学的空气资源工程研究组（UTPARE）的三个分属部门中拥有6位带领着超过50名研究生的全职教授、10位专业研究人员以及15名本科生。空气资源工程研究组实验室的占地面积超过5000ft^2。

空气资源工程研究组的研究活动包括以下六个主要版块：空气污染源研究、大气物理化学进程实验研究、环境空气质量监测、环境空气质量建模、室内空气质量以及空气污染物控制。

（1）空气污染源研究

改善空气质量行之有效的设计策略主要依赖于空气污染源化学性质以及相对重要性的了解。A教授的研究团队涉足了许多这方面的研究，其目的在于加强如今对于诸如排放的空气有毒污染物（HAPs）、挥发性有机化合物（VOCs）、氮氧化物（NOx）以及悬浮微粒等空气污染源的了解。在过去的几年中，空气资源工程研究组的研究人员已经进行了很多污染物排放实验，这些排放来源于自然植被、汽车加油过程、交通运输工具的尾气排放、工业碳水化合物排放和农业燃烧。除此之外，研究小组还为特定的城市、特定的化学组分（如氨）等制订了相应的污染物排放条目。

（2）大气物理化学进程实验研究

控制空气污染物运输及进程的研究与基础物理化学进程实验室的研究弥补了对于空气污染源研究的不足。A教授以及他的学生们运用实验舱来追踪化学反应轨迹，而这对于臭氧的形成以及研究如何将气相有机化合物转换为大气有机悬浮颗粒的化学反应进程都是具有很大意义的。这些研究中涉及的化学机理以及从气相到颗粒的转换率可直接应用于空气域模型的建立并将有助于人们了解不同的有机化合物组分在臭氧层形成过程中的相对重要性。例如，形成于墨西哥湾上空的液体及固体悬浮物以及大气中的氯循环等都获得了相应的研究。

（3）环境空气质量监测

另外一组研究项目将主要精力放在了研究得州城市的空气质量上。在过去的五年中，得州大学的科研人员已经对奥斯汀、达拉斯、休斯敦、郎维尤、圣安东尼奥、泰勒以及维多利亚等得州城市进行了环境质量检测。A教授和他的学生们从地面基站以及由Baylor大学的同行操控的航空器中获得样本，从而测试气相以及微粒状空气污染物。这些工作都将为校正空气质量模型提供依据，如综合性空气质量扩展模型（CAMx）中的城市空气域模型（UAM），而它们都将是用来评估污染物减排策略的工具。

在2000年夏天，来自于各个地方和州的空气质量专家，在得克萨斯自然资源保护委员会和A教授的带领下，进行了得州史上规模空前的一次空气质量实地研究。该研究的目的在于增进人们对于控制得州西南部墨西哥湾空气污染物形成以及传播的物理化学进程的了解。另外，在这个实验的基础上，一项为期四年、进行悬浮颗粒物采样与分析的实验，在美国环境保护协会资金的支持下得以完成。从而使这项研究海湾空气悬浮颗粒物的项目成为了美国环境保护协会力推的七项悬浮颗粒物研究的重要组成部分。而这些研究项目都将会为得州未来空气质量的科学管理提供依据。

（4）环境空气质量建模

A教授主导了一项进行区域空气质量建模的研究项目。该项目的目的在于了解得州空气质量控制政策的有效性。该模型已在休斯敦、维多利亚、奥斯汀以及整个得州获得了实验。该研究小组利用了诸如综合性空气质量扩展模型等模型调控软件，同时也使用了诸如化学动力模型等研究软件。

由于该模型将如今对于污染物排放、大气化学进程以及大气物理进程最尖端的理解整合成为了一套可用来评估空气质量控制政策有效性的软件，该项目小组的研究成为了空气资源工程研究组室外空气质量研究活动中的焦点。

2）得克萨斯未来工业研究组

得克萨斯未来工业研究组创建于 2001 年，由美国能效与可再生能源协会下属的美国能源办公室拨款筹建，而该项目则与得州节能办公室紧密相连。这个研究组的目的在于促进尖端科技、工业节能、减排的发展、论证以及实践，使之为得州工业综合竞争力的提升而服务（图 3-9）。得州工业发展的最终目的便是在减少能源及材料消耗、环保低成本、减少废弃物排放的基础上提高生产力及产品质量水平。

图 3-9 得州未来工业研究组

该州立项目为联邦能源部旗下的工业技术项目和资源起到了平衡作用，其研究焦点将主要集中于高能耗的工业企业。

得州未来工业研究组已在化工生产业以及冶炼业中大范围地展开了工作，因为这些工业产业在整个得州工业能耗中占到了 75% 的比例。然而，研究组同时也在无论规模大小、从食品加工行业到半导体生产业等不同的工业领域中开展工作。

3）工艺科学技术研究中心

该研究中心的目的在于通过紧密的合作，利用政府及行业资源促进工艺科学技术以及从业人员教育水平。

研究中心主要由三个焦点领域构成。

（1）分离技术的发展

该领域的研究主要集中于如何提高过去的分离技术的研究水平。新兴的分离技术是随着拥有预估能力的建模水平的提高而增强的。其研究领域包括蒸馏、液液分离、化学吸附和分离，而这些技术都是建立在化学络合、薄膜技术以及复杂的流体运动等基础之上的。研究所拥有世界一流的专家团队和实验仪器及设备。该实验工厂的设备为得克萨斯大学奥斯汀分校提供了独一无二的实验能力，在跨领域研究活动中也已获得了有效的应用。

（2）工艺优化、控制以及安全

那些致力于将工艺技术的基本知识与当今计算机技术和建模技术结合在一起的专家们对该领域的研究作出了贡献。现今尖端的科研促进了能够将收益与安全最大化的工艺流程的发展。奥斯汀分校实验工厂的设备拥有最先进的工艺流程控制能力，能够胜任不同的研究需要。两个世界级的研究中心：得州农机大学的 Mary_Kay'O Connor 工艺安全中心以及得克萨斯、威斯康星模型与控制联合会对该研究项目的支持功不可没，而这两个组织是促进化学工艺安全与控制相关技术发展的领军人。

（3）能源与环境研究

该领域的研究项目目的在于解决不同工艺流程中的能耗问题。研究所常年来受到美国能源部的高额财政资助，是该研究领域的领跑者。研究项目主要关注节能以及如何降低环境污染影响，诸如二氧化碳回收技术、水处理技术以及蒸馏工艺等。现阶段开展的研究项目将致力于从可再生能源中获得燃料以及所需的化学制品等创新技术的研发。

2. 能源与环境资源研究中心研究项目介绍

1）温室气体排放系数的确定

项目目的：甲烷是天然气中的重要组分并且是温室气体的一种，在未来100年的发展趋势中，甲烷对全球变暖的潜在影响将是二氧化碳的21～23倍。根据美国国家环境保护局2006年发布的温室气体排放目录，不难发现，在以二氧化碳为计算标准的情况下，天然气制品的排放、处理以及输配的整个过程将使其成为美国十大温室气体排放源之一。

该研究项目的目的在于更新天然气工业现有工艺流程以及设备的甲烷排放数据，同时通过对新数据的搜集，为国家环境保护局的研究作出现有设备信息以及数据更新与反馈。

项目方法：该研究项目将通过以下四个步骤来实现。

（1）数据汇总处理及分析（任务一）：

① 对现有甲烷排放系数数据的汇总、处理以及分析，同时对研究所列出的工艺流程及设备的活跃系数进行综合分析；

② 仔细复审数据的质量及其代表性；

③ 对排放源的特点进行建议和排序，以助于任务三中的新数据收集。

（2）技术研究规划组（任务二）：该任务的目的在于进行技术规划、细化数据收集和完成整个处理过程的经济测评，而以上数据则是用来填补任务一中所出现的数据空缺。如此，研究小组便可通过更新现有排放系数以及收集先前的数据来保证所有的设备及流程因素都获得了考虑。

（3）测评及分析（任务三）：

① 执行任务二中所设定的技术研究规划（根据国家环境保护局的授权情况而定）；

② 分析数据结果，从而得到新的排放系数以及对所进行测评的排放源中的不确定因素进行分析。

（4）报告与交流（任务四）：对任务一和任务三中不同的排放系数作研究报告，其中包括整个研究过程的方法等。与相关企业的交流将会贯穿于整个任务中，最终结果将会在报告中体现并且进行公示。

2）Corpus Christi空气质量研究项目

项目背景：应来自得州西南大区州地方法院以及得州环境质量委员会的要求和资金支持，空气资源工程研究组接受了670万美元的实验资金，用以完成这项Corpus Christi空气质量监测项目以及与项目相关的监控摄像装置安装和运行维护。

项目方法：项目组将在Corpus Christi运河沿岸安装监控摄像头和空气质量监测装置并且负责其维护和运行，如此便可记录沿岸工业区特定种类空气污染物的浓度。项目组将在运河沿岸建设至少7个空气质量监测站以及2个监控摄像站。空气质量监测站会记录硫化氢、二氧化硫、挥发性有机化合物（如苯）等的浓度以及气象数据，所获得的数据将通过TCEQ网站和得克萨斯大学奥斯汀分校的网络平台向公众开放。

除此以外，由摄像头所拍摄的照片等资料也可在奥斯汀分校该项目的网络平台上向公众开放。而项目组则不会对污染源、空气质量的改善等作调研和分析，同时也不会参与任何强制性措施方案的制订。该项目从2003年2月开始运作，其周期将达7年或者更长，而这则取决于项目资金的运转情况。

3）垃圾填埋区沼气燃烧排放物对环境影响的评估

项目目的：对垃圾填埋区沼气是否可在冶炼厂的混合燃料系统中获得利用进行可行性研究。冶炼厂和石油化工厂是天然气使用的大户，在美国工业产业天然气使用量中占据14%。填埋区沼气在燃烧炉燃烧中的应用（替代原有天然气作为燃料）已有先例。然而，这些厂家拥有的燃烧炉、热电联产设备以及取暖器先前都以天然气等作为燃料，填埋区沼气的介入和使用对这些系统而言势必带来一些问题，而这些问题有的并未在技术上获得完全的解决。

该项目对垃圾填埋区沼气在冶炼炉、汽轮机和燃气系统中燃烧的可行性进行了研究。若该技术的使用成为可能，则将为得州和路易斯安那州提供每年潜在的、相当于 21.75 万亿 BTU 单位的热量（根据这些州的冶炼能力以及所消耗的天然气，假设将这其中 5%的天然气替换为填埋区沼气，则可得到以上数字）。这项技术的应用将取决于相关技术难题的攻克以及填埋区沼气传输的经济性，而全国范围的应用则可节省更多的能源。

项目方法：项目原先计划与休斯敦 Valero 炼油厂进行合作，该炼油厂日产 130000 桶原油，位于休斯敦臭氧层不合格地区。该厂燃烧炉的氮氧化物排放量较低，因其具有选择性接触反应控制技术来限制其氮氧化物的排放。然而，Valero 由于其经济区域性的关系无法使用填埋区沼气。因此，一家与其相距 30 米远的石油化工厂参与到了该研究中，并签署了购买和使用填埋区沼气的合同（包括沼气管网的接入等）。因此，该研究项目将着重点放在了垃圾填埋区沼气在石油化工厂的应用研究上。该研究报告主要由四个部分组成，其中包括：填埋区沼气用于生产蒸汽的常规应用、得州化工厂沼气应用、因填埋区沼气替换天然气而对废气排放造成的影响以及其他相关产业的应用问题。

3. 得克萨斯大学奥斯汀分校从事节能研究的教授简介

表 3-5 列出了得克萨斯大学奥斯汀分校在建筑节能领域的三位代表性教授，他们从事的领域和具体研究内容、项目如下。

（1）A 教授：得克萨斯大学奥斯汀分校化学工程系教授、能源与环境资源研究中心主任。该教授著有 6 本书刊并发表了超过 170 篇论文，涉及领域包括煤的液化、城市大气化学以及重油化学。在过去的十年里，他的工作和研究主要集中于城市空气质量以及环境教育教材的编写，并且获得了多项相关领域的研究奖项

（2）F 教授：化学工程系教授，主要研究方向为：高分子聚合物结构、工艺科学技术。其中包括高分子聚合物结构对于其水溶性、扩散率以及聚合物和以聚合物为基础的材料中小分子渗透能力的研究等。这些基础研究对薄膜技术在液体、气体以及蒸汽的分离技术应用中具有重要的意义。该教授的研究具体包括：药物运送设施和技术、食品包装、高分子聚合物中溶剂及单体的移除与玻璃聚合材料、薄膜的物理衰老过程等

（3）C 教授：专业实践及应用教授，该教授的专业领域为建筑工程和建筑材料。具体研究内容包括室内空气质量、室内空气污染源、传播以及控制研究、室内均相与非均相环境化学、室内环境对于人体健康的影响等

3.1.14 威斯康星大学麦迪逊分校（University of Wisconsin-Madison）

1. 威斯康星大学麦迪逊分校采暖通风与空调系统中心简介

威斯康星大学麦迪逊分校采暖通风与空调系统中心的前身是建立于 1989 年的蓄热应用研究中心（TSARC），现已发展为全世界知名的，致力于暖通空调以及制冷技术的研究所。该研究中心隶属于威斯康星大学机械工程学院，拥有着广泛的、涉及校内及校外的研究资源。

采暖通风与空调系统中心的核心任务是为人们提供健康以及舒适的生活环境的技术，以及促进产品生产及储存技术的发展。该中心致力于通过研究、提供技术支撑、宣传以及教育来提升当今的暖通空调以及制冷技术。

采暖通风与空调系统中心在温湿度控制、室内空气质量的设计、测试以及分析技术上拥有多年的经验，其中包括：

（1）能效测评；

（2）系统性能的检测以及评估；

（3）室内空气品质问题的评估及解决；

（4）评估采暖通风与空调系统技术对于环境的影响；

（5）评估采暖通风与空调系统对于能源供应链发展应用过程的影响，使其获得理想的项目实际效果。

2. 采暖通风与空调系统中心研究项目介绍

1）蓄热产业评估

项目目的：该产业评估报告的目的在于通过了解三类大型工业中（制造业、电气设施、建筑业）使用蓄热技术的企业来确定该技术的应用现状以及未来前景。该评估报告的结果可作为美国电力研究所（EPRI）、蓄热应用研究中心以及其他相关组织提供该技术未来前景的引导。

项目方法：该产业评估报告调研了使用蓄能技术的大型工业企业，而其中涉及的蓄能技术应用主要为商用建筑的冰蓄冷技术。该报告囊括了全国范围的调研结果、其他相关报告中的信息、往年由威斯康星大学麦迪逊分校采暖通风与空调系统中心所采集的信息、中心专业技术人员的经验以及九位在商业建筑冰蓄冷方面的权威专家所提供的信息。该报告的研究还包括了对于使用蓄冷、蓄热技术的建筑、产品加工过程以及进气涡轮冷却的组成结构的概览。该报告详述了商用冰蓄冷技术的应用现状。而目的则在于通过以上调研了解到蓄能技术对于产业增长及发展所带来的利弊以及该技术应用的未来展望。

2）Arts and Sciences Park 供冷系统评估

项目背景：Arts and Sciences Park 地区供冷系统为位于市中心的五座大楼提供了空调冷冻水。三年前，该系统的三台冷机开始改为使用无氟制冷剂 R-134a。为了使系统的大部分冷负荷能够使用低价的谷电来满足，该系统安装了一个 147 万加仑的冷冻水储存罐。由于采用了该技术，空调制冷的成本大大下降。然而，一系列的运行以及维保问题却应运而生，其中包括几次重大的制冷机故障，而且系统满足冷负荷的能力也存在一定问题。根据现有情况，项目组确定了 Arts and Sciences Park 的系统存在的如下几个问题：

（1）冷机运行故障；

（2）系统能力是否能确实地满足大楼现有以及未来的冷负荷；

（3）将足够的冷量分配到各个大楼所面临的困难；

（4）系统运行控制的问题；

（5）设备损耗问题。

项目方法：该研究小组分析了造成该系统主机故障的一系列原因，其中包括：

（1）系统中存在密闭（水）问题；

（2）整个系统中有空气进入；

（3）水泵存在气障，阻滞了冷冻水进入冷机；

（4）进入冷机的水流量未得到有效控制；

（5）冷机开闭过于频繁；

（6）其中的一台冷机中安装了尺寸不符的轴承，同样的情况也可能出现在另外两台冷机中；

（7）冷机防故障设备存在故障。

同时，项目组对该系统负责的大楼进行了如下分析：

五座大楼中的 Auditorium and Convention 大楼的室外空气受到了隔阻，无法进入室内以减少冷负荷。大楼中的通风率无法满足美国暖通空调工程师协会 62—1989 标准中关于室内空气质量通风换气的规定以及地方法规规定。地方法规为通风率进行了强制性的法律约束，而美国暖通空调工程师协会的建议规定则是用来解决涉及室内空气质量法律纠纷的依据。

冷凝水未能有效地从该楼的空气处理器排出，导致了保温以及滤网的损坏，并且同时冷凝水的滞留也直接威胁到了室内空气质量。

Science and the Art 博物馆中的温湿度并未获得良好的控制。该博物馆也没能从中央系统中获得足够的冷冻水量，而该因素是间接导致该博物馆无法维持理想的室内环境的原因。

由于长期暴露于气候环境条件下，该博物馆屋顶的空气处理器也已损耗严重，现状令人担忧。

该研究为改善该地区以及五幢独栋大楼的空调供冷系统的运行提出了以下几条初步建议和措施：

(1) 业主管理层需要保证系统未来的有效运行；

(2) 为了防止将来类似的损耗发生，应尽快采取紧急措施；

(3) 为了保证系统能合理地满足负荷要求，需尽快制订系统运行优化的策略；

(4) 一年中应紧急采取的其他相关措施。

3) 采暖通风与空调系统能源利用及排放模拟

项目目标：消除建筑冷负荷的电能消耗而产生的对环境的影响是直接与发电厂的发电设施相关的。一个发电企业的燃料需求以及废气排放会随着一年中不同的阶段、一天中不同的时段不断变化，而这些变化都是基于为了满足整个供电系统的电力需求而部署的不同类型的发电厂的性能所决定的。供电公司通常会将能够以最经济、节约的方式满足系统负荷的发电厂部署在该地区，也就是说，他们会以最廉价的发电厂类型为基础，之后陆续添加能够满足不同的、更高负荷需求的发电设施，而后者的代价显然会较为高昂。白天，供电公司可能会被迫使用这些效率不高的设备来满足电力高峰负荷；而到了晚上，电力公司则可以通过运行效率较高的那些用来满足“基本荷载”的发电设施来满足电力负荷。另外一个造成能源输送效率低下的原因则是沿程输送损失。这些损失通常是与电网负载成正比的，因此造成了白天较高的损失以及夜晚相对较低的损失。

该项目的目标便是确定环境因素以及末端用户能源消耗对于选用不同发电设施类型和距离规划设计的影响。而这些环境因素将会通过确定因末端用户设备距离条件的不同而产生的能源消耗和排放的方法得以量化。

项目方法：该项研究所包含的一系列任务以及方法概括如下：

(1) 对能源利用领域的现状进行相关的文献检索；

(2) 收集关于上述两种完全不同的、拥有众多不同类型发电设备的公共发电企业的数据和信息；

(3) 寻找能源需求以及排放的关系，将其作为描述不同发电企业电器载荷的函数；

(4) 开发一套能描述学校以及大型商用办公楼时均冷负荷的软件；

(5) 确定由于使用不同制冷方式的两建筑物间距不同所产生的能源消耗以及排放量，包括：

① 电制冷机组直接满足负荷需求；

② 使用水蓄冷的电制冷机组；

③ 使用冰蓄冷的电制冷机组；

④ 直燃型双效吸收式溴化锂制冷机组直接满足负荷需求。

3.2 研究机构建筑节能科研动态

美国能源部在建筑节能领域主要有四个国家实验室。

3.2.1 西北太平洋国家实验室（PNNL）

西北太平洋国家实验室（Pacific Northwest National Laboratory），是美国能源部国家实验室之一，自 1965 年成立至今。基础研究领域主要有十个核心：化学与细胞科学、生物科学、气候变化科学、化学工程、应用材料科学与工程、应用核科学与工程、计算机科学、系统工程以及大型设施与仪器设备。在这些基础研究领域的基础上，成立了三大研究机构：能源与环境、基础与计算科学、国家安全。

建筑能源系统与技术组是能源环境机构下的分支之一，主要的研究领域有工业应用蓄热技术、可持续设计与发展、建筑系统和能源技术分析、碳排放管理。目前的研究工作有未来电力（FutureGen）、可持续绿色建筑的性能测试、美国暖通空调工程师协会低能耗建筑设计指南等项目。

1. 未来电力联盟

2010 年 9 月，未来电力联盟（FutureGen Alliance）与美国能源部签订了 FutureGen 2.0 二氧化碳管网及二氧化碳储存地点的建筑等方面的协议。

未来电力联盟的成立是为了与美国能源部合作完成"未来电力"项目，是该项目的主要参与者。联盟的主要任务是研发和示范近零碳排放技术，联盟成员有全球范围内较大规模的煤炭生产企业、煤炭用户和煤炭设备供应商（表 3-5），这些成员的加入确保了煤炭行业所能发挥的积极作用。在"未来电力"这一理念的商业化推广过程中，先进技术开发的成本和风险也能够由国家部门和企业共同承担。

未来电力联盟中来自全球的 10 家电力公司　　表 3-5

公司名称	总部所在地
英美资源服务有限公司(英国) (Anglo American Services(UK)Limited)	英国伦敦
比和比拓煤炭矿业公司(美国) (BHP Billiton Energy Coal Inc.)	澳大利亚墨尔本
卡特彼勒公司(Caterpillar Inc.)	美国伊利诺伊州皮奥里亚市
中国华为集团(China Huaneng Group)	中国北京
康寿能源有限公司(CONSOL Energy Inc.)	美国宾夕法尼亚州匹兹堡
意昂集团(美国)(E.ON U.S. LLC)	美国肯塔基州路易斯维尔市
基金会煤炭总公司(Foundation Coal Corporation)	美国马里兰州
皮博迪能源公司(Peabody Energy Corp.)	美国密苏里州圣路易斯市
美国力拓能源服务公司 (Rio Tinto Energy America Services)	美国怀俄明州吉列市
Xstrata 煤炭有限公司(Xstrata Coal Pty Limited)	澳大利亚悉尼

全球经济发展需要大量的燃料供给，其关键是经济适用、安全、有保障的电力供应，在此基础上，未来电力联盟认识到了煤炭在全球电力供应中的地位，以及从煤炭中获取清洁能源这类新技术开发的重要性。

美国"未来电力"项目 FutureGen2.0 是 2003 年由美国总统布什提出并宣布启动的，该项目的基本目标是消除煤制氢气、电力联产过程中产生的环境影响，尤其是二氧化碳排放对气候变化的影响。计划建造世界上首个近零碳排放的燃煤发电示范电站，该电站的装机容量为 27.5 万 kW（净出力）。

该电站以联合循环发电技术（IGCC）为核心，集煤气化、制氢、碳收集等先进技术于一体，每年将有约130万吨二氧化碳（超过排放量的90%）就近储存在地下。

“未来电力”项目采用的技术路线是，首先利用煤气化技术，将煤、氧气、水蒸气转化为富氢合成气（煤气）；然后通过变换反应器，将合成气转化为主要成分是氢气、水蒸气和二氧化碳的混合物；经分离后，氢气通入燃气轮机或燃料电池进行发电，或作为化工厂和炼油厂的原料；水蒸气经过冷凝、处理后循环进入制气化炉中，或进入电厂的冷却水回路；二氧化碳将长期被埋存到地下的深层地质构造中，实现近零排放。

该项目由美国能源部主导，未来电力联盟负责具体的实施工作，包括示范点站的设计、开发和运行。经过了长达2年的招标和评估后，联盟于2007年11月宣布了项目的主机站点，美国伊利诺伊州科尔斯县马顿镇（Mattoon Township，Coles County，Illinois），该地点的确定通过了国家环保局（NEPA）严格的环境审查，项目建设于2009年启动，预计电厂将在2012年开始全面运行。

项目预计总成本（包括建设和运行）为18亿美元。美国能源部与未来电力联盟签署了正式合同，指出74%的项目费用由美国能源部提供，其余26%由企业提供。预计至2020年，60%人为造成的温室气体排放将来自发展中国家，鉴于此，美国能源部欢迎并鼓励国外知名能源企业，并邀请国外政府合作伙伴加入“未来电力”项目，与此同时，能够扩大该项目成果的接受度、适用性和影响，有助于达成煤炭和埋存技术结合在应对全球气候变化和确保能源安全方面作用的国际共识。至2008年1月，已有多个国家政府已表示愿意加入该项目，并承担一定的费用，其中包括中国、印度、澳大利亚、韩国和日本。

2. 可持续绿色建筑的性能测试

该项目的主要工作是对整个建筑运行性能进行评估分析，并通过可持续绿色建筑与典型设计建筑之间的对比，研究美国总务管理局建筑设计的理念、建筑的施工建造以及建筑的运行等有关技术。主要对全美范围内14幢美国总务管理局建筑进行整个建筑性能的评估，评估内容包括：能源、水资源、运行和维护、废弃物及其回收利用、交通以及人员舒适度，其中8幢建筑获得了绿色建筑评估体系认证。

3. 美国暖通空调工程师协会低能耗建筑设计指南

为了降低建筑能耗，美国能源部通过建筑技术项目确定发展目标：即在2025年完成零能耗建筑的技术与设计方法。该项目的目标则是推出一整套的节能措施使小型办公建筑能耗能够降低至50%，并在5年以内回收所有节能措施的初投资。50%的节能目标是建立在美国国家标准学会、美国暖通空调工程师协会、北美照明学会的90.1—2004标准最低要求的基础上的（表3-6）。

美国暖通空调工程师协会低能耗建筑设计指南　　表3-6

建筑元素	节能措施	建筑元素	节能措施
建筑围护结构	外墙与屋面保温	建筑人员、照明与设备	人员感应器
	窗户与遮阳系统		内部照明
	南向窗户		建筑外部灯光控制
	冷屋面		外区自然采光控制
建筑空调系统	一体式及分体式热泵系统		办公设备
	独立新风系统		插座设备
	风系统设计		—
	燃气式热水器		—

1）美国联邦能源管理项目

美国联邦能源管理项目（Federal Energy Management Program）是美国复苏和再投资法案（American Recovery and Reinvestment Act）下的联邦能源管理项目，是在2009年2月由美国国会通过的一项经济刺激法案。

建筑能源系统与技术部门的J. Arends与WF Sandusky对该法案下就提高联邦建筑运行能耗等再投资方面进行了详细的建筑能源审计及报告（表3-7）。

建筑能源审计及报告 **表3-7**

联邦能源管理项目	推荐节能措施	新能源
美国海关边境保护管理大楼以及实验楼，斯普林菲尔德，弗吉尼亚州	(1)变风量系统静压重置； (2)空气处理机组送风温度重置； (3)需求控制通风系统(二氧化碳感应器)； (4)夜间温度设定； (5)空调系统人员控制； (6)更换冷机	(1)太阳能热水器； (2)太阳能发电系统(70kW)
美国海关边境保护管理大楼以及实验数据中心，斯普林菲尔德，弗吉尼亚州	(1)提高数据中心设定温度； (2)空气处理机组送风温度重置； (3)需求控制通风系统(二氧化碳感应器)； (4)感应式水龙头； (5)感应式冲水器； (6)吊顶保温； (7)数据中心空调机组	(1)太阳能热水器； (2)太阳能发电系统
美国海关边境保护管理大楼以及实验室，休斯敦，得克萨斯州	(1)优化空调机组启动模式； (2)节假日运行控制； (3)空气处理机组送风温度重置； (4)VAV变风量静压重置； (5)冷水温度重置； (6)热水温度重置； (7)感应式水龙头； (8)感应式冲水器	(1)太阳能热水器； (2)太阳能发电系统
美国总务管理局，约翰W. 布里克联邦大楼，哥伦布，俄亥俄州	(1)优化空调系统启动及停机模式； (2)送风温度重置； (3)变风量系统静压重置； (4)非人员区域温度控制； (5)锅炉(废气控制阀)； (6)建筑系统调试	(1)太阳能热水器； (2)太阳能发电系统
美国总务管理局，美国海关货物检测局，底特律，密歇根州	(1)变风量系统静压重置； (2)空调机组增设混合空气温度感应器； (3)更换锅炉； (4)更换高能效水泵机组； (5)更换热水器； (6)更换燃气式加热器； (7)停车场照明节能； (8)系统调试	(1)太阳能热水器； (2)太阳能发电系统
美国总务管理局，约翰赛柏林联邦办公大楼以及当地法院，亚克朗市，俄亥俄州	(1)优化空调系统启动及停机模式； (2)变风量系统静压重置； (3)锅炉(废气控制阀)； (4)建筑系统调试	(1)太阳能热水器； (2)太阳能发电系统

续表

联邦能源管理项目	推荐节能措施	新 能 源
联邦航空管理局，机场指挥塔台以及后勤大楼，里诺，内华达州	(1)变风量系统静压重置； (2)送风温度重置； (3)需求控制通风系统(二氧化碳感应器)； (4)数据中心房间免费供冷； (5)节能器(Economizer)优化利用； (6)空调系统人员感应器； (7)超声波加湿器	(1)太阳能热水器； (2)太阳能发电系统
联邦航空管理局，机场指挥塔台以及后勤大楼，博伊西，爱达荷州	(1)变风量系统静压重置； (2)需求控制通风系统(二氧化碳感应器)； (3)照明及空调系统人员感应器； (4)超声波加湿器； (5)感应式水龙头； (6)感应式冲水器	(1)太阳能热水器； (2)太阳能发电系统
联邦航空管理局，机场指挥塔台以及后勤大楼，拉斯维加斯，内华达州	(1)变风量系统静压重置； (2)送风温度重置； (3)再热热水温度重置； (4)空调系统人员感应器； (5)冷水热交换器(紫外线)； (6)排风系统热回收	(1)太阳能热水器； (2)太阳能发电系统
联邦航空管理局，机场指挥塔台以及后勤大楼，棕榈泉，加利福尼亚州	(1)供暖温度重置； (2)变风量系统静压重置； (3)节能器优化利用； (4)提高发动机效率； (5)需求控制通风系统(二氧化碳感应器)； (6)空调系统人员感应器	(1)太阳能热水器； (2)太阳能发电系统

2) 建筑能源系统与技术组

(1) 简介

建筑能源系统与技术组（Building Energy Systems & Technologies Group）是西北太平洋国家实验室能源与环境研究机构的分支之一，主要联合政府和企业，共同面临能源、环境与经济体系的种种挑战，如全球气候变化、可持续发展、能源结构优化等。

(2) 研究内容

主要研究领域是工业应用蓄热技术、可持续设计与发展、建筑系统和能源技术分析、碳排放管理。

① 热能存储技术与工业应用

考虑将燃气轮机燃烧技术用于发电，以提高系统产热性能，并采用蓄热技术满足日常用热需求，冷却入口空气还可以提高燃气轮机的输出容量。

② 建筑与设备能耗分析

先进的计量与数据采集技术、建筑模拟工具、用能优化工具以及其他统计与分析工具的综合应用可用于深入研究建筑用能系统的运行情况，包括低层住宅建筑、商业建筑、大型综合性建筑和工业建筑。西北太平洋国家实验室工作团队兼顾测量装置、数据收集和数据分析等各环节，连续收集完整可靠的数据，进行合理的分析。

主要工作有：

a. 能源系统性能评价。

b. 建筑模拟与能耗模型，为建筑与设备运行管理决策提供技术支持。

c. 能源标准与用能规范，包括：

a）开发标准、规范要求的审核工具；

b）产品标准制定，产品类别主要有单元式空调器、热泵、组合式锅炉、热水器、自动售货机、制冷设备等。

d. 为美国联邦能源管理项目等政府工作提供技术支持。

e. 运行管理与计量。

③ 碳排放管理

西北太平洋国家实验室技术分析部门不断将碳排放管理从模拟推广到应用，从理论应用到实际，如全球范围内二氧化碳收集和储存（CCS）的经济模型研究，在二氧化碳收集和储存系统的提出和推广方面，西北太平洋国家实验室起到了重要的作用。

西北太平洋国家实验室建立了两个模型：

a. 微型气候评价模型（Mini Climate Assessment Model）；

b. Battelle 二氧化碳地理信息系统（Battelle CO_2-GIS）。

进行气候变化应对政策和节能技术应用的经济性和区域性评价。

④ 可持续设计

西北太平洋国家实验室对可持续建筑设计和建筑性能的监控与测量方面有着广泛深入的研究和丰富的经验，具备高水平的专业技能。技术分析部门中有一些得到了美国绿色建筑协会能源发展与环境设计认证系统认可的专家来领导可持续设计工程团队，这些专家会针对办公建筑、学校建筑和研究实验室等项目，引导设计团队进行集体讨论、设计审查和参与团队设计。

主要工作有：

a. 建筑用能测量，拟订建筑整体效能测量数据采集草案，进行数据收集和案例分析。

b. 设计支持：

a）“绿色”设计规范；

b）西北太平洋国家实验室校园开发；

c）美国联邦能源管理项目可持续设计提供技术支持，如美国总务管理局幼儿园、美国总务管理局法院、军用设备用能设计、美国国家海洋和大气局（NOAA）设备；

d）从设计上考虑可持续性（或称设计环保化）。

c. 评价与开发：

a）可持续设计工具的评价；

b）工具开发，包括能源设计指南和软件开发；

c）可持续设计与开发人员的培养。

d. 其他：

a）生物智能技术分析；

b）污染防治方面的培训和技术支持；

c）环境科学与工程领域的教育活动。

小结

西北太平洋国家实验室技术分析部门首先将碳排放管理从模拟推广到应用，从理论应用到实际，如全球范围内二氧化碳收集和储存的经济模型研究中，建立了微型气候评价模型和 Battelle 二氧化碳地理信息系统，用于气候变化应对政策和节能技术应用的经济性和区域性评价。

3.2.2 劳伦斯伯克利国家实验室（LBNL）

1. 研究人员及主要研究领域

劳伦斯伯克利国家实验室（Lawrence Berkeley National Laboratory）是美国的一个大型多

学科研究中心，是能源部的多功能实验室之一，由加利福尼亚大学进行具体管理。位于美国加利福尼亚州的劳伦斯伯克利国家实验室，与加利福尼亚大学伯克利分校紧邻。以它的奠基人物理学家 Ernest Orlando Lawrence 的姓和该实验室的所在地命名。其前身为劳伦斯 1931 年创建的辐射实验室的伯克利部分。该实验室早期关注于高能物理领域的研究。目前，实验室下设 23 个研究所和研究中心，涵盖了高能物理、地球科学、环境科学、计算机科学、能源科学、材料科学等多个学科。近年来在环境问题的分析和新能源技术，特别是地热能源、矿物燃料、太阳能及核聚变的发展方面也进行了大量的研究。

目前，劳伦斯伯克利国家实验室有 4200 余人，2010 年研究经费预算达到 7.07 亿美元，另外，还有美国复苏和再投资法案下的 1.04 亿美元的经费。

能源环境技术研究中心的主要研究领域包括：先进能源技术、大气科学、建筑技术、能源分析以及室内环境。建筑技术部门下设六个研究小组，研究方向包括窗户与自然采光、照明系统、需求响应、计算模拟、商业建筑系统、技术应用等。

1）窗户与自然采光

窗户与自然采光研究小组的研究领域包括新型玻璃材料、窗户模拟软件、先进的高性能窗户系统、自然采光技术、玻璃性能测试、窗户在居民建筑与商业建筑中的性能等。

2）需求响应

需求响应研究中心（Demand Response Research Center）是由加州能源委员会（California Energy Commission）下属的 Public Interest Energy Research 所成立，并由劳伦斯伯克利国家实验室管理和领导。

需求响应是指电力市场的一种动态管理机制，旨在管理用户需求侧的电力需求以响应电力市场供应侧的变化。例如，用户侧可以通过降低电价峰值时段的电力需求来应对电力市场的价格，另外一方面，电力用户响应电价变化或激励机制，改变其固有的电力消费模式。从电力市场供应侧角度来看，需求响应是利用价格信号和激励机制，促使需求侧管理在竞争性电力市场中的发展，并以此保证系统的安全、可靠、经济运行。

目前，需求响应有三种实现方法：①人工需求响应控制：通过需求侧用户本身手动控制建筑照明或设备的运行；②半自动需求响应控制：通过需求侧建筑能源管理系统（Building Energy Management System）实现整个楼宇的自动需求响应控制，但前提是需要管理人员提前在建筑能源管理系统设定需求响应控制策略，并在一定时刻启动该控制策略；③自动需求响应控制：通过建筑能源管理系统接收外部需求响应信号来激发预先设定的需求响应的控制策略。另外一个重要的概念是当建筑末端设备的电力需求未能达到预期时，建筑管理人员可以自行跳过或改变所激发的需求响应控制策略。

3）热容量转移技术

利用建筑物本身的蓄热特性，通过改变建筑空调系统的运行工况，从而实现降低建筑峰值的电力需求的目的。例如，夏季高温时段提高室内空调设定温度、提高空调系统送风温度等措施来降低空调系统的电力需求。由于建筑物本身固有的蓄热特性，降低空调系统负荷的同时，室内温度则会维持在一定的舒适度范围内。

4）需求侧综合分析项目

需求侧综合分析项目（Program and Tariff Analysis）的主要目的是鼓励随价格变化的需求侧负荷，例如实时电价（Real-Time Pricing）、峰值电价（Critical Peak Pricing）及需求响应等。同时，调查研究需求侧用户对不同费率的接受程度和反应，以及用户的费率选择。

另外一种重要的计算方法就是通过计算模拟得出用户侧的负荷需求。

2. 基于Modelica模拟元件的建筑能效管理系统

Modelica是一种面向对象，基于数学方程语言来模拟比较复杂的物理系统，例如机械、电气、电子、液压、传热、控制、电力等或面向过程的物理系统。建筑空调与控制系统下的Modelica数据库旨在能够更加方便自由地模拟计算建筑能耗与相关控制系统，并能够快速分析新建建筑或既有建筑内的节能技术措施的效果。

Modelica建筑系统数据库的开发目的：①快速地模拟新型建筑系统；②既有建筑系统的模拟分析；③新型控制系统的开发与测试；④建筑系统运行过程中能耗利用的最小化，以及故障检测与诊断；⑤根据用户本身的要求，激励用户自主开发的能动性；⑥提供一个开放性的模拟平台，以满足用户的需要。

3. 建筑虚拟监管平台

建筑虚拟监管平台（BCVTD）是能源与环境学院（EETD）下属建筑模拟小组开发的一个软件，基于托勒密Ⅱ的软件环境。为中高级用户提供一个开放的软件平台，在该平台上可以实现计算机模拟工具之间的数据交互。例如，可以通过MATLAB/Simulink对EnergyPlus建筑能耗模型定义控制逻辑，即实现模拟过程中的数据交换。

4. 能源信息系统

能源信息系统（Energy Information Systems）是通过监测软件、数据记录硬件以及用以存储、分析及建筑能耗数据显示等的一套系统。例如，能源信息系统可以允许用户通过网络的途径了解建筑的逐时用电负荷，并通过能源信息系统内的数据处理系统进而分析建筑所需求的电力负荷的工况。

5. 数据中心系统的能效评价系统

该项目通过调查的方式讨论了数据中心系统的能效指标和基准，评价指标包括数据中心系统能效、数据中心温度与湿度范围、回风温度、不间断电源系统（UPS）负荷系数及能效、空调系统能效、空气节能器（Air Economizer）的使用情况等。

3.2.3 橡树岭国家实验室（ORNL）

1. 简介

橡树岭国家实验室（Oak Ridge National Laboratory）成立于1943年，是美国能源部所属最大的研究实验室，现由田纳西大学（The University of Tennessee）和Battelle纪念研究所共同管理。橡树岭国家实验室的科技人员从事多领域的科学技术研究，在许多科学领域中都处于国际领先地位。

橡树岭国家实验室的任务主要可概括为四个方面：

（1）开展基础和应用项目的研发，提供知识和技术上的创新方法，增强美国在主要科学领域里的领先地位；

（2）提高洁净能源的利用率；

（3）恢复和保护环境；

（4）为国家安全作贡献。

除上述之外，橡树岭国家实验室还协助美国能源部进行信息管理、技术项目管理、研究和技术支持等工作。

橡树岭国家实验室在建立之初被命名为克林顿实验室，建立的目的是为了保证第二次世界大战期间曼哈顿计划的顺利完成，进行钚（94号元素）的规模生产和分离。在此基础上，该实验室逐步发展成为美国国内首屈一指的科研机构，并将研究工作拓展到各个重要领域。

目前，实验室的主要研究工作集中在高性能计算机、先进材料、生物系统、能源、制造业、纳米技术、国家安全、中子科学、研究设备等方面。

2. 橡树岭国家实验室的能源科学与技术研究

如今，橡树岭国家实验室已成为世界能源与环境研究领域的权威，尤其在能源生产、分配和使用过程中，能源技术与决策的社会影响这两个方面。

能源的安全、高效和清洁使用一直是橡树岭国家实验室的长期目标，其研究工作不仅着眼于能源技术的发展，还非常注重能源科学的基础研究，为技术研究工作提供强大的支撑力量。

橡树岭国家实验室下属多个研究部门，其中有生物科技中心、能源与环境科学中心、纳米技术应用中心、核能科学与工程部，涉及的工程领域有电力输送技术、节能与发电技术、能源效率与可再生能源、能源与交通运输、燃料循环使用、核聚变、核能利用安全技术、非反应堆核设施、反应堆和核电系统、工业技术等。

3. 橡树岭国家实验室的能源效率与可再生能源研究

1）研究领域

一直以来，橡树岭国家实验室为能源部能源效率与可再生能源办公室提供关键的技术支持，主要进行三个领域的研发工作，分别是可持续电力、可持续生产过程和可持续交通系统。

（1）可持续电力

该项目的工作重点是建立安全可靠的电力系统，综合考虑电力的集中生产和输配，满足不断增加的电力需求，提高能源生产和使用过程中的能源效率，扩大能源的选择范围。

能源效率与电力技术研究主要为能源部能源效率与可再生能源办公室和能源部电力办公室开展的多个项目提供技术支持，主要包括：

① 建筑技术项目，目标是至 2020 年实现住宅建筑零能耗，至 2025 年实现各类建筑零能耗；

② 联邦能源管理项目，主要是能源项目融资、合同能源管理、节能技术评估、工业设备能效评价、技术培训指导等方面；

③ 地热能利用技术项目，橡树岭国家实验室主要进行极端环境材料研究、地源侧系统模拟工具研究和地源热泵系统综合优化设计；

④ 太阳能技术项目，主要涉及光伏合成材料的生产、太阳能跟踪装置、探测器和控制器、电子产品和系统集成；

⑤ 风力和水力发电项目，主要进行能源评估、湍流流场测试分析、涡轮叶片转子材料开发和测试、可靠性分析、综合发电系统优化模型、环境响应的量化研究；

⑥ 电力输配技术创新，以减少线路损耗，提高电网的安全可靠性和发电效率。

随着智能电网的应用，为电脑黑客们提供了可乘之机，为了保证电力网络的安全性，2010 年 10 月 7 日起，橡树岭国家实验室将开展国家电网安全工作的技术研究和应用。

（2）可持续生产过程

该项目主要涉及材料科学研究、开发和应用，推广有助于提高工业能源效率的材料开发应用、生产过程、设备和策略实施，并与工业企业合作将科研成果转化为实际能源方案。

可持续生产主要参与的能源效率与可再生能源办公室项目有如下三个。

① 工业技术项目

橡树岭国家实验室在材料技术、响应和分离技术、纳米技术、替代能源和原料、控制器和感应器、热电联产和工业能效评价实践等领域具有国际领先地位，该项目通过与工业企业的积极合作，减少工业用能，提高企业竞争力。

② 化石能源计划

在能源部化石能源办公室、能源部国家能源技术实验室、能源部洁净煤化石能源技术项目、能源部国家石油技术办公室，以及能源部化石能源办公室石油储备战略的支持下，该项目与橡树岭国家实验室共同承担能源部化石能源高级研究材料计划（包括能源部和其他政府机构实验室、高校以及工业组织的研究）的技术管理工作。

③ 国防安全项目

美国国防部高级研究计划局（DARPA）与橡树岭国家实验室能源材料办公室保持着密切的合作关系，希望将其核心研究成果有效地转化到军事应用中，为此，橡树岭国家实验室设立了美国国防部高级研究计划局项目办公室。

(3) 可持续交通系统

橡树岭国家实验室可持续交通系统的研究和开发工作需综合考虑先进技术、设备，以及汽车、燃料、运输、基本设施等相关内容，并长期与政府、企业、学术机构合作，共同推广技术创新的市场应用，以增强汽车使用的灵活性、经济性和能源安全，同时减少交通运输系统对环境的影响。

可持续交通系统涉及的能源效率与可再生能源办公室项目有如下三个。

① 汽车技术项目

主要涉及动力设备、电机设备、燃料使用、内燃机、车辆工程、政策决策支持、数据收集、模型建立、运行分析、新型材料和能源储存等领域。

② 生物质能应用项目

主要通过生物质能原料处理和转化技术的研究，将丰富的生物质可再生能源转化成低成本、高性能的生物燃料、生物产品和生物电力。

③ 燃料电池技术项目

橡树岭国家实验室参与了燃料电池的材料、部件和生产过程，氢燃料输送材料，制氢方法，氢储存技术，氢燃料经济模型的研究开发工作。

2) 研究项目

橡树岭国家实验室能源效率与可再生能源研究进行的技术项目主要有生物质能技术、建筑技术、电力输配、能源管理、地热能应用技术、氢燃料电池技术及设施、工业技术、太阳能应用技术、运输系统相关技术、风力水力发电技术等。

(1) 零能耗建筑研究

随着社会对可持续建筑设计及相关技术的不断关注，美国能源部宣布新一轮的投资计划，旨在支持零能耗建筑领域的研究。2009 年 11 月，美国能源部下拨 2020 万美元研究经费给橡树岭国家实验室，用于推进和扩大建筑技术研究中心内的建筑结构实验室。除此以外，还建立了 2 幢不同建筑结构的建筑（钢结构与钢筋混凝土结构）用以研究商业建筑结构的节能效果。

橡树岭国家实验室的建筑技术研究工作是由建筑技术研究中心（Building Technologies Research and Integration Center）负责的，研究中心的任务是评估、开发并应用可持续绿色建筑系统，及形成公共部门与私营行业之间的伙伴关系，以达到技术开发和市场推广的目的。

前已述及，橡树岭国家实验室的建筑技术研究目标是实现零能耗建筑，所谓零能耗建筑即是每年自身产生建筑使用所需的能源使用量，这一目标的实现过程中需要低成本、市场化的建筑组件和技术。

降低建筑的能源使用和碳足迹是缓解气候变化的重要手段，同时也面临着巨大的挑战。美国建筑部分碳排放和一次能源使用量分别占全国总量的 39％和 40％，电力用量占 73％，天然气用量占 55％。由于经济性高的可再生能源技术（包括光伏发电、日光照明、太阳能热水器、地源热泵空调与热水采暖技术）在建筑中的应用，使得建筑节能的重要性大大提高。

橡树岭国家实验室能源与环境可持续建筑环境研究主要针对住宅建筑、商业建筑、新建建筑和既有建筑，并拥有深厚广泛的技术基础。

其中主要涉及的合作项目有：

① 建筑围护结构；

② 太阳能技术项目；

③ 冷热电联产系统；

④ 建筑/小区设计一体化；

⑤ 住宅、商业、工业建筑节能。

2009年11月25日，橡树岭国家实验室宣布将进行一系列的深度能源改造研究项目，将项目所选定的住宅建筑的用能效率提高30%～50%。

(2) 地热能应用技术

橡树岭国家实验室作为能源部下属的国家实验室，与企业和学术机构共同参与能源效率与可再生能源办公室的地热能应用技术研究项目（Geothermal Technologies Program）。

近20年的技术研究工作为地热能应用技术研究项目提供了各类有效的数据信息，同时也说明了高效可靠的技术研究的必要性，该项目通过对地热能应用系统的研究、开发和应用示范来探索和使用遍布在全国各地的地热资源，提供丰富、清洁、可再生的能源。

其中主要的研究领域有以下5个：

① 地热能应用系统技术优化；

② 地下水力发电；

③ 低温热源；

④ 战略计划、系统分析和地热信息；

⑤ 技术验证和评价。

在上述领域范围内，地热能应用技术研究项目已联合合作伙伴开展了约170项研究、开发和示范工程项目，支持将各种先进技术应用于地热系统中，并进行广泛的系统分析来支持和指导项目进展。

小结

(1) 2009年11月，美国能源部下拨2020万美元研究经费给橡树岭国家实验室，用于推进和扩大建筑技术研究中心内的建筑结构实验室。除此以外，还建立了2幢不同建筑结构的建筑（钢结构与钢筋混凝土结构）用以研究商业建筑结构的节能效果。

(2) 随着智能电网的应用，为电脑黑客们提供了可乘之机，为了保证电力网络的安全性，2010年10月7日起，橡树岭国家实验室将开展国家电网安全工作的技术研究和应用。

(3) 2009年11月25日，橡树岭国家实验室宣布将进行一系列的深度能源改造研究项目，将项目所选定的住宅建筑的用能效率提高30%～50%。

3.2.4 国家可再生能源实验室（NREL）

1. 国家可再生能源实验室简介

美国国家可再生能源实验室（NREL）成立于1974年，它是美国首个可再生能源和节能技术研究发展中心，也是美国能源部直属的国家级实验室，为能源部提供技术支持。国家可再生能源实验室的研究工作多以市场为目标，加快将能源技术创新转化为市场可行的替代能源方案的步伐，这一战略方向的核心是国家可再生能源实验室的研究和技术开发，包括可再生能源的应用研究，可再生能源向可再生电力和燃料的转化，以及可再生电力和燃料在住宅、商业建筑和交通工具上的终端使用。

国家可再生能源实验室起初专注于太阳能的开发利用，后来扩展到可再生能源的各个领域，目前的技术研究领域主要是可再生电力和燃料、综合能源系统工程与测试以及能源战略分析，并为实现国家的新能源目标而不断挖掘建筑、商业和汽车行业的可再生动力。整个研究过程涵盖了基础科学研究，工程应用研究，技术测试、推广和示范等环节，以保证高水准的可再生能源与节能技术研究工作。

该实验室提出了“清洁能源创新战略”，为国家能源结构逐渐向清洁、高效和可再生能源转变提供了有效的综合指导。

该实验室的一个重要职能就是将技术开发市场化，并为此设立了技术转化办公室，专门负责实验室开发技术的实践应用和市场推广（表 3-8）。

国家可再生能源实验室的主要研究工作 **表 3-8**

能源分析	科学技术	技术商业化	技术应用
(1)市场分析； (2)政策分析； (3)可持续分析； (4)技术系统分析	(1)新型汽车和燃料； (2)基础科学； (3)生物智能技术； (4)建筑科学； (5)计算机技术； (6)电气设施系统； (7)地热能应用技术； (8)燃料氢电池； (9)太阳能应用技术； (10)风能应用技术	(1)技术合作； (2)技术专利； (3)科研设施	(1)企业机构； (2)美国国家和地方政府； (3)地方社区； (4)国际组织和其他国家； (5)政府

多年来，经过与许多机构、企业的研究和专利技术合作项目，国家可再生能源实验室已成为使技术在市场中得到迅速部署的典范。

2. 国家可再生能源实验室在建筑领域的研究

在建筑节能技术研究领域，国家可再生能源实验室一直走在最前沿，致力于减少建筑用能，提高建筑能效，加速可再生能源在建筑中的应用推广。

作为具有领导实力的国家级研究机构，国家可再生能源实验室将建筑研究与可再生能源和创新技术进行了有机结合，并得到了广泛的社会和行业认可。该部分研究活动主要集中在能源分析工具应用、建筑设计一体化、建筑技术创新这三个方面，推动了节能技术和可再生能源技术在住宅建筑和商业建筑市场的应用。

1) 能源分析应用工具

美国能源部的目标之一是建设经济适用型高能效建筑，国家可再生能源实验室为此提供专业的技术支持，在此过程中，只针对单一建筑构件（如外窗、家用电器、采暖供冷设备、照明等）提高用能效率是远远不够的，需要采用创新的建筑设计和运行方法，才能达到节能60%～70%的目标。

建筑优化设计对于高能效节能建筑是必不可少的，通过对新建、既有建筑和建筑设备的管理维护，业主和建筑管理者不仅能够改善建筑用能效率，还能拥有舒适的室内环境，为此，国家可再生能源实验室以数据库和软件为主要形式开发了一系列建筑优化设计工具，促进建筑优化方法的发展应用。

2) 数据库

(1) 高性能建筑数据库（High Performance Buildings Database）

近年来，可持续绿色建筑及低能耗建筑成为建筑领域的发展趋势，但另一方面，建筑专业人员并没有专门用以收集建筑设计方面的节能性能评价信息的数据库，他们从各种渠道收集相关建筑性能信息，却由于各种评价建筑性能的方法的差别，难以获取准确的评价结果。因此，美国能源部提供研究经费来开发高性能建筑信息数据库，旨在通过收集影响建筑能源使用性能及环保性能方面的数据，进而改进建筑性能评估方法。该建筑数据库覆盖世界各地不同气候条件下的建筑，从居民建筑到大型商业建筑，甚至整个居民社区和校园等建筑类型。目前，越来越多的企业和业内参考了该高性能建筑数据库内的相关建筑，诸如绿色建筑设计理念、低能耗建筑系统设计策略等。

(2) 生命周期清单数据库

如何能够准确地评价建筑材料对环境的影响是可持续绿色建筑、低碳建筑等领域内一个重要的问题，业内专家和学者经常在数据的可信性方面产生分歧，难以找到一致的、可信的、公开的数据，以得出正确的环境影响评估结果。国家可再生能源实验室及其合作单位则研究开发了这样一套生命周期清单数据库（Life-cycle Inventory Database），以帮助业内专家学者在评估环境影响的过程中有一个相同的平台和评价基准。基于“从摇篮到坟墓”的理念，该数据库提供了各种建筑材料在生命周期不同阶段（原材料→生产→运输→使用→废弃或回收）的能源使用情况及对环境的影响。

(3) 住宅建筑节能数据库（Residential Efficiency Measures Database）

公开、准确的能效测量信息对于既有住宅建筑用能效率的提高有着非常重要的作用，国家可再生能源实验室正努力建立这样一个数据库，鼓励业内企业参与和提供数据信息，旨在收集大量的住宅建筑改造工程测量数据及相关费用估算，将其用于既有住宅建筑节能工具（软件）开发，进行最经济的节能措施选择和方案确定。

3) 能耗分析模拟工具

创新型设计过程需要强大的能耗模拟工具对建筑用能需求和能源供应技术进行评估，在整个建筑设计和运行生命周期中针对不同的设定值进行模拟。新型模拟软件需对建筑自控系统及其对建筑用能的影响、最大负荷、设备选型、室内舒适性进行计算模拟，为建筑性能优化提供有力的参考。

国家可再生能源实验室开发了多个用于评估建筑能效、可再生能源应用和建筑可持续性的能耗模拟工具，适用于住宅建筑和商业建筑，主要有以下几种：

(1) BEopt（建筑节能优化工具）；

(2) BESTEST（建筑能耗模拟测试工具）；

(3) BESTEST-EX（既有住宅建筑能耗模拟测试工具）；

(4) ENERGY-10；

(5) EnergyPlus；

(6) Opt-E-Plus（EnergyPlus 优化管理工具）；

(7) SUNREL，是 SERI-RES 的升级版，尤其适用于被动式太阳能建筑，采用太阳能吸热壁、新型节能窗、可调窗体遮阳技术、蓄能技术（主动蓄能、被动释能）或自然通风的建筑；

(8) Weather File Generator for Energy Modeling（能耗模拟气候文件）。

除上述模拟工具之外，国家可再生能源实验室还通过建筑能耗模拟为美国能源部的建筑能源法规制定提供技术支持。

4) 建筑设计一体化

建筑设计一体化研究包含了综合设计方法和综合设计团队这两个重要的组成部分。该综合设计方法要求所有相关人员都参与到建设过程中，从建设管理者（业主、开发商、建筑设计师、工程师等）到建筑使用者（房主、房客、维修人员、电工等），组成合作团队，共同决策，确定建筑规划、设计和施工方案。与传统建设过程相比，建筑设计一体化不仅采用了整个合作团队进行决策，同时考虑了能耗分析结果，将单独的建筑构件（如外窗、墙体、采暖通风与空调系统、建筑朝向等）整合成一体化建筑，以保证建筑节能和环境目标的实现，综合设计团队和综合设计方法的应用能够取得更明显的节能效果。

经过超过 30 年的研究和实践，国家可再生能源实验室对建筑设计一体化综合设计进行了深入的探索、提高和优化，以改善住宅建筑和商业建筑的用能情况，减少能源消费，提高室内舒适性和用户满意度。

（1）住宅建筑

住宅建筑方面的研究侧重于将不同建筑节能技术推广至居民新建建筑和节能改造等实际工程中，研究领域主要有两方面：建筑系统整合和能耗分析。旨在优化各建筑系统在一体化建筑中的整合性能，而不是仅侧重单一建筑系统的性能。通过对一体化建筑系统的研究分析，进而改进相关建筑系统（如围护结构、设备器具等）。

美国国家可再生能源实验室和能源部的共同目标是将综合节能方案大规模应用于新建和既有建筑改造工程中，降低整体用能，达到 50%的节能效果。国家可再生能源实验室的首个住宅建筑研究合作伙伴是美国能源部，美国能源部多次与国内一些最具创新意识的住宅建筑设计公司、活跃参与既有居住建筑改造工程的承包商合作，在此次合作中，国家可再生能源实验室在研究报告结果的基础上进行了深入的案例研究。

（2）商业建筑

能源信息署 2005 年的商业建筑能耗调查结果显示，1980～2000 年期间的商业建筑能耗翻了一番，而目前的预测结果表明，至 2025 年该部分能耗将再增加 50%。如果建筑本身不能产生足够的能量抵消不断提高的用能需求，商业建筑所需能耗会持续增长。国家可再生能源实验室的目标是，至 2025 年，零能耗建筑成为商业建筑行业内的标准建筑。所谓零能耗，即一年中，建筑作为用能末端产生等同于其消耗的能量，主要通过采用太阳能光伏技术或其他太阳能技术实现。国家可再生能源实验室希望通过综合设计策略使商业建筑设计、建设和运行过程所需能耗减少 60%～70%。

5）新型建筑技术

美国国家可再生能源实验室的建筑研究中，各种建筑技术的开发与测试对提高建筑能效也有着重要作用，其技术研究主要有以下几种：

（1）太阳能光伏建筑一体化（BIPV）。

（2）日光照明（Daylighting）。

（3）电致变色玻璃窗（Electrochromic Windows）。

（4）采暖、通风与空调系统：

① 利用现场发电废热作为建筑采暖、通风与空调系统的系统热源；

② 计算流体力学模拟，主要针对蒸发式太阳能空气加热器、双循环地热能发电系统、聚合物热交换器、自然通风冷却塔、太阳能热水系统中的流体流动和换热性能进行实验和数值模拟。

（5）被动式太阳能技术。

（6）太阳能热水采暖。

小结

（1）国家可再生能源实验室提出了“清洁能源创新战略”，为国家能源结构逐渐向清洁、高效和可再生能源转变提供了有效的综合指导。

（2）美国能源部的目标之一是建设经济适用型高能效建筑，国家可再生能源实验室为此提供专业的技术支持，以数据库和软件为主要形式开发了一系列建筑优化设计工具，促进建筑优化方法的发展应用，其中包括高性能建筑数据库、生命周期清单数据库、住宅建筑节能数据库和多个建筑能耗软件。

(3) 经过超过30年的研究和实践，国家可再生能源实验室对建筑设计一体化进行了深入的探索、提高和优化，以改善住宅建筑和商业建筑的用能情况，减少能源消费，提高室内舒适性和用户满意度。国家可再生能源实验室的目标是，至2025年，零能耗建筑成为商业建筑行业内的标准建筑，通过综合设计策略使商业建筑设计、建设和运行过程所需能耗减少60%～70%，居住建筑节能50%。

3.2.5　国家标准与技术研究院（NIST）

该研究院致力于开发和集成多区域气流和室内空气品质模拟、建筑能耗模拟以及计算流体力学模拟分析。这些工具将用于支持能源、通风以及室内空气品质标准和绿色建筑系统等方面的技术需求。

1. 可持续评价指标和工具

该项目的目标是提供某种手段使建筑在使用寿命期间能够很好地运行，达到该目标的策略是提供技术支持、实测方法和工具，以优化建筑生命周期的性能。

2. 智能建筑代理项目

实现零能耗建筑目标的前提是能够大幅度地降低商业建筑系统的能耗，尽管从一方面通过标准通信协议（例如，BACnet和BACnet/IP）已经取得了建筑控制系统的一体化方面的一些进展，但在智能建筑控制系统领域的进展不大。该项目的重点是开发和测试分布式智能代理，以控制和优化建筑系统。

3. 嵌入式智能建筑

该研究方案的内容包括借助BACnet标准通信协议，完成建筑控制系统的一体化，研究内容还包括空调设备故障诊断评价指标、自动化调试工具、用以优化系统性能的智能代理、智能电网系统的整合、建筑应急系统信息集成。

4. 美国工业化建筑合作项目

美国工业化建筑合作项目旨在降低工业化建筑50%的建筑能耗，同时提高室内空气品质、建筑的耐用性及生产率。

5. 零能耗建筑

建筑设计的目标是零能耗建筑，设计理念是：结合最大限度的建筑能效以及最佳效果的可再生能源系统。

目前新一代的零能耗住房在美国能源部与国家可再生能源实验室的合作下进行设计和建造。

6. 窗体系统

太阳能研究中心主要研究窗户系统的能耗和照度性能，侧重于窗户的太阳得热对建筑空调系统冷热负荷的影响。另外，研究工作还包括自然采光照明的研究、管道式采光系统的性能评估等。

7. 高能效学院项目

该项目则通过对大量节能技术的研究，来降低能耗使用，同时改善学习环境。主要的任务是客观地评价不同节能技术的效果。

8. 绿色标准

自1980年成立建筑部门以来，佛罗里达太阳能中心一直致力于制定建筑标准、设计指南等工作。其中包括美国绿色建筑委员会所制定的LEED 1.0；佛罗里达州绿色建筑协会（Florida Green Building Coalition）也同时参与了佛罗里达州绿色发展标准的制定。

小结

（1）国家标准与技术研究院最新出版了《零能耗建筑的实测评价》和《住宅建筑热泵空调系统制冷模式的故障诊断和调试》。

（2）在智能建筑研究方面，国家标准与技术研究院开展了智能建筑管理项目和嵌入式智能建筑研究项目，促进建筑控制系统的开发和发展，从而控制和优化建筑系统。

3.3 能源研究中心（HUBs）

根据美国能源部所倡议的“能源创新中心（Energy Innovation HUB）”计划，联邦政府承诺在科技方向增加一倍投资，旨在寻求在技术变革方面的突破以面临未来的能源挑战。因此，美国能源部制定了一个具有广泛基础研究的策略以达到这样的目的。

作为实施策略的一部分，美国能源部已经成立了三个能源创新中心，HUBs能源研究中心则是其中之一，作为美国能源部节能建筑系统设计中心。

3.3.1 能源前沿研究中心（Energy Frontier Research Centers）

2009年8月，美国能源部下属的基础能源科学办公室成立了46个能源前沿研究中心（Energy Frontier Research Centers），这些中心涉及大学、国家实验室、非赢利性组织、赢利性公司等，通过独立或合作的方式，每年资助200万～500万美元的为期5年的研究资金。这些综合性的研究中心将进行具有比较大挑战性的基础课题研究，尤其是科学界关注的重点基础研究。中心的任务旨在整合优秀的研究人才及顶尖的科学家，加速研究的进程以解决未来的能源挑战。这些能源前沿研究中心将充分协调各方面的努力，建立一个美国能源经济所需要的科学基础，其结果将加强美国的能源安全及保护未来的全球环境。

基础研究方向：新型核能源系统、能源催化剂、21世纪交通运输燃料的清洁及高效燃烧性能、电力能源蓄存、地球科学（推动21世纪的能源系统）、可再生清洁能源经济（氢经济）、极端环境下的材料科学、太阳能利用、固态照明、超导材料研究等。

研究中心经费（表3-9）

部分能源前沿研究中心信息 **表3-9**

领导机构	地点	州	能源前沿研究中心名称	5年期资金（千万美元）	能源前沿研究中心的目的
亚利桑那州立大学	滕比	亚利桑那	仿生太阳能燃料产品的能源前沿研究中心	1.402	修改自然光合作用的基本原理用于从太阳光中制造氢或其他燃料
亚利桑那大学	图森	亚利桑那	界面科学中心：混合式太阳能—电能材料CIS：HSEM	1.5	通过使用混合有机—无机材料来提高太阳能转换为电能的效率
加州理工学院	帕萨迪纳	加利福尼亚	能源转化过程中光材料的相互作用	1.5	调整先进材料的性质用以控制太阳能和热能的流动
劳伦斯伯克利国家实验室	伯克利	加利福尼亚	地质二氧化碳纳米级控制研究中心	2	建立完善的地质储存二氧化碳的科学基础
斯坦福大学	斯坦福	加利福尼亚	用于提高能源转换效率的纳米结构研究中心	2	设计、制作并表征能够在能源应用中得到广泛使用的纳米材料

续表

领导机构	地点	州	能源前沿研究中心名称	5年期资金（千万美元）	能源前沿研究中心的目的
加州大学伯克利分校	伯克利	加利福尼亚	与清洁能源技术相关的气体分离研究中心	1	设计和合成具有气体分离特性的新型物质，用于碳捕捉和封存
加州大学圣巴巴拉分校	圣巴巴拉	加利福尼亚	提高能效应用的材料研究中心	1.9	研制和开发能够在纳米级别控制光、电和热相互转化的材料，用于改善太阳能转换、固态照明和热电转换
加州大学洛杉矶分校	洛杉矶	加利福尼亚	用于太阳能生产和储存的分子组装材料建筑	1.15	为太阳能转换成电能、电能储存和分离/捕获温室气体应用获取对纳米材料结构的基本了解和控制
南加州大学	洛杉矶	加利福尼亚	太阳能转换和固态照明的新兴材料	1.25	同时探索混合无机—有机材料对于光的吸收和发射特性，以用于太阳能转换和固态照明
国家可再生能源实验室	戈登	科罗那多	逆向设计中心	2	用由理论和计算提供依据的逆向设计过程来替代传统的试验—误差方法，用以进行太阳能转换材料的开发
美国华盛顿卡内基研究所	华盛顿	华盛顿	极端环境下能源前沿研究中心	1.5	加速能够承担极端瞬间压力和温度的能源材料的研发
特拉华大学	纽瓦克	特拉华	用于生物质衍生利用的革新式催化技术的合理设计	1.75	设计和表征用于将由复杂分子结构组成的生物质转化为化学品和燃料的新型高效催化剂
爱达荷国家实验室	爱达荷福尔斯	爱达荷	核燃料材料科学研究中心	1	开发能够通过实验验证的预测型计算模型，用于核燃料的热力学和力学性能的分析
阿尔贡国家实验室	阿尔贡	伊利诺伊	原子高效化学转化研究所（IACT）	1.9	开发、理解和控制用煤和生物质转换为化学品和燃料的高效化学转化途径
阿尔贡国家实验室	阿尔贡	伊利诺伊	电能储存中心：定制接口	1.9	理解对于先进的电能储存十分关键的电化学反应的复杂现象
西北大学	埃文斯顿	伊利诺伊	阿尔贡西北太阳能研究中心（ANSER）	1.9	对分子、材料和过程的设计、合成和控制过程进行革新，以便显著地提高太阳能转换为电能和燃料的效率
西北大学	埃文斯顿	伊利诺伊	远离均衡条件和有适应能力的材料的综合培养中心（CITFAM）	1.9	合成、表征和理解在进行太阳能转换、电能和氢的储存、催化等相关的远离非平衡条件下的新型材料

续表

领导机构	地点	州	能源前沿研究中心名称	5年期资金（千万美元）	能源前沿研究中心的目的
普渡大学	西拉法耶特	印第安纳	生物质直接催化转化为生物燃料研究中心（C3Bio）	2	运用关于催化和植物细胞壁间的相互作用的基本知识，来设计能改善生物质向能源、燃料或化学品转化的过程
圣母大学	西拉法耶特	印第安纳	锕系元素材料科学	1.85	在纳米级别，理解和控制含有锕元素的材料（如铀和钚的放射性重元素），用于为先进核能系统建立科学基础
路易斯安那州立大学	巴吞鲁日	路易斯安那	计算型催化和原子级材料合成：从第一定律合成有效的催化剂	1.25	开发可用于精确模拟催化反应的计算工具，用于为新型催化剂的设计提供依据
麻省理工学院	剑桥	马萨诸塞	固态太阳能一热能转换研究中心（S3TEC Center）	1.75	制造可将太阳能和热能转化为电能的新型的固态材料
麻省理工学院	剑桥	马萨诸塞	激子学研究中心	1.9	理解在合成无序系统中电荷载体的运动规律，此规律对于研制出可用于太阳能转化为电能和电能储存的新型材料有至关重要的作用
马萨诸塞州大学	阿默斯特	马萨诸塞	用于收集太阳能的聚合物材料	1.6	在太阳光转换为电能的系统中使用新的、自组装的高分子材料
马里兰大学	College Park	马里兰	用于电能储存的精密多功能纳米结构的科研中心	1.4	理解和构造纳米级电极组件，用以作为新的电能储存技术的基础
密歇根州立大学	东兰辛	密歇根	用于固态能量转换的革命性材料	1.25	研究将热能转换为电能的先进材料的基本物理和化学原理
密歇根大学	安阿伯特	密歇根	复合材料中的太阳能转换（SECCM）	1.95	在纳米级别研究复合材料的结构，用以确定可以作为太阳能和热能转换为电能的材料所具有的关键性质
唐纳德丹福斯植物科学中心	圣路易斯	密苏里	高级生物燃料系统研究中心	1.5	获得用于在植物中提高光合作用效率和取得高能分子产品所需要的基本知识
华盛顿大学圣路易	圣路易斯	密苏里	光合天线研究中心	1.999592	理解自然光合天线系统的基本原理，作为将太阳能转换为燃料的人造系统的基础
北卡罗来纳大学	教堂山	北卡罗来纳	太阳能燃料和下一代光伏发电	1.75	合成新的分子级催化剂和光吸收剂，并且将它们融合成纳米级结构，用于提高从太阳光产生燃料和电力的效率

续表

领导机构	地点	州	能源前沿研究中心名称	5年期资金（千万美元）	能源前沿研究中心的目的
普林斯顿大学	普林斯顿	新泽西	燃烧科学的能源前沿研究中心	2	开发一套具有预测性的燃烧模型，用于非石油燃料输送的化工设计和运用
洛斯阿拉莫斯国家实验室	洛斯阿拉莫斯	新墨西哥	高级太阳能光物理研究中心	1.9	利用最近关于纳米粒子与光的相互作用的科学研究来设计能够大大提高太阳光转换为电力效率的材料
洛斯阿拉莫斯国家实验室	洛斯阿拉莫斯	新墨西哥	通过原子级的界面设计来获得可承受极端环境的材料	1.9	在原子级别，理解材料在受到极端辐射和机械应力时的特性，用以合成在相应条件下能够保持原有特性的新材料
桑迪亚国家实验室	阿尔伯克基	新墨西哥	能源前沿研究中心固态照明科学	1.8	在纳米级别进行能量转换研究，用以显著改善固体照明的基础
布鲁克海文国家实验室	厄普顿	纽约	超导应急中心	2.25	通过对超导物理现象的基本理解，开发新的高温超导体和改进已知超导体的性能
哥伦比亚大学	纽约	纽约	通过分子级控制来重新界定光伏发电效率	1.6	发展相关科学，用以在太阳能转换为电能中使用的纳米尺寸薄膜的制造中实现突破
康奈尔大学	伊萨卡	纽约	用于能源生产、转换和储存的纳米界面	1.75	理解和控制在燃料电池、电池、太阳能发电板和催化剂的性质、结构和电极的动态反应
通用电气全球研究中心	伊萨卡	纽约	电极、传递现象和新型储能材料研究中心	1.5	为一种全新的能源存储方法探索化学基础，此方法结合了燃料电池和流体电池的最佳性能
纽约州立大学石溪分校	石溪	纽约	东北化学储能研究中心(NCESC)	1.5	理解在电极处发生的基本化学反应，并使用这些知识来制造新的电极用以改善现有电池的性能或用于设计全新的电池
宾夕法尼亚州立大学	University park	宾夕法尼亚	木质纤维素的结构及形成研究中心	2.1	大大提高我们对于植物细胞壁中生物大分子的物理结构的基本认识，为改善生物质向燃料的转换提供基础
南卡罗来纳大学	Columnbia	南卡罗来纳	以科学为基础的纳米结构设计和为能源系统设计的异构功能材料的合成	1.25	为提高制造纳米级材料的能力和理解这些材料在多种能源应用中的功能，提供基本的科学依据
橡树岭国家实验室	橡树岭	田纳西	结构材料中的物理缺陷能源前沿研究中心(CDP)	1.9	提高我们对于在极端辐射环境下决定合金性能的缺陷、缺陷的相互作用和产生缺陷原因的基本理解

续表

领导机构	地点	州	能源前沿研究中心名称	5年期资金（千万美元）	能源前沿研究中心的目的
橡树岭国家实验室	橡树岭	田纳西	流体界面反应、结构和流动（FIRST）研究中心	1.9	为发生在电能储存界面、太阳能转换为燃料、二氧化碳地质封存等先进能源系统中的现象提供基本的科学解释
得克萨斯大学奥斯汀分校	奥斯汀	得克萨斯	地下能源安全前沿	1.55	整理近期的理论和实验进展，用于解释在多个尺度的地质系统中原有和注入流体的输送，特别是二氧化碳
得克萨斯大学奥斯汀分校	奥斯汀	得克萨斯	理解能源材料和设备中在接口处电荷的分离和转移（CST）	1.5	进行电荷转移过程的基础研究，用于支撑光伏发电和在电能储能应用中的分子材料的制造
弗吉尼亚大学	夏洛茨维尔	弗吉尼亚	催化烃功能化研究中心	1.1	开发新的催化剂并控制它们的反应，用于提高烃类气体转换为液体燃料的效率
西北太平洋国家实验室	里奇兰	华盛顿	分子电催化研究中心	2.25	对燃料中化学能及电能是如何转换、储存及释放的过程进行全面综合的研究

3.3.2 建筑能效与创新中心（ERIC）

1. 概述

2010年奥巴马政府宣布了一个由多机构资助的能源区域革新集群计划。这个计划不仅将刺激区域经济，同时也会促进节能建筑相关技术，设计与系统的发展。联邦政府提供多达1亿2900万美元的研究经费用以支持位于费城海军基地的大费城节能建筑创新集群（GPIC）节能建筑系统设计中心。其中1亿2200万美元提供给作为能源创新中心带头人的宾州州立大学。旨在提高系统能效及降低新建建筑与既有建筑的碳排放量，同时刺激费城地区、中大西洋地区的就业和投资机会。大费城节能建筑创新集群（GPIC）则将重点放在中等规模商业建筑类型和多户住宅建筑的全方位改造上。

这个能源区域创新集群计划代表了联邦政府联合协调管理的一个全新的高度，这种协调管理很少在联邦政府中出现过，这也代表着奥巴马政府和复苏法案的胜利。美国能源部、商务部的经济发展管理部、国家标准与技术研究院，以及小企业管理局、美国劳工部、教育部、国家科学基金会都将协调新的和现有的计划来为研究人员、建筑商以及新兴创新集群的企业提供奖金、服务和方案支持。人们希望，通过汇集不同的公共和私营部门，来共同协调地解决问题，集体的力量将超过各自为战的力量。

获得中标的集团组织被称为大费城节能创新集群（GPIC），它由11个学术机构、2个美国能源部实验室、5个工业合作伙伴，以及联邦和地方经济发展机构组成。

该计划的目标在于：

（1）构建与说明可持续性和节能相关的模块以达到国家的战略目标，其核心在于促进建筑节能技术，设计与适用于国家及国际分支的相关节能技术的发展，扩展与商业化，同时减少美国的碳足迹；

（2）创造与保持优质的就业岗位；

（3）通过能源区域革新集群计划中的培训与教育来消除对于技术工人的需求缺口；

（4）增加区域的国内生产总值；

（5）促进科学技术创新，而其中最为核心的部分为促进建筑节能相关技术，设计与系统的发展；

（6）提高美国在国际上的经济、技术及商业方面的竞争力。

由于基础与应用能源研究在国家战略目标中所承担的重要作用，实现美国能源安全及减少美国的碳足迹，美国政府将节能建筑系统设计作为这个试验项目的重点。由于建筑能耗占了美国将近 40%的能源消耗与碳排放，提高建筑能效将会带来显著的益处——在减少能源消耗与能源费用的同时减少碳排放。

能源部资助的能源创新核心重点在于发展基于系统的建筑设计与商业住宅建筑运行的节能技术，而能源区域革新集群计划则通过将该核心与互补的联邦与非联邦在商业发展与支持、公共设施、劳动力培训及教育方面的投资联系起来，使得能源创新计划进入了更为广阔的经济发展区域。

（1）能源部：对基于大学、能源部国家实验室、非赢利组织或者与当地、州政府密切合伙的能源创新核心计划提供第一年最高 2200 万美元的奖金（接下来四年每年最高 2500 万美元，根据获得的拨款可能有所调整）。

（2）商业部或经济发展局：在不超过五年的时间段内提供最高 300 万美元公共事业与经济发展基金与最高 200 万美元的经济调整辅助基金。

（3）商业部或国家标准与技术研究院（制造业延伸合作伙伴）：最高 50 万美元的单年奖金以及提供最高每年 50 万美元的追加两年奖金的可能性，商业部资助的标准研究或机电中心可以利用追加的资金为财团对工业界提供能源区域革新集群计划与对过渡技术的努力提供专门的服务。

（4）小商业局：最高 30 万美元的单年奖金以及三个最高 30 万美元的单年革新补助金的方案，小商业局资助的小商业发展中心可以利用追加的资金为财团培育能源区域革新集群计划的努力提供专门的服务。

另外，劳工部、教育部和国家自然基金会决心支持在已有的互补项目框架内资助方和被资助方的协作。劳工部鼓励劳动力投资董事会成为能源区域革新集群计划的合伙人，以积极参与该计划的进程的同时通过劳动力投资法或其他合适的资金为能源区域革新集群计划所创造的岗位中所需的工人的培训提供支持。

劳工部将参加局域或者区域劳动力投资董事会、一站式职业中心网络以确保劳动者能从该项目中获得最大化的利益。联邦机构资源的联合可以对经济产生更好的正面影响，也会有利于在减少能源费用的同时刺激绿色节能建筑领域新工作岗位的产生。

教育部鼓励联邦有资历的机构，当地或者区域的中学及小学教育机构及学院接受 Carl D. Perkins 职业计划和技术教育法案的资助以承担起能源区域革新集群计划参与者的角色并提供职业及技术教育项目及活动来消除能源区域革新集群计划中特殊职业对于技术工人需求的缺口。教育部将酌情给能源区域革新集群计划提供技术支持以帮助他们确定怎样通过合理使用能源区域革新集群参与者名下的正式拨款或者子拨款来实现资助方的目标。

最后，如果国家自然基金会的资金接收方也是联合申请人或者能源区域革新集群参与者，则也有资格去申请自然基金会的补充资助。

2. 研究团队

大费城地区节能创新集群下属有 5 个研究团队：设计工具研究团队、技术整合研究团队、政策和市场研究团队、教育和人力团队、整体部署及商业化团队。

设计工具研究团队：利用高性能计算机的优势，用以开发工程实践中的系统及相关的设计流程和工具。团队领导：IBM公司。研究动态：一体化建筑生命周期流程的研究开发；一体化建筑设计模型；高性能计算工具的开发；基于云计算的设计系统平台。

技术整合研究团队：针对建筑改造及现有的技术和产品，提出可以推广的整合系统方案。并利用系统控制和诊断平台系统来评估整合系统设计方案的节能效果。团队领导：联合技术公司（United Technologies Corporation）。研究动态：一体化建筑系统；机械、电子、传热系统及部件；一体化建筑的新型控制方法；基于监测和诊断的建筑性能优化。

政策和市场研究团队：综合介绍各种研究方案，旨在了解那些影响建筑系统节能技术实施的政策、市场及法规；旨在通过提高投资回报率的方法来提高建筑节能技术的应用性。团队领导：宾州大学。研究动态：一体化建筑设计和建筑改造流程方面的政策、市场和法规的评估；建筑性能测试平台（海军基地）；有关主要政策和措施的信息数据库系统；如何完善目前的政策和市场。

教育和人力团队：主要解决整个系统运转过程中所需要的人员及相关培训，确保建筑节能技术的广泛应用和正确实施。团队领导：普林斯顿等离子物理实验室。研究动态：教育及人力发展咨询委员会；提高建筑节能的技术难题；新的教育和人力发展方案；失业人员的雇佣；面向K- 12教师和学生的教育。

整体部署及商业化团队：主要进行比较大型的技术示范和部署，促进伴随建筑和能源方面的商业化和经济增长。团队领导：（Ben Franklin Technology Partners of Southeastern PA）。研究动态：促进中心的技术应用、实践及相关政策；知识产权的管理；研究项目的监测与评估；机遇研究基金（Opportunity Research Fund）。

3. 研发重点

全美70％的电耗、40％的总能耗及碳排放是在建筑领域产生的。然而建筑领域的节能技术却严重地落后于运输与工业领域。造成这种现象的原因包括建筑能耗项目的繁多及节能技术的多样，建筑施工及改造的经济及政策环境的复杂性，建筑产业多样性，投资者分红的不一致性以及建筑能耗与住户行为的密切联系。这些阻碍建筑能效提高的障碍相互之间存在着复杂的联系，我们需要综合处理这些问题以使得建筑能耗能够稳定快速地下降。

建筑能耗涉及很多不同的专业领域：

（1）空调系统为建筑提供冷热及空气循环与洁净服务；

（2）照明系统为建筑提供光照服务；

（3）市政管网为建筑提供给水排水服务；

（4）输电及输气系统为建筑提供电力与燃气服务；

（5）电梯与升降梯为建筑输送人员和货物；

（6）综合发电系统为建筑提供电力服务；

（7）围护结构使建筑与外界隔绝。

除了以上所提到的系统以外，涉及各种技术的电子电气等设备的运行也构成了建筑所谓的运行能耗。在大部分的建筑中，这些系统的运行大部分都是相对独立的。空调系统在缺乏协作机制的情况下往往会发生冷热抵消的现象，带来了能耗的显著增加。通风系统烟气及电气设备附近除湿的同时，独立湿度控制系统却从室外引入水分。电子电气产品的运行是完全按自身的时间表进行的，即使在不需要运行的时间段仍然消耗电力。照明、空调、电梯等系统经常在建筑内人员很少或者无人时全负荷运行。即使建筑存在一定程度的协调运行，各系统往往没有良好的调试或者正确的保养，而这些会降低或者抹杀这些协调运行的系统本来应该有的节能性。

提高建筑中离散系统的整体性，通过分布式的传感器及控制网络来扩展协调云控制的同时保证各设备处于最佳的运行状态而这些措施可以带来能效的提高。协调运行可以消除冷热抵消及不必要的照明及输送，同时也可以最大化地利用自然或外界的资源来对建筑进行照明与室内环境控制，提高设备运行时间表的可预见性，对建筑能耗的使用趋势进行分析，对不同建筑的能耗情况进行比较及研究其他影响建筑能耗及费用以及运行能效提高的措施。另外，适合参数运行的一体化运行保证机制可以使得这些建筑子系统实现节能。

除了技术上的挑战以外，建筑建设、运行和改造所处的复杂的经济和政策环境经常会为高性能节能系统的安装造成障碍。在监管方面，相关建筑规范包括能源、电力及消防规范，一般有两个层次：国家级及地方级。立法者的不同导致相应的规范也各不相同，需要特别指出的是这些规范往往没有包含或者接受高性能的节能技术。这种复杂性，特别是对（采用该措施）与规范是否冲突的不确定性使得业主和建筑方往往倾向于使用较为常规但却并不一定节能的措施。而且分析建筑的能效是否满足建筑规范要求的依据往往是该建筑设计或预测而非其实际测量的能耗。而在考虑建筑的实测能效时，数据显示很少有建筑能够达到设计的水平。作为提升建筑能效使得其达到设计水平的重要手段——调试，往往会在数年间失去功效，因此随着时间的推移建筑的相关参数慢慢远离其理想状态。业主、运行方及建筑方往往难以获得有关节能系统的经济性数据，特别是其所能带来的运行费用节省的相关数据。数据的缺失导致不确定性和混乱，进而导致业主和建筑方忽略能效的提高而选择不那么节能的系统。最后，一方面技术确实可以提升建筑的能效，而另一方面住户的行为也对建筑的能效性能有很大的影响。住户往往不理解照明、空调及其他系统的运行，进而施加非必需的控制或者是由于难以明白的运行规律使得传感器或控制系统紊乱。用户也很少得到他们的行为对于能耗的影响，这使得他们对其行为影响的理解不正确或者有糟糕的错误。而这一切最终会导致反弹效应：也就是说，人的行为会部分抵消掉节能装置带来的节能效果甚至导致净能耗的增加。

能源部的能效系统设计核心会推动一个研究发展和展示的项目，这个项目主要关注两个方面：

（1）建筑与节能系统一体化；

（2）研究影响建筑能耗的经济或政策与行为的影响因子。

其潜在的研究领域包括：建筑节能技术，如热电，低耗费及良好的传感系统和高级的模拟技术，以及整体化的建筑设计，建筑和运行中获得生命周期数据。建筑整体的设计方案包括智能区域供热或供冷，改进整体照明系统。研究也探索建筑规范，财政和能源使用行为。能源部的愿景在于发展和示范工程上可行、可复制的策略来减少建筑的总体能耗。

建筑661的全方位能源效益改造

该中心第一年即2011年的项目是对位于海军造船厂（Navy Yard）的建筑661进行全方位的改造。该建筑是20世纪90年代中期的体育馆，包括一个空游泳池、篮球场以及更衣室等。改造的第一年则是将建筑661设计为办公与商业结合的建筑类型，将作为HUBs能源研究中心的中心办公楼。改造后的建筑同时还将作为一体化建筑的测试平台，将业内的系统集成化。整个建筑改造的流程将作为商业建筑设计、历史建筑的再利用以及不断改进的节能创新等方面的最佳示范模式。同时，在未来的5年内，研究人员还将通过海军造船厂的独立能源电网进行能源供应与需求相关系统方面的研究，这样的一个具有地理性优势的基础设施，将赋予HUBs能源研究中心非常强的竞争力。

3.3.3　中美清洁能源联合研究中心（CERC）

2009年11月，胡锦涛主席与奥巴马总统宣布了研究经费为1.5亿美元的中美清洁能源联合研究中心（CERC）的建立。该议定书（Protocol）是由中国科技部部长万钢、国家能源局局长张国宝和美国能源部部长朱棣文共同签署的。

2010 年 7 月 15 日，中国科技部、国家能源局和美国能源部在人民大会堂共同举行新闻发布会，国务委员刘延东出席发布会，科技部部长万钢、国家能源局局长张国宝和美国能源部部长朱棣文共同宣布成立中美清洁能源联合研究中心。中美两国将共同投入 1500 万美元作为该中心的启动资金。

两国政府成立中美清洁能源联合研究中心，旨在促进中美两国的科学家和工程师在清洁能源技术领域开展联合研究。联合研究中心首批优先领域包括建筑节能、清洁煤炭、清洁能源汽车等。

2011 年 1 月 18 日，中美清洁能源联合研究中心在华盛顿举行揭牌仪式。中国科技部万钢部长、美国能源部朱棣文部长和中国国家能源局张国宝局长共同为中美清洁能源联合研究中心揭牌。建筑能效联盟代表江亿院士、清洁汽车联盟中方主任欧阳明高教授和清洁煤联盟中方依托单位代表华中科技大学李培根校长代表中方分别与美方代表签署了工作计划（表 3-10）。

中美清洁能源联合研究中心有关的清洁能源研究和发展由中美双方各自的研究人员承担，由中美双方资助相当的研究经费，涵盖了大学、研究机构以及工业界的广泛参与。双方的资金支持则由各自的研究机构及工作学者承担。

中美清洁能源联合研究中心签署的合作研究项目 **表 3-10**

优先研究领域	中方联盟	美方联盟
电动汽车技术	清华大学、北京理工大学、同济大学、上海交通大学、中科院、吉利汽车、普天海油、万向集团、清能华通、武汉理工大学、北京航空航天大学	密歇根大学、麻省理工学院、桑地亚国家实验室、联合生物能源研究院（美国能源部新成立的三个生物能源研究中心中位于旧金山湾区的研究所）和橡树岭国家实验室
先进清洁煤炭技术	华中科技大学、清华大学、浙江大学、华能集团清洁能源技术研究院、神华集团、新奥集团、哈尔滨工业大学、中国矿业大学、西安热工研究院、中国电力投资集团公司、中国电力工程顾问集团公司	西弗吉尼亚大学、怀俄明大学、肯塔基大学、印第安纳大学、劳伦斯利弗莫尔国家实验室、洛斯阿拉莫斯国家实验室、国家能源技术实验室、世界资源研究所、中美清洁能源论坛、通用电气、杜克能源、阿米那能源环保公司、巴威公司、美国电力公司
建筑节能技术	住房和城乡建设部科技发展促进中心（建筑节能中心）、清华大学中国城市科学研究会、中国建筑科学研究院、同济大学、天津大学、重庆大学、东南大学、沈阳建筑大学、广东省建筑科学研究院、住房和城乡建设部标准研究所、中国建筑设计研究院、中国建筑标准设计研究院	劳伦斯伯克利国家实验室、橡树岭国家实验室、麻省理工学院、加州大学戴维斯分校、国家资源保护协会、能源基金会、美国环境咨询公司、各州能源官员全国协会、陶氏化学公司、霍尼韦尔、通用电气

无论是中国还是美国，在降低建筑能耗、提高建筑能效等领域都具有非常大的潜力。中美清洁能源联合研究中心旨在研究建筑节能技术及应用实践。主要研究方向为：监测和模拟、围护结构、建筑设备、建筑一体化和商业化研究等。住房和城乡建设部的梁俊强博士将领导中方研究小组，劳伦斯伯克利国家实验室的 Mark Levine 博士将领导美国方面的研究小组。

1. 监测和模拟

（1）建筑能耗模拟的研究，旨在比较本国建筑以及双方国家的建筑。

（2）通过实例建筑和统计数据的方法，比较和分析中美两国的建筑能耗数据。

（3）开发一个平台，用以收集和管理实时建筑耗电数据。

（4）进行有关建筑能耗方面的收集、监测以及数据分析方法的研究，用于电网和电网供应端的政策研究。

（5）实测能耗数据的分析和挖掘。

2. 围护结构

(1) 新型建筑保温材料的研究和开发。

(2) 建筑围护结构（墙体和窗户）对建筑能耗及室内热环境的影响；影响因子分析方面的优化和模拟工具的开发。

(3) 高能效建筑遮阳系统的开发以及相关的控制系统。

(4) 自然通风策略研究与建筑一体化。

(5) 冷屋面与城市热岛效应之间关系的研究。

3. 建筑设备

(1) 先进供热、供冷及热水设备和技术的研究开发。

(2) 热计量设备及数据收集技术等方面的研究开发。

(3) 新型建筑灯光系统的设计及相关控制系统的研究。

(4) LED灯光系统的设计和控制系统的研究。

(5) 可再生能源及相关技术的研究，包括太阳能一体化及相应的投资和性能。

4. 建筑一体化

(1) 低能耗建筑和绿色建筑的调研和分析。

(2) 适合两国国情的区域低碳能源供应技术以及节能技术的优化。

(3) 通过典型示例建筑的全面研究，对各种建筑系统进行比较和分析，包括地（水）源热泵系统、太阳能发电、太阳能热水、其他可再生能源系统等。

5. 商业化研究

(1) 建立建筑能耗数据的收集、分析及公布等的研究平台。

(2) 关于促进建筑节能标准和标签系统的实施、评估和认证等相关政策的研究。

(3) 绿色建筑标准、认证以及推广等政策性研究。

(4) 有关建筑节能市场的推广机制和政策评估。

(5) 建筑节能领域的专家、工程师及管理人员等之间的互相交流和培训，旨在促进建筑节能和绿色建筑领域的技术交流。

3.4　其他相关政府机构

3.4.1　能源部能源效率与可再生能源办公室

能源效率与可再生能源办公室（Energy Efficiency & Renewable Energy）作为美国能源部的技术部门之一，其研究重点是各种清洁能源技术，以保护环境，降低美国经济发展对进口石油的依赖。

1. 能源效率与可再生能源办公室的主要工作（表3-11）

能源效率与可再生能源办公室的工作内容　　**表3-11**

项　目	工作领域
节能	建筑、汽车、工业、政府
可再生能源	太阳能、风能、水资源、生物质能、地热能、氢燃料电池

1) 建筑节能

截至2010年年底，美国各类建筑的电力和天然气使用占社会总用能的比例分别超过了70%和50%。因此，美国能源部针对商业建筑和住宅建筑进行了大量的节能与可再生能源技术的实践和产品开发，并联合建筑业、国家及当地政府、各类学术机构和生产厂商，启动了一项建筑技术发展计划（Building Technologies Program）。

建筑技术发展计划的主要内容有以下三个方面：

（1）引导建筑节能技术的研究、发展和技术实践的部署；

（2）加强和提高建筑标准规范、家用电器设备标准的要求，完善各种高效用能指南；

（3）针对建筑使用者、施工人员和开发商进行节能技术实践方面的教育指导。

研究重点是建筑构件性能的提高、能耗模拟工具、建筑能源标准与规范，以及家用电器标准等，通过各项技术和工具的开发应用提高建筑使用过程中的能源效率、实用性和经济性，降低用电需求和用电高峰，降低二氧化碳排放量，获得较短的回收期和积极的经济效益，改变建筑建造和使用过程中的能源足迹，为可持续能源发展打下坚实的基础。

该计划的目标是使住宅建筑（至 2020 年）和商业建筑（至 2025 年）比目前的典型建筑节能 60%～70%，利用可再生能源满足一定比例的电力需求，综合考虑建筑设计、建造和设备使用，采用经济效益较好的光伏发电或其他末端能源系统，形成智能建筑一体化，同时将这些高性能建筑的发电系统并网，向电网返还多余电力，使之成为一种能源资源。

建筑技术发展计划开展了一系列节能技术活动，主要有以下几项。

（1）电器设备标准项目

美国能源部主要进行一些基础工作，为家用电器和商用设备标准的发展提供技术支持，确定设备测试流程，希望通过标准实施达到设备效率最大化。

2010 年 11 月 16 日，美国能源部宣布将会进一步加快标准和规范制定的步伐，目前已有多个标准正在紧锣密鼓的制定和更新中。

2010 年 12 月 2 日，美国能源部发布了工业（商业）和家用电器的区域界定，以便各类电器节能节水标准的制定和实施。

目前，各类电器产品节能标准对能源使用和排放可能产生的影响的评价方法采用的是一次能源测量方法，根据美国国家科学院（NAS）的建议，该项目将改用“燃料生命周期（FFC）评价方法”，并扩大使用者与能源使用和排放相关信息的接触面。

（2）建筑优化项目（Better Buildings）

美国能源部投入了 508000000 美元作为项目基金，在全国范围内运用各类节能技术、产品和工具，改善住宅、办公、医院、校园以及其他类型的建筑能源使用情况，为发展更清洁的能源作准备。

在为期 3 年的项目进程中，美国能源部将：

① 试行新的市场战略；

② 促进建筑整体性能升级，建立专业团队；

③ 对建筑升级产生的影响进行评估；

④ 为建筑的业主提供经济的融资计划。

该项目的战略目标是：

① 提供 30000 个工作岗位；

② 完成 170000 个建筑物性能升级改造；

③ 每年节约近 50000000 美元的能源费用；

④ 在全国范围内推广成功的节能方法和用能策略。

（3）美国建筑项目（Building America）

该项目通过大力推广综合能源系统在既有和新建建筑中的应用，提高整体建筑的环境质量、舒适性、安全性和耐用度，同时显著减少建筑的最大负荷和年能耗。

该研究项目中，住宅建筑可以达到40%的节能率。研究中采用的低成本、有效的节能方法将记录在新版的《美国最佳建筑实践指南》（*Building America's Best Practices Guidelines*）中。

（4）建筑能源标准项目（Building Energy Codes Program）

为了响应1992年的能源政策行动，能源效率与可再生能源办公室于1993年启动了建筑能源标准项目（BECP）和建筑标准与规范项目（BSGP），该项目中，美国能源部参与了国家示范性标准的制定过程，推动了能源标准与规范在全国范围内的实施和应用。

建筑能源标准项目通过软件和工具开发为标准规范（包括分别用于低层住宅建筑和商业建筑的能源标准）的制定提供支持，还针对建筑能源标准和高性能可持续建筑设计，开展了一系列拓展活动，如年度（或季度）时事培训活动、技术援助、与国家能源标准相关的信息网站建立等。

《2009年美国复苏与再投资法案》向美国能源部建筑标准工作提出了新的战略目标——各州有90%的建筑符合能源标准要求。

（5）太阳能建筑设计大赛（Solar Decathlon）

大赛每两年举办一次，来自世界各地20多所大学的设计团队参赛，各自进行低成本、节能的太阳能环保屋设计、建设和运行，展示市场适用的经济环保型太阳能技术，在利用太阳能的基础上，大赛鼓励参赛者考虑如何结合实用、经济、清洁的能源方案并应用于住宅建筑中。

本届太阳能建筑设计大赛于2011年9月23日至10月2日在华盛顿举行，大赛全程免费向公众开放，允许人们参观参赛的太阳能房屋，学习有效的节能方法。

参赛团队往往花费两年的时间对太阳能房进行设计、建设和测试，比赛中要求在一周内重建太阳房，并参加一系列（10项）的角逐，最终选出一个优胜团队。

美国能源部还将对比赛中突出的设计方案进行投资，包括建筑一体化设计方法，外窗和围护结构节能技术，采暖供冷设备，家用电器和灯具等。

（6）建筑技术发展计划的最新动态

2011年6月8日至10日，建筑技术发展计划主办了联邦设施能源管理研讨会，会上各个联邦机构针对能耗和化石燃料用量降低的实践经验进行了交流，如通过政府设备用能中的计量审计、可再生能源的综合利用来减少能源浪费。

为了加快固态照明产品的市场应用，2011年6月12日至14日，美国能源部举行了固态照明产品市场推广研讨会。

2011年7月24日至28日，建筑技术发展计划举行了第12届电力工程国家会议和博览会，来自世界各国的资深电力工程师、决策者和学术工作者共同讨论了电力工程领域的发展和问题。

2011年8月9日至11日，美国住宅节能技术发展大会在丹佛举行，讨论了最新的节能技术在住宅建筑中的应用。

为了促进太阳能发电的发展，2011年国际太阳能展览会于10月17日至20日在达拉斯举行。

2）汽车节能

目前，美国超过一半的石油用量需要进口，其中69%用于交通工具，如果不采取有效措施，美国将继续依赖进口石油，并承受其价格波动和来源对经济的影响。因此，美国能源部实施了一项机动车技术计划（Vehicle Technologies program），加快清洁、节能汽车技术和可再生燃料的研究和应用，旨在减少国内的石油使用需求，以改变目前的局势。

目前，机动车技术计划的主要研究内容有以下四个领域：

(1) 混合动力汽车

(充电式)混合动力汽车技术对替代能源的发展和燃料节约非常有利，总统奥巴马提出了至2015年生产1000000辆充电式混合动力汽车(PHEVs)的战略目标，为此，研究人员正在积极寻找成本更低、可回收使用的电池，以及增加电池种类、性能和使用寿命的方法。

(2) 替代能源

替代能源的应用能够迅速降低石油需求，减少石油进口量。机动车技术计划项目联合国家及当地政府、高校和相关企业，针对替代能源(如混合乙醇燃料、生物柴油、氢燃料、电力、液化气和压缩天然气)和基础能源设施进行研究。

(3) 减轻汽车重量

减轻汽车重量能够直接提高汽车能源的使用效率，并节约燃料，降低汽车使用成本。主要通过低成本、高强度材料的应用来降低汽车重量，同时不影响其安全性。

(4) 燃烧技术

机动车技术计划的目标是，至2015年，燃烧技术和燃烧系统的优化能够为小型车节约25%～40%的燃料用量，为商用车节约近20%的燃料用量。

3) 工业节能

美国工业用能约占社会总用能的1/3，工业企业能源利用效率的提高，对于社会碳排放的控制有着重要作用，同时还能提高企业的竞争力，为经济发展注入活力。因此，美国能源部启动了工业节能计划(Industrial Technologies Program)。

工业节能计划主要通过研发和应用先进的生产技术和能源管理实践来减少工业用能和碳排放，旨在改变传统工业生产中的用能模式(包括从原料提取到成品生产的整个过程)，其战略目标是使能源利用效率翻倍，同时碳排放量减少。

工业节能计划的主要内容有以下四个方面：

(1) 充分发挥节能、低碳生产和产品的优势和引导作用；

(2) 联合学术机构、工业企业和国家实验室，共同转变生产用能方式；

(3) 将先进的能源技术和实践应用于工业原料供应中；

(4) 提高工业生产率，刺激经济发展。

4) 政府节能

联邦政府作为最大的能源消费者，需要以身作则，因此，美国能源部启动了联邦能源管理项目，要求政府实施全面的能源管理，加强国家能源安全与环境管理。

联邦能源管理项目的内容有以下几个方面：

(1) 严格施行能源标准和法规；

(2) 高性能的政府建筑设计、运行和维护；

(3) 购买节能产品，并编写节能产品指南，为国民提供节能产品采购指导；

(4) 可再生能源技术；

(5) 节水措施；

(6) 温室气体排放量控制；

(7) 节能、替代型燃料汽车的使用。

2. 能源效率与可再生能源办公室的组织结构

能源效率与可再生能源办公室下属有8个部门，分别是：

(1) 助理办公室；

(2) 商业管理部；

(3) 商业化部署办公室；

(4) 区域运作管理部；

(5) 重要领域管理部；

(6) 国际事务部；

(7) 预算分析部；

(8) 可持续性能部。

3. 能源效率与可再生能源办公室的国家实验室

为了加强国家的能源安全和经济活力，能源部能源效率与可再生能源办公室设立了多个实验室进行能源效率与可再生能源技术的研发，其中包括：

(1) 阿尔贡国家实验室；

(2) 布鲁克海文国家实验室；

(3) 爱达荷国家实验室；

(4) 劳伦斯伯克利国家实验室；

(5) 劳伦斯利弗莫尔国家实验室；

(6) 洛斯阿拉莫斯国家实验室；

(7) 国家能源技术实验室；

(8) 国家可再生能源实验室；

(9) 橡树岭国家实验室；

(10) 西北太平洋国家实验室；

(11) 桑迪亚国家实验室；

(12) 萨凡纳河国家实验室。

小结

(1) 2011 年 6 月 8 日至 10 日，建筑技术发展计划主办了联邦设施能源管理研讨会，会上各个联邦机构针对能耗和化石燃料用量降低的实践经验进行了交流，如通过政府设备用能中的计量审计、可再生能源的综合利用来减少能源浪费。

(2) 太阳能建筑设计大赛于 2011 年 9 月 23 日至 10 月 2 日在华盛顿举行，大赛全程免费向公众开放，允许人们参观参赛的太阳房，学习有效的节能方法。

(3) 能源效率与可再生能源办公室建筑技术发展计划的目标是住宅建筑（至 2020 年）和商业建筑（至 2025 年）比目前的典型建筑节能 60%～70%。

3.4.2 美国国家环境保护局（EPA）

美国国家环境保护局，是美国联邦政府的一个独立行政机构，主要负责维护自然环境和保护人类健康不受环境危害影响。美国国家环境保护局由美国总统尼克松提议设立，在获国会批准后于 1970 年 12 月 2 日成立并开始运作。在美国国家环境保护局成立之前，联邦政府没有组织机构可以共同协作地应对危害人体健康及破坏环境的污染物问题。美国国家环境保护局局长由美国总统直接指派，并可直接向美国白宫问责。美国国家环境保护局现有大约 18000 名全职雇员，所辖机构包括华盛顿总局、10 个区域分局和超过 17 个研究实验所。美国国家环境保护局的具体职责包括，根据国会颁布的环境法律制定和执行环境法规，从事或赞助环境研究及环保项目，加强环境教育以培养公众的环保意识和责任感。

美国国家环境保护局提供关于美国绿色建筑的经济环境利益、规章政策、政府项目、财政资金、建筑类型、其他资源，以及美国国家环境保护局对自身办公楼和设施的绿色改造项目等信息；并开展了多项卓有成效的项目，包括：能源效率和可再生能源项目、水效益项目、环保建材和建筑标准项目、减少废弃物项目、有毒物质减量项目、室内空气质量项目、高效率增长与可持续发展项目。

绿色建筑工作组

美国国家环境保护局于2003年7月成立了绿色建筑工作组（Green Building Workgroup），联合多个建设和开发部门参与各类建筑项目，提高建筑整体环境效益，工作组希望通过信息共享、协调沟通，以及对美国国家环境保护局能源政策、项目运行操作和合作交流等各方面的引导，发挥美国国家环境保护局在绿色建筑发展中的领导力量。

美国国家环境保护局在绿色建筑发展领域积累了丰富的项目经验和资料信息，涉及的建筑类型有住宅、商业建筑和公共建筑、商用设施、学校、实验室和医疗保健建筑。项目内容可分为以下几个部分。

1. 能效与可再生能源

1）能源之星

“能源之星”是美国国家环境保护局与美国能源部合作推出的商品节能标识体系，该项目为建筑设计公司、办公建筑管理者、设备生产厂商和其他组织提供了一个交流平台，促进各方的沟通与合作，从而提高建筑、各类建筑构件和家用电器的用能效率。

其中有“能源之星—新建住宅”、“能源之星—住宅建筑节能改造”、“能源之星—商业建筑”等项目，分别针对不同的建筑类型和工程类型提高建筑整体用能效率。

2）绿色电力合作项目

“绿色电力合作”是通过向企业机构提供专家建议、技术支持、工具和资源来支持企业团体购买和使用绿色电力。与美国国家环境保护局的合作伙伴关系能够让企业机构获得较低的能源价格，降低碳足迹，提高环境效益，增强行业竞争力。这里的绿色电力主要是利用可再生能源发电，如太阳能、风能、地热能、生物质能和水力发电。

3）减缓城市热岛效应

美国国家环境保护局在官网上提供了热岛效应的相关信息和资料，包括不利影响和降低城市温度的有效措施，呼吁社会各界采取一些常识性的措施来缓解热岛效应，如“绿色屋顶”，有种植屋面和蓄水屋面等类型。

4）水资源利用效率

“节水意识”合作教育活动促进了节水产品和服务的市场推广，指导用户、厂商和设计者等使用节水产品，提高节水意识，同时促进了节水产品的性能标准的发展。

5）环境友好型建筑材料和技术规范

（1）工业材料回收计划（Industrial Materials Recycling program）

该计划指出如何回收工业材料（如煤的燃烧产物粉煤灰、铸造用砂等），与如何进行废料拆除并加工处理成新的建筑材料。

（2）环保型购买计划（Environmentally Preferable Purchasing program）

该计划是为了引导政府在各类产品购买和建设活动中将环境影响作为考虑因素之一，积极购买“绿色”，并利用政府的强大购买力刺激绿色产品和服务的市场需求。

6）综合采购指南项目（Comprehensive Procurement Guidelines program）

该项目作为美国国家环境保护局促进固体废弃物材料回收利用的延续部分，指定能否采用回收材料作为原材料的产品类别，并号召社会各界购买，以提高市场需求量，从而将废弃物集中回收用于新产品的生产。

（1）废弃物排放控制

① 固体废弃物处理（Office of Solid Waste）

主要支持建筑、公路和桥梁工程的施工、改造和拆除过程中的固体废弃物减少、再利用和回收活动，施工废料主要是重型材料，如混凝土、木材、金属、玻璃和残余建筑构件。

② 绿地景观活动（Green Scapes）

主要进行环保、经济的大型景观方案设计，最大限度地保留自然资源，减少浪费和环境污染，并鼓励企业、政府机构和住户在建筑使用过程中全面考虑废物产生和处理，及其对土地、水资源、空气质量和能源使用的影响。

③ 建筑生命周期挑战赛（Lifecycle Building Challenge）

建筑生命周期网络大赛由美国国家环境保护局、美国建筑师学会（American Institute of Architects）、西海岸绿色博览会（West Coast Green）联合高校和网站 StopWaste. Org 主办，向专家和学生征集建筑和产品设计方案和项目，参与评比，促进建筑材料回收利用，最小化废物排放量、能耗使用和温室气体排放。

（2）有毒污染物排放控制

① 环境设计项目（Design for the Environment）

该项目向投资商提供美国国家环境保护局化学评估工具和相关专家，共同探索更安全的化工用替代品并进行使用推广。如该项目的阻燃家具合作伙伴引导行业生产厂家在选择化学阻燃剂时考虑潜在的环境和健康影响。

② 绿色化工计划（Green Chemistry）

目的是在化学产品生产过程中减少或消除有害物质的使用和产生，该计划采取教育和政策激励的方式支持更安全的化工物品和化工工艺的研发，将绿色化工的理念应用到化工产品的整个生命周期过程中，包括设计、生产和使用。

③ 环保型农药使用管理计划（Pesticide Environmental Stewardship Program）

该计划实施的目的是降低农药使用对人体健康和环境的潜在危害，实施相应的污染物防治策略，主要通过与农药用户合作完成。

7）室内空气（环境）品质（Indoor Air Quality 或 Indoor Environmental Quality）

室内空气（环境）品质是绿色建筑的重要组成部分，美国国家环境保护局实验室内环境项目（Indoor Environments Program）提供多种室内空气品质评价工具和设计项目，为使用者提供一个健康、舒适的室内环境，提高使用者的工作效率。

主要项目有：

1）能源之星——住宅室内空气品质标识（IAQ Home Label），对满足美国国家环境保护局的室内空气品质设计标准的新建住宅进行资格认证；

2）新建建筑放射物控制，主要向新建建筑用户提供信息资料；

3）学校建筑室内空气品质设计工具，为校园建筑中维持良好的室内空气品质提供设计工具；

4）室内空气品质建筑设计和评价模型培训，主要针对建筑专业人员。

2. 可持续发展

1）社区环境重建活动

该项目是提倡各个社区组织降低周围环境有毒物质排放量的活动，并让他们参与到参与评比中来。美国国家环境保护局与社区达成合作伙伴关系，并提供经济和技术支持，从而帮助各社区形成良好的生活环境。

2）绿色公共设施

主要是进行经济、可持续和环保的雨水管理，涉及雨水渗透、蒸发、收集和再利用，从而维护和恢复自然水土。

3）可持续建筑

美国国家环境保护局在网站上提供可持续实践和发展过程，涉及可持续社区、可持续水资源利用、气候与能源、材料管理与化工安全等领域。

4）城市水源污染治理

主要针对城市化过程中对城市河流的污染物排放治理。

5）褐色地带规划

美国国家环境保护局联合公有企业、私营企业或非赢利合作伙伴对褐色地块进行清理后再利用，有利于环境保护，并能减缓城市发展对绿地和功能用地的压力。

小结

（1）美国国家环境保护局已通过华盛顿总局和区域分局办事处，与超过13000家工厂、企业、非赢利机构、州和地方政府联合进行了超过40个污染预防计划和能源节约方面的合作项目，由合作伙伴自愿制订了污染管理目标，如节水节能、减少温室气体、大幅度削减有毒物质的排放、固体废物回收利用、室内空气污染控制、农药使用风险控制等。

（2）美国国家环境保护局联合了约7000个厂商、研究人员和环境就业计划中的高级会员，对全国范围内总面积超过10100000ft^{2}的办公建筑和实验室开展节能研究工作。

（3）近期，美国国家环境保护局开展了“绿色美国国家环境保护局”活动，对其建筑中的设备及其运行管理采取了一系列的措施，从新建建筑、环保型可持续建筑材料到提高既有建筑的用能效率，以减少对环境的不利影响。

3.4.3 美国总务管理局（GSA）

1. 美国总务管理局简介

美国总务管理局（General Services Administration）是独立的政府机构，成立于1949年，集中负责联邦采购、房产管理、政策制定及信息发布，协助政府机构的正常运作，向美国政府部门提供信息交流、交通管理和办公地点，为政府各部门制定经济的管理模式，旨在增强政府效率，帮助联邦部门更好地服务公众（表3-12）。

美国总务管理局部门机构的工作事项 **表3-12**

部门名称	工作事项
政府采购服务部（Federal Acquisition Service）	为国家、州或当地政府以及军事部门服务，在服从法律法规和政策要求的前提下提出最新、最简洁的采购方案，以满足政府部门的各类产品和服务需求
公共建筑服务部（Public Buildings Service）	作为可持续建筑设计的领军力量，公共建筑服务部对创新型绿色节能技术起到了示范作用，主要工作是标志性的公共建筑设计、建设和管理维护，为2100个国家及各地政府机构的工作人员提供就业机会
机构政策办公室（Office of Governmentwide Policy）	确保各部门的政策制定有利于形成高效的管理模式，工作范围包括采购政策、个人财产和不动产、交通管理、信息技术、政府顾问和高效绿色建筑
市民服务与创新技术办公室（Office of Citizen Services and Innovative Technologies）	政府数据、信息和服务的发布
小型商业活动办公室（Office of Small Business Utilization）	为美国总务管理局在全国寻找商机和各种企业合作机会
地区分部(Regions)	政府为各地区分部提供工作区、设备、物资、通信和信息技术，共有11个分部
员工办公室（Staff Offices）	财政政策管理、信息技术服务、人力资源、应急准备、外交和内部交流、国会和政府联系事宜、美国总务管理局项目平衡工作、项目运行和程序审查、法律咨询和代理

2. 美国总务管理局的高效节能建筑

2006年1月，总统布什在“政府在高效可持续建筑的领导备忘录”中指出了政府在高效可持续建筑设计、建设和运行中的示范作用，要求政府机构采用能够优化建筑性能和最大化建筑使用寿命的设计方案和运行策略。

2007年1月，总统布什又发布了第13423号总统令，指出要加强环境、能源和运输管理，提出了多项具体要求，其中包括提高美国总务管理局在全国房地产投资组合项目中的建筑能效性能要求，实施要点有：

(1) 每年减少3%的能源消费；

(2) 至2015年减少30%的能源消费；

(3) 至2015年减少16%的用水量。

2007年11月，《2007年能源独立与安全法案》制定了能源管理目标和要求，最新的美国总务管理局建筑和重大改造项目至2010年需减少50%的化石燃料能耗，至2030年减少100%。

2009年10月，总统奥巴马在第13514号总统令中肯定了这一要求，进一步提高了各级政府对可持续发展、节能和环境的关注度。

作为全球最大的房地产机构，为了达到这些最新要求，美国总务管理局需确保其新建建筑和重大改造项目达到高性能标准。美国总务管理局向政府机构提供技术支持，将可持续性技术和高效建筑管理策略应用于所有建筑项目，包括工作区和建筑改造、新建建筑设计和建设等环节。

美国总务管理局已有24个建筑项目获得了美国绿色建筑委员会绿色建筑评级系统能源与环境设计领导者的认证。

目前，美国总务管理局高效节能建筑相关的研究主要集中在建筑能效、建筑运行和设备管理、建筑设计和施工这三个方面。

小结

(1)《能源独立安全法》制定了能源管理目标和要求，美国总务管理局新建建筑和重大改造项目至2010年需减少50%的化石燃料能耗，至2030年减少100%。2009年10月，总统奥巴马在第13514号总统令中肯定了这一要求，进一步提高了各级政府对可持续发展、节能和环境的关注度。作为全球最大的房地产机构，为了达到这些最新要求，美国总务管理局需确保其新建建筑和重大改造项目达到高性能标准。

(2) 美国总务管理局已有24个建筑项目获得了美国绿色建筑委员会绿色建筑评级系统能源与环境设计领导者的认证。

(3) 目前，美国总务管理局高效节能建筑相关的研究主要集中在建筑能效性能、建筑运行和设备管理、建筑设计和施工这三个方面。

3.4.4 加州能源委员会（CEC）

加州能源委员会（California Energy Commission）是加州主要能源政策和规划机构，于1974年由加州立法机关成立，位于加州首府萨克拉门托市，委员会的职责包括：

(1) 预测未来能源需求和保存历史数据。

(2) 监管超过50MW的发电厂。

(3) 促进加州家电和建筑能效标准，并与当地政府合作，以保证建筑能效标准的实施。

(4) 通过技术研究、开发以及示范项目等措施以支持公共利益能源研究。

(5) 通过市场来支持现有的、新型的可再生能源技术；提供新型风电和燃料电池电力系统的奖励；提供新的住房建筑内太阳能系统的激励机制。

（6）管理美国再投资和复兴法案所提供的30亿美元，包括州立能源计划、节能及能效方面的补助资金方案、能效家电的回馈计划以及能源保证和应急方案。

（7）规划和应对能源紧急情况。

1. 加州家电能效计划

加州的家电能效条例由立法授权于1976年建立，目的是降低加州的能源消耗。该条例定期更新，以便审议和纳入新型节能技术和方法。自2011年1月起，《2010年家电能效条例》将正式实施。

建筑节能标准（Building Efficiency Standard-Title 24）

加州的居民建筑与非居民建筑标准由立法授权于1978年建立，目的同样是降低加州的能源消耗。该条例定期更新，以便审议和纳入新型节能技术和方法。自2010年1月起，《2008年居民建筑与非居民建筑标准》将正式实施。

2. 研究经费（图3-10、图3-11、表3-13）

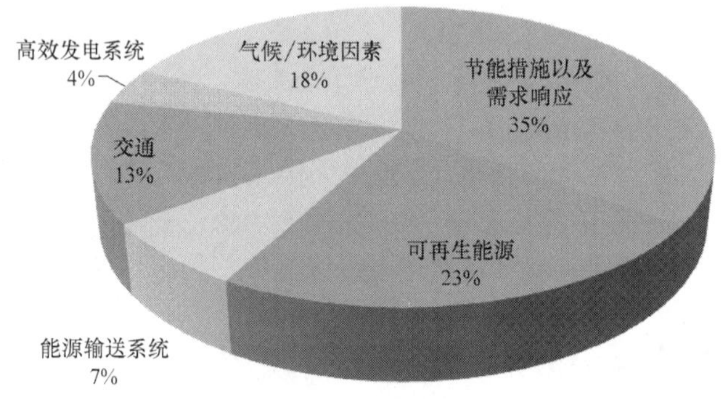

图3-10 2009年用于PIER电力和燃气研究的各项费用分配比

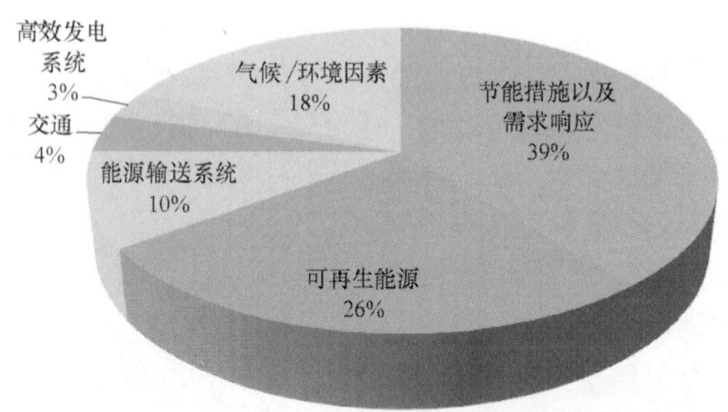

图3-11 2009年用于PIER电力研究的各项费用分配比

《2009年美国复苏与再投资法案》 **表3-13**

<table>
<tr><th></th><th>PIER项目经费（美元）</th><th>DOE ARRA投入到加州的经费(美元)</th><th>加州第三方共享成本经费(美元)</th><th>总计(美元)</th></tr>
<tr><td rowspan="2">已批准额度</td><td rowspan="2">14,000,000</td><td>386,000,000</td><td>283,000,000</td><td rowspan="2">683,000,000</td></tr>
<tr><td colspan="2">669,000,000</td></tr>
<tr><td>未来ARRA联邦政府项目潜在额度</td><td>20,000,000</td><td>500,000,000～800,000,000</td><td>200,000,000～500,000,000</td><td>7200,000,000～1,320,000,000</td></tr>
</table>

3. 研究中心

(1) 加州气候变化研究中心；

(2) 智能电网中心；

(3) 需求响应研究中心；

(4) 能效社区资源中心；

(5) 建筑环境中心；

(6) 加州混合动力、高能效、先进汽车研究中心；

(7) 插入式混合电力汽车研发中心；

(8) 加州灯具技术中心；

(9) 西部制冷节能中心；

(10) 加州先进灯光控制培训中心。

1) 2009年先进的能源技术

(1) 智能电网；

(2) 可再生能源一体化；

(3) 汽车内个人空调系统；

(4) 先进计量设备的培训；

(5) 智能办公零能耗太阳能建筑的商业化；

(6) 低眩光灯具；

(7) 冷辐射地板；

(8) 清洁发电机组。

2) 未来清洁能源

(1) 智能电网与蓄电；

(2) 中央发电机组；

(3) 分布式发电系统；

(4) 碳捕捉与储存。

第 4 章　美国建筑节能行业协会

4.1　概　　述

美国的行业协会众多，通常都是没有政府背景、自负盈亏的机构。协会的经费来源在于办会展，出版规范和标准，以及人员培训。在建筑节能领域，久负盛名的是美国暖通空调工程师协会。在过去的几十年里，大部分的行业出版物，都是这个机构组织发行的。其专业技术委员会将近 100 个。每年举行两次会议，夏季一次，冬季一次，在北美和全球都有举足轻重的影响。但是该协会现在面临人员老化、会员规模缩小的问题。最近十年来，绿色建筑委员会异军突起，规模迅速膨胀，凭借绿色建筑评估体系认证的影响力，已经是业内不可忽视的力量。下面我们就几个主要的行业结构作简单介绍，并说明其最新动态。

4.2　美国能源效率经济委员会（ACEEE）

4.2.1　美国能源效率经济委员会简介

美国能源效率经济委员会（ACEEE）作为一家独立的非赢利性机构，该委员会多年来一直致力于推广节能技术、提高能源效率，以此促进经济繁荣、能源安全以及环境保护。

主要通过以下途径来实现：

(1) 指导深入的技术研究和政策分析；

(2) 为决策者和管理者提供建议；

(3) 积极与企业、政府或其他组织合作；

(4) 为能效专业人士组织会议和研讨班；

(5) 鼓励和协助媒体发布能源政策和技术信息；

(6) 通过出版书报和会议论文、媒体以及网络引导企业和消费者。

美国能源效率经济委员会成立于 1980 年，至今工作人员已超过 35 位，主要与政府、私营企业、研究机构和其他非赢利组织合作，着眼于工业、建筑、公共设施和交通等终端节能、经济分析、用能行为和政策。

为了使合理的能源政策得以顺利推行，美国能源效率经济委员会提出并分析可行的能效政策措施，并向国家、地区、环保组织，当地决策者提供建议，同时，为了扩大影响力，积极与环境、消费者、商业联盟和一些能源组织合作。在 1987 年国家家电节能措施、1992 和 2005 年能源政策行动以及 2007 年能源独立安全法的制定过程中，美国能源效率经济委员会就起到了核心作用。

美国能源效率经济委员会积极参与讨论能源政策、净化环境、气候变化和政策发展建议，以及节能措施如何在促进经济发展的同时减少能源消耗、污染物和温室气体排放，如克林顿总统在 1993 年和布什总统在 2005 年鼓励推行的应对气候变化行动计划和国家能源政策法案的制定中，美国能源效率经济委员会作为专家委员会，向政府决策者提供能源政策的相关建议和说明。在协助国家能源部门实施各种节能项目的过程中，美国能源效率经济委员会主要参与项目成果的实时记录、基金使用的优先权确定、研究方案的提出和调整部署，如由美国能源部和环保局提出的能源之星基准评价工具开发和美国能源信息管理局的数据采集工作。

另外，美国能源效率经济委员会与州或市政府合作，分析提出适于当地发展的能效政策和策略，包括地区、州以及当地能效水平提高后的能源使用趋势、费用节省、就业机会创造潜力和环保效益等。至今，此类合作和政策建议已经提高了美国西南、东北、中西部、大西洋中部和太平洋西部地区的能效水平，并影响了这些地区的能源政策规划。

一直以来，美国能源效率经济委员会将大量资源用于能源有效利用和节能效果评价的技术、工程和政策研究，在各个研究领域，研究人员们通过调查市场动向，分析节能技术的可行性和经济适用性，以掌握消费者的能源消费倾向，预测能源政策法规的发展趋势，从而提出节能规划。

4.2.2 美国能源效率经济委员会的主要工作

美国能源效率经济委员会的研究范围包括建筑、公共设备、工业、农业、交通、经济和社会分析、用能行为等。

1. 建筑领域

作为建筑、电器和设备能效方面的领军力量，对于电器、照明产品、汽车、商业空调和制冷设备、变压器和卫浴设备等能效标准的建立和升级，美国能源效率经济委员会的研究工作起到了重要的作用。这类标准不仅减少了污染物排放和大量的用电需求，同时为消费者节省了数百亿美元的能源费用。

通过建筑规范辅助项目，美国能源效率经济委员会制定了严格的建筑能源规范，并及时升级，同时提出利于规范实施的策略和高于规范能效要求的自主性规划。

另外，美国能源效率经济委员会大力开展技术研究和推进市场化，以支持新兴技术和实践。近年来，美国能源效率经济委员会已经协助了大量新型产品的市场推广，如节能冰箱、洗衣机、热风机、电子产品、LED交通信号灯、输电变压器和商业制冷系统。

美国能源效率经济委员会还考虑了包括住宅、商业建筑性能和建筑改造等用能终端以及掌握和影响用户的用能决策等方面的研究，以期提高整体建筑能效。

建筑类型包括住宅建筑和商业建筑。美国住宅建筑用能占总用能的25%，其中85%为独栋住宅建筑，15%为多户住宅建筑，5%为可移动住宅，住宅建筑整体节能的潜力很大（表4-1、表4-2）。

美国能源效率经济委员会针对住宅建筑节能的覆盖范围 表4-1

住宅	建筑围护结构、建筑整体评价、建筑性能、采暖通风及空调系统、高层建筑、建筑改造、新建建筑、窗体、建筑模拟、室内空气质量、建筑规范、能源审计、备用电力、新兴技术和实践
家用电器	空调器、家电评级、电器标准、锅炉、家用电子产品、厨房电器、洗碗机、采暖设备、热泵、烘干机、照明、产品测试和评级、冰箱、电力储备、热水采暖、新兴技术和产品

美国能源效率经济委员会针对商业建筑节能的覆盖范围 表4-2

建筑	建筑规范、建筑围护结构、建筑性能、建筑评级、系统试运行、采暖通风及空调系统、办公建筑、公共建筑、建筑改造、新建建筑、窗体、建筑模拟、室内空气质量、备用电力、新兴技术
家用电器	空调器、锅炉、电子产品、厨房电器、产品标准、采暖风机、照明、办公设备、制冷设备、交通信号灯、变压器、热水采暖、电梯、产品测试和评价、电力储备、新兴技术和产品

美国商业建筑用能占总用能的19%，其中的2/3来自办公建筑、商场、教育机构和医院（包括卫生保健用建筑），建筑中超过50%的能耗用于采暖和照明。

2. 公共设备

除了建筑，美国能源效率经济委员会对公用设备能效的提高主要有利于降低电能和天然气使用需求。

美国能源效率经济委员会针对公用设备领域节能所做的工作是基于实时政策和动态研究的，为设备管理者、政府决策者等确定该项节能潜力，提出适于公共事业发展的政策和规划，同时美国能源效率经济委员会会提供策略支持以帮助获得市场基础，从而促进节能产品和服务的推广应用。

在公用设备领域能效的一些重要问题上，美国能源效率经济委员会正进行着开拓性的研究，如采用新技术的国家级示范项目、经济适用型项目、政策试行管理基金项目、综合能源审计与智能电网、能效与能源需求响应研究等。2011 年美国能源效率经济委员会将主办第 6 届“将能效作为资源”大会，届时会召集公共设备产业人士共同探讨公共设备产业的能效发展前景。

3. 工农业领域

在工业领域中，美国能源效率经济委员会对于技术创新和宜于制造产业竞争力提升的节能政策探索有着很大的帮助，主要是协助政府、企业和公共利益团体，积极参与国家、州或当地工业能源策略的制定，调查能源趋势、产业节能潜力和环保能力。

每两年举行一次的美国能源效率经济委员会工业能效夏季研讨会为政策决策者、商业机构、能源管理者和研究人员提供了很好的交流平台。

目前，美国能源效率经济委员会针对节能动力系统、工业节能技术、工业技术分析、热电联产、水泵系统的创新开发等领域均有深入研究，并作为美国清洁热电协会的创始成员之一，积极参与清洁分布式能源、工业用（废）水高效处理、分配和回收利用研究，以及能源市场分析（主要是天然气和石油）。

为了促进农业和农村能源的有效利用，美国能源效率经济委员会已经举行了 3 届与农业相关的会议，美国能源效率经济委员会农业能效论坛聚集了多领域的参会者来共享信息，讨论适用于农村和农场的新能源政策方案。

4. 交通领域

在交通领域，美国能源效率经济委员会着眼于提高汽车燃油经济性、降低排量和提升交通运输系统的整体能效水平。

作为提高交通运输能效的主力军，美国能源效率经济委员会对该部分能效提升空间进行了工程和经济性研究，并提出了利于发挥节能潜力的市场政策规划，包括严格的经济性标准，绿色汽车的激励政策、消费者引导和先进技术的研发等，如结合燃烧效率、排量减少、安全性考虑、洁净生产和可再生能源的综合方案。

美国能源效率经济委员会鼓励制造厂商生产高效、排量小的汽车，并激励消费者的购买需求，美国能源效率经济委员会绿色手册、车辆环保指南的出版和相关网站（Greenercars. org）的建立促进了这一点的顺利推广。同时，在全国范围内联合其他公共团体发起清洁汽车活动，使节能成为企业在汽车市场的竞争力之一，推行“根据需求和消费水平选择最清洁、最节能汽车”的理念，从而促进绿色汽车的市场推广。

另外，美国能源效率经济委员会调查研究整个运输网络中的燃烧节能技术和能效提升空间，出发点在于改善运输需求管理策略，包括土地使用政策、公共交通投资和市场化措施，支持停车补贴和交通用户税收费用改革，以及引导较为节能的消费模式的新政策。

5. 经济和社会分析

美国能源效率经济委员会在经济和社会层面进行分析和研究的目的是使决策者和开发商深

刻理解能耗、生产、能效和节能对经济和社会的影响力，从而加速高效低碳经济体系的形成。

研究工作覆盖能效政策方案的经济模型、节能在维持经济发展和竞争力上的作用、美国高效工业体系的规模、长期节能潜力（至2050年）等四个方面。

6. 用能行为

美国能源效率经济委员会于2009年开始了对用能行为的研究，主要研究内容是节能、用能方式（包括行为推广方法）和人们如何作出影响能耗的决定、涉及住宅、商业、工业和交通领域的用能决策和用能行为。如，美国能源效率经济委员会曾针对商场做过一系列室内采访、调查，协助联邦贸易委员会改进电器用能标识指南。

目前进行的研究主要为住宅用户用能反馈途径、用能行为节能效果评价、汽车消费决策的三方面研究，另外每年还与斯坦福普雷科特能效中心（Stanford's Precourt Energy Efficiency Center）、加州能源与环境研究所（California Institute for Energy and Environment）合作主办行为、能源和气候变化会议，2011年该会议于11月29日至12月2日在华盛顿举行。

4.3　美国太阳能学会（ASES）

4.3.1　美国太阳能学会简介

美国太阳能学会（ASES）成立于1954年，是致力于提高和改进太阳能应用（技术和能效）的非赢利性国家级学会，主要通过教育培养、技术研究和政策发展来促进技术革新和加速可持续能源经济体系的形成。

美国太阳能学会在全国共拥有超过13000个会员，其中包括能源专家和基层会员，它是国际太阳能学会负责美国地区的部门，并在美国国内40个州分别设置了分会（每个分会均有其独立的会员体系、董事会和工作项目）。如今，各国可再生能源的需求剧增，美国太阳能学会在这个国际性能源合作网中发挥着重要的作用。

通过多年的努力，美国太阳能学会正在悄悄地改变着美国公民对太阳能的认识，在2010年出版的首个环保类工作报告中指出，可再生能源应用和能效体系形成过程中提供了超过9000000个就业机会，创收1万亿美元（2009年度）；并在美国应对气候变化报告中证明了可再生能源利用和能效提高对碳排量减少的重要作用，显然，这正是减缓气候变化所需要的。

4.3.2　美国太阳能学会的主要工作

作为可再生能源革命中的领军力量，美国太阳能学会从多方面开展工作以推动太阳能利用在全国的广泛应用。

至今美国太阳能学会已成功发行了《当代太阳能》（*SOLAR TODAY*）杂志，组织和召开每年的国家太阳能大会（National Solar Conference），并发起了全球最大的太阳能应用基层活动——国家太阳能之旅（National Solar Tour），以及太阳能国家建设（Solar Nation）项目。

1.《当代太阳能》杂志

《当代太阳能》收罗了当今太阳能利用领域最新的技术研究进展和政策分析，主要接受遍布全美的美国太阳能学会分会会员投稿，超过23年连续保持业内领先的发行量，因此而备受赞誉。

2. 国家太阳能大会

国家太阳能大会是美国首个面向太阳能专业人士的教育活动，大会主要介绍太阳能利用领域的技术发展与革新。会议通常涵盖的内容包括太阳能热利用（系统、设计和市场）、太阳能光伏利用（系统、设计和市场）、太阳能项目商业管理与策略研讨会、光伏工程商业规模管理和融资研讨会和太阳能板屋顶安装示范。

太阳能大会向太阳能用户（包括施工人员）提供全面的培训，与国内领先太阳能教育机构——“国家太阳能训练营”合作推出的“太阳能与你同在”培训活动向参会人员介绍了该领域的最新专业技能，包括太阳能技术、商务管理、市场动态、住宅和商业建筑安装四个方面。

3. 国家太阳能之旅

“国家太阳能之旅”活动为参与者提供了参观绿色建筑（包括住宅）中创新技术的机会，从而了解采用太阳能利用技术、节能技术和其他可再生能源对降低能源费用和遏制气候变化的积极作用。

除了对于太阳能应用技术的参观了解之外，活动对各种节能技术、可持续建筑设计、节能家电以及建筑改造中的绿色建材等应用的关注也越来越多，参与者能够通过实例直观地了解到，在国家、州或当地经济激励政策下如何节省能源费用。与此同时，活动鼓励公民选择使用可再生能源，以降低用能消费，促进能源独立性，避免供电不足，同时减少碳排量，并将此作为可再生能源革新的一部分。

4. 太阳能国家建设

“太阳能国家建设”项目是美国太阳能学会实施的一个国家级项目，旨在增强公众对太阳能利用的支持力度，来对国家或当地政府能源政策制定产生积极的影响，从而使太阳能成为美国未来能源结构中的重要组成部分，引导美国成为清洁能源国家。

该项目主要通过鼓励政策变更、协助（当地、州或国家）决策者了解太阳能和提供政策方案讨论平台来促进可再生能源（尤其是太阳能）的应用推广，原则上不仅反对使用不清洁的化石燃料和不安全的核能，而且反对利于这类能源推广使用的立法与政策。

“太阳能国家建设”项目策略上包括三个方面：

(1) 建立公众的广泛支持，如建立在线太阳能社区，加强公众支持来影响政治决策；

(2) 增强决策者对太阳能应用节能潜力的认识，使之成为政治决策时的核心影响因素；

(3) 提高公众对利于太阳能应用推广政策的关注和理解。

“太阳能国家建设”项目发起的这类基层活动确实已发挥了一定的作用。加州公共事业委员会曾收到约 50000 封支持一项主动式太阳能技术的电子邮件，从此委员会将广泛的公众支持（通过邮件的形式）作为决策批准的一个影响因素。

4.3.3 美国太阳能学会的主要技术部门

目前美国太阳能学会共有九个部门，各司其职（表 4-3）。

美国太阳能学会的各部门分工　　表 4-3

编号	部门名称	主要工作
1	太阳能电力部	将太阳辐射直接转化为电能，包括光伏技术、集中式光伏技术、光伏热技术
2	太阳能建筑部	被动式太阳能采暖和供冷、采光设计、光伏建筑一体化(BIPV)、选址设计、建筑设计工具和案例研究
3	节能部	可再生能源与节能相结合的环保和社会效益开发、利用和转化

续表

编号	部门名称	主要工作
4	太阳能光热部	采用太阳光进行热驱动应用的方法和过程研究，包括太阳能水池、(海水)脱盐、农业除湿、工业用热、有害废物处理、高温太阳能利用(水分解制氢)、材料加工(化学蒸镀制取高抗拉强度纤维)、太阳光泵浦激光器、区域采暖和供冷、太阳能灶等
5	可再生能源与可持续发展部	插电式汽车(混合动力车和电动车)、汽车并网设施、节能社区设计、可再生氢气和生物燃料等
6	清洁水资源部	推广清洁可再生能源的应用，如清洁水用于饮用、灌溉或其他用途，以及推广可再生能源应用开发的技术信息
7	应用资源部	太阳辐射资源的开发、获得和预测，并告知终端能源用户
8	风能部	风能开发和利用，即分布式风力发电(DWT)，将其作为全球能源可持续性发展的关键技术，促进风能利用技术的开发、转化和使用，鼓励风力发电领域的研究和教育，推广可再生能源的广泛应用和开发(强调对住宅建筑的应用)
9	太阳能集中利用部	太阳能集中利用系统的光电利用规模部署，如太阳能集热和蓄热，用于在高峰需求时段驱动热力发电机供电

4.4　美国暖通空调工程师协会（ASHRAE）

4.4.1　美国暖通空调工程师协会简介

美国暖通空调工程师协会（ASHRAE）成立于1894年，在全球共拥有51000个会员，共同推进采暖、通风与空调制冷的发展，以满足人类的环境需求，促进世界的可持续发展。

美国暖通空调工程师协会积极接受相关领域的各界人士加入学会，包括室内空气品质、建筑设计和运行、食品加工和工业应用中的环境控制等，会员能够接触最新的暖通空调与制冷技术，享受参与技术研究的机会。会员注册工作主要由当地美国暖通空调工程师协会分会、社会委员会（如负责标准制定与发展的标准委员会）和技术委员会（负责根据社会发展提出研究需要、新兴技术和技术问题）协助办理。

针对不同的会员类型，美国暖通空调工程师协会收取不同数量的会费，普通会员为180美元、学生会员为20美元（2010年）。美国暖通空调工程师协会专门为35岁及以下的会员成立了“美国暖通空调工程师协会青年工程师分会”，便于集中培养年轻的工程师们。为了使学生会员在毕业后继续受益于美国暖通空调工程师协会，学会推出了“智能起点计划”，为学生会员制订了向正式会员转换的优惠方案。

美国暖通空调工程师协会的主要工作有标准制定和刊物出版、科研、教育培训三个方面。

美国暖通空调工程师协会设有多个学习机构，针对会员和消费者进行专业教育和培养。

1. 美国暖通空调工程师协会学院（ASHRAE Learning Institute）

美国暖通空调工程师协会学院设有采暖、通风、空调与制冷领域的各类课程，选择空间很大，有3～4h短课、1～2天专业发展研讨会和在线课程这三种形式。

2. 采暖通风与空调系统设计研讨班

采暖通风与空调系统设计研讨班在美国暖通空调工程师协会总部连续开设3天（2011年5月18日～5月20日），教学内容是高能效建筑设计工具。

3. 美国暖通空调工程师协会消费者中心

美国暖通空调工程师协会建立了一个在线消费者中心，解答消费者的常见问题（FAQ），如合适的室内湿度选择，向消费者提供利于室内环境和能耗控制的信息。

4. 自主学习课程

美国暖通空调工程师协会在线提供自学课程资料。

5. 标准 189.1—2009 专题课程

标准 189.1—2009 作为“绿色标准”，是绿色建筑设计基础。美国暖通空调工程师协会为此标准专门设置了一项课程，便于使用者深入了解和应用推广。

4.4.2 美国暖通空调工程师协会的主要出版物

1. 美国暖通空调工程师协会标准和标准使用指南

标准使用手册能够帮助使用者深入了解标准的制定和应用。最常见的标准手册包括如下几个指南。

1）标准 90.1—2010 使用指南

标准 90.1—2010 是由美国国家标准学会（ANSI）、美国暖通空调工程师协会和美国照明工程学会（IES）共同制定的，用于除低层住宅建筑之外的建筑能源设计。

该使用指南针对商业建筑和高层住宅建筑设计进行了详细说明，以确保符合标准 90.1—2010 的要求。

该使用指南介绍了标准 90.1—2010 的含义和应用，以及大量的计算应用实例，明确和简化了标准参照过程。指南中还介绍了使用能耗模拟软件结合能源成本预算的方法来达到标准要求，以及对于某类建筑评级系统和激励政策使用能效评级方法来评价建筑能效等内容。

该指南面向的使用者有将标准 90.1—2010 用于建筑设计的建筑师和工程师、标准实施监督人员、依据标准进行建筑施工的承包商（包括全面施工承包商和专业施工承包商）、产品生产厂家、国家和当地能源部门、决策部门、公共产业人士和其他相关人员。

2）标准 62.1—2010 使用指南

标准 62.1—2010 是由美国国家标准学会、美国暖通空调工程师协会共同制定的，用于满足可接受的室内空气品质要求的通风设计。

该使用指南是对标准 62.1—2010 的解释，而非标准要求复述，其中详细的说明、图表和实例介绍能够有效帮助建筑设计、施工安装和运行管理等方面的使用者参照标准 62.1—2010。

为了使用者更好地理解该标准，指南中介绍了标准 62.1—2010 的含义和应用，以及大量的计算应用实例，为设计者快速完成满足标准要求且成功的设计提供有用的参考材料，同时可以作为建筑运行管理和维护人员使用手册。在参照标准 62.1—2010 时需要的应用工具在指南中也有相关说明，如最新修改的通风量计算参考表格。该指南鼓励在建筑设计和系统设计中应用良好室内空气品质和有效通风的设计原则。

适用对象有将标准 90.1—2010 用于建筑设计的建筑师和工程师、要求满足标准的设备生产厂商、标准实施监督人员、依据标准进行建筑施工的承包商（包括全面施工承包商和专业施工承包商）、需要保证在建筑使用生命周期内满足标准要求的建筑运行管理和维护人员。

3）标准 189.1—2009 使用指南

标准 189.1—2009 由美国国家标准学会、美国暖通空调工程师协会、美国绿色建筑委员会和美国照明工程学会共同制定，用于高能效绿色建筑设计。

由于标准 189.1—2009 中内容覆盖范围较广，包括可持续选址、水资源和能源利用效率、室内环境质量、建筑对环境的影响、材料和资源利用这五个方面，标准使用者需要深入理解才能将上述几点运用到可持续建筑中。

该指南可以作为建筑师和工程师的设计指南，对建筑施工承包商和标准施行监督人员也都很有帮助。

为了提高标准的可操作性，指南按照标准 189.1—2009 的结构，对应每一章进行了说明。为了更清晰地说明各部分的内容，指南中多数章节都归纳了标准参照方式，如规范要求、能耗方案等。它还可以用于教学，其中罗列了大量的计算过程、应用实例、参考资料和网址等。

2. *ASHRAE Journal*

2011 年 4 月《ASHRAE Journal》的主要内容是能源计量，虽然不能影响建筑设计、施工和运行，但能源审计信息对于运行管理、建筑能耗和能源消费等方面是至关重要的。该期其他文章讨论了海水腐蚀控制、医疗诊所改造利用、空气处理机紫外线杀菌处理和固态冷却等。

《美国暖通空调工程师协会论文集》(*ASHRAE Transactions*)

《美国暖通空调工程师协会论文集》是收录美国暖通空调工程师协会年会会议文章的官方刊物。

3. 美国暖通空调工程师协会年会

美国暖通空调工程师协会年会中都需要由资深专家进行严格的审稿工作，以保证会议论文集的高质量，其中有 2 种论文类型：

(1) 会议论文，主要介绍应用和案例研究；

(2) 专题论文，针对在采暖、通风空调和制冷领域的其他研究会议等场合已发表的问题和结论进行讨论。

美国暖通空调工程师协会会对 2 种论文都进行不少于 1 次的盲审，其中会议论文每次审稿人不少于 2 个，而专题论文每次审稿人不少于 3 个。

会议论文主题主要有室内空气品质，冷却系统，建筑控制系统，采暖、通风、空调与制冷应用技术等。

《高能效建筑》(*High Performing Buildings*)。《高能效建筑》是以典型案例研究的形式，促使建筑整体高能效设计影响力逐步扩大的出版物。最新一期重点介绍案例有 2 个，均运用综合设计使建筑能耗最小化而没有明显提高总体费用，分别是 (Enermodal 工程总部)、(Enermodal Engineering headquarters) 和神圣智慧修道院 (Holy Wisdom Monastery)。

4.4.3 美国暖通空调工程师协会的科学研究

美国暖通空调工程师协会的技术专家们主要关注于美国暖通空调工程师协会的技术委员会 (Technical Committees)、项目小组 (Task Groups) 和技术资源小组 (Technical Resource Groups)。这些小组的任务主要有：

(1) 撰写美国暖通空调工程师协会手册；

(2) 组织、协调和监管由协会赞助的研究项目；

(3) 主持美国暖通空调工程师协会会议里的各项活动；

(4) 审阅技术论文；

(5) 评估建立标准的需求；

(6) 为社会提供任何美国暖通空调工程师协会所涉及的技术领域中的建议和咨询。

美国暖通空调工程师协会设立了技术委员会 (Technology Council)，委员会在一定程度上代表了理事会 (Board of Directors) 财政和行政上的权威，协助实施理事会的各项决策，管理其组织领导下的分会活动，包括环境卫生分会、制冷分会、研究管理分会、标准编制分会和技术活动分会。美国暖通空调工程师协会技术委员会由那些在某一专业领域受认可的专家们组成。美国暖通空调工程师协会项目小组和美国暖通空调工程师协会技术委员会的构成类似，但是仅当某一特定项目不包括在现有美国暖通空调工程师协会技术委员会所涉及的领域之内，或涉及多个不同的美国暖通空调工程师协会技术委员会时，才会成立美国暖通空调工程师协会技术小组。美国暖通空调工程师协会技术资源小组和美国暖通空调工程师协会技术委员会类似，其不同之处为技术资源小组的职责仅限于准备、审阅或修订技术材料。他们不对任何项目、研究和标准负责。

美国暖通空调工程师协会技术委员会的工作主要分为两部分：美国暖通空调工程师协会标准和手册编写、技术研究。

1. 美国暖通空调工程师协会标准和手册编写

美国暖通空调工程师协会编写标准的目的是为了达成用于引导行业发展的性能标准和公认的、一致的评价方法。

美国暖通空调工程师协会标准的内容可归纳为三个方面，分别是标准测量计量方法、设计标准和标准实践。

美国暖通空调工程师协会的标准编制工作严格按照美国国家标准学会的标准编制要求进行，并得到了该学会的认可。

与标准编制相关的工作有：①标准补充内容编写（主要有标准附录、标准勘误、标准条文解释）；②标准草案的公共审议。

标准的编写和发布确定了性能的合格水平，而其他文件（主要是设计指南，如可持续发展指导方针（Sustainability Guidelines））的编制和发布则是为了促进性能优化。

美国暖通空调工程师协会系列手册（ASHRAE Handbook）至今共有4版，分别是应用篇2007 *ASHRAE Handbook-HVAC Applications*、系统与设备篇 2008 *ASHRAE Handbook-HVAC Systems and Equipment*、基础篇 2009 *ASHRAE Handbook-Fundamentals*、制冷篇 2009 *ASHRAE Handbook- Refrigeration*。

2. 技术研究

1960年至今，美国暖通空调工程师协会已在许多高校和研究机构发起了多项研究工作，其研究成果多用作美国暖通空调工程师协会系列手册、出版刊物或标准的基础资料，这些项目成果对于高校采暖、通风、空调与制冷专业学生的教育培养也是很有帮助的。

美国暖通空调工程师协会技术分会曾发起了“使用寿命和维护成本数据库”项目，数据通过用户注册提交，工程师需要精确地了解建筑的建设和运行数据（包括使用寿命和建筑功能）来作出正确的工程决策，这个数据库的建立为工程界提供了最新的建筑使用情况。

与技术研究相关的工作还有编写研究项目手册，收录了美国暖通空调工程师协会研究工作的启动、批准、管理、监督和运用各个环节的完整资料和研究进程，介绍了从项目规划到研究成果发布的全部细节。

3. 美国暖通空调工程师协会下属技术委员会

美国暖通空调工程师协会下属的技术委员会见表4-4。

技术委员会的分布与主要特征 **表 4-4**

“技术委员会”1.0-基础和通用	“技术委员会”2.0-环境质量
TC 1.1 热力学和心理测量学 (Thermodynamics and Psychometrics)	TC 2.1 生理学和人体环境 (Physiology and Human Environment)
TC 1.2 仪器和测量 (Instruments and Measurements)	TC 2.2 地球和动物环境 (Plant and Animal Environment)

续表

"技术委员会"1.0-基础和通用	"技术委员会"2.0-环境质量
TC 1.3 传热和流体 (Heat Transfer and Fluid Flow)	TC 2.3 气态空气污染物及其去除设备 (Gaseous Air Contaminants and Gas Contaminant Removal Equipment)
TC 1.4 控制理论及其应用 (Control Theory and Application)	TC 2.4 颗粒空气污染物及其去除设备 (Particulate Air Contaminants and Particulate Contaminant Removal Equipment)
TC 1.5 计算机应用 (Computer Applications)	TC 2.5 全球气候变化 (Global Climate Change (orig. TG 2 GCC))
TC 1.6 术语 (Terminology)	TC 2.6 噪声和振动控制 (Sound and Vibration Control)
TC 1.7 普通法律教育 (General Legal Education (orig. TG1. GLE))	TC 2.7 防震和防风设计 (Seismic and Wind Restraint Design)
TC 1.8 机械系统绝缘 (Mechanical Systems Insulation (orig. TC 4.13))	TC 2.8 建筑对环境的影响及可持续性 (Building Environmental Impacts and Sustainability)
TC 1.9 电气系统 (Electrical Systems)	TC 2.9 紫外线空气及表面处理 (Ultraviolet Air and Surface Treatment)
TC 1.10 热电联产系统 (Cogeneration Systems)	TG2. 暖通空调系统通风及空调安全 (HVAC Heating Ventilation and Air-Conditioning Security(orig TRG2. BCBR))
TC 1.11 电机和电机控制 (Electric Motors and Motor Control (orig. TC 8.11))	—
TC 1.12 建筑湿环境控制(Moisture Management in Buildings(orig. TG9. MMB))	—
TG1. 可持续建筑熵分析 (Exergy Analysis for Sustainable Buildings TG1OPT,优化 Optimization)	—
"技术委员会"3.0-材料和过程	**"技术委员会"4.0-负荷计算和能源需求**
TC 3.1 制冷剂和二次载冷剂 (Refrigerants and Secondary Coolants)	TC 4.1 负荷计算数据和步骤 (Load Calculation Data and Procedures)
TC 3.2 制冷系统化学 (Refrigerant System Chemistry)	TC 4.2 气候信息 (Climatic Information)
TC 3.3 制冷剂污染控制 (Refrigerant Contaminant Control)	TC 4.3 通风需求及渗透 (Ventilation Requirements and Infiltration)
TC 3.4 润滑剂 (Lubrication)	TC 4.4 建筑材料及建筑围护结构性能 (Building Materials and Building Envelope Performance)
TC 3.6 水处理 (Water Treatment)	TC 4.5 透光围护结构 (Fenestration)
TC 3.8 制冷剂污染 (Refrigerant Containment)	TC 4.7 能耗计算 (Energy Calculations)
TG3 暖通空调合同和设计事务所 (HVAC&R Contractors and Design Build Firms)	TC 4.10 室内环境建模 Indoor Environmental Modeling
—	TRG4. IAQP, 室内空气质量技术研发 (Indoor Air Quality Procedure Development)

续表

"技术委员会"5.0-通风和气流组织	"技术委员会"6.0-供热设备，供热和制冷系统及应用
TC 5.1 风机设计和应用 (Fan Design and Application)	TC 6.1 水及蒸汽设备和系统 (Hydronic and Steam Equipment and Systems)
TC 5.2 管路设计(Duct Design)	TC 6.2 区域能源 (District Energy)
TC 5.3 室内气流组织 (Room Air Distribution)	TC 6.3 中央供热及制冷系统 (Central Forced Air Heating and Cooling Systems)
TC 5.4 工业空气洁净过程(空气污染控制) (Industrial Process Air Cleaning (Air Pollution Control))	TC 6.5 辐射及热传导供热及制冷 (Radiant and Convective Space Heating and Cooling)
TC 5.5 气一气能量回收 (Air-to-Air Energy Recovery)	TC 6.6 生活用水加热系统 (Service Water Heating Systems)
TC 5.6 火灾及烟雾控制 (Control of Fire and Smoke)	TC 6.7 太阳能利用 (Solar Energy Utilization)
TC 5.7 蒸发式制冷 (Evaporative Cooling)	TC 6.8 土壤源热泵及能量回收系统应用 (Geothermal Heat Pump and Energy Recovery Applications)
TC 5.8 工业通风 (Industrial Ventilation)	TC 6.9 蓄热设备 (Thermal Storage)
TC 5.9 密闭式车载设备 (Enclosed Vehicular Facilities)	TC 6.10 燃料及燃烧 (Fuels and Combustion)
TC 5.10 厨房通风 (Kitchen Ventilation)	—
TC 5.11 加湿设备 (Humidifying Equipment (orig. TC 8.7))	—
"技术委员会"7.0-建筑性能	**"技术委员会"8.0-空调及制冷系统组件**
TC 7.1 集成化建筑设计 (Integrated Building Design (orig. TC 4.12))	TC 8.1 容积式压缩机 (Positive Displacement Compressors)
TC 7.3 运行及维护管理 (Operation and Maintenance Management (orig. 1.7))	TC 8.2 离心式设备 (Centrifugal Machines)
TC 7.5 智能建筑系统 (Smart Building Systems (orig. TC 4.11 & TC 7.4))	TC 8.3 吸收式及热力设备 (Absorption and Heat Operated Machines)
TC 7.6 建筑能效 (Building Energy Performance)	TC 8.4 气体—制冷剂换热设备 (Air-to-Refrigerant Heat Transfer Equipment)
TC 7.7 测试及平衡 (Testing and Balancing (orig. TC 9.7))	TC 8.5 液体—制冷剂换热设备 (Liquid-to-Refrigerant Heat Exchangers)
TC 7.8 持有及运行成本 (Owning and Operating Costs (orig. 1.8))	TC 8.6 冷却塔和蒸发式冷凝器 (Cooling Towers and Evaporative Condensers)
TC 7.9 建筑调试 (Building Commissioning (orig. TC 9.9))	TC 8.7 变制冷剂流量 (Variable Refrigerant Flow)
TRG7 地板送风 (Under Floor Air Distribution)	TC 8.8 制冷系统控制及辅助设备 (Refrigerant System Controls and Accessories)
—	TC 8.9 民用制冷机及食品冷藏 (Residential Refrigerators and Food Freezers (orig. TC 7.1))

续表

"技术委员会"7.0-建筑性能	"技术委员会"8.0-空调及制冷系统组件
—	TC 8.10 机械除湿设备及热管 (Mechanical Dehumidification Equipment and Heat Pipes (orig. TC 7.5))
—	TC 8.11 一体式空调及热泵 (Unitary and Room Air Conditioners and Heat Pumps (orig. TC 7.6))
—	TC 8.12 干燥除湿设备及部件 (Desiccant Dehumidification Equipment & Components (orig. TC 3.5))
"技术委员会"9.0-建筑应用	**"技术委员会"10.0-制冷系统**
TC 9.1 大型建筑空调系统 (Large Building Air-Conditioning Systems)	TC 10.1 用户定制制冷系统 (Custom Engineered Refrigeration Systems)
TC 9.2 工业空调 (Industrial Air Conditioning)	TC 10.2 自动制冰机组和溜冰场 (Automatic Ice-making Plants and Skating Rinks)
TC 9.3 运输空调 (Transportation Air Conditioning)	TC 10.3 制冷管路 (Refrigerant Piping)
TC 9.5 民用及小型建筑应用 (Residential and Small Building Applications (TG9 RSB))	TC 10.4 超低温制冷系统和低温学 (Ultra-Low Temperature Systems and Cryogenics)
TC 9.6 医用设备 (Healthcare Facilities)	TC 10.5 冷冻运输及仓储设备 (Refrigerated Distribution and Storage Facilities)
TC 9.7 教育设备 (Educational Facilities)	TC 10.6 冷藏运输 (Transport Refrigeration)
TC 9.8 大型建筑空调应用 (Large Building Air-Conditioning Applications)	TC 10.7 商业食品和饮料的冷藏展示及存储 (Commercial Food and Beverage Cooling Display and Storage)
TC 9.9 关键任务设施,技术及电气空间 (Mission Critical Facilities, Technology Spaces and Electronic Equipment (orig. TG HDEC))	TC 10.8 制冷负荷计算 (Refrigeration Load Calculations)
TC 9.10 实验室系统 (Laboratory Systems)	TC 10.9 食品及饮料的制冷应用 (Refrigeration Application for Foods and Beverages)
TC 9.11 洁净室 (Clean Spaces)	TC 10.10,润滑剂循环管理 (Management of Lubricant in Circulation)
TC 9.12 高层建筑 (Tall Buildings)	—
TG9. 监狱 (JF Justice Facilities)	—

4. 美国暖通空调工程师协会战略研究计划（2010～2015 年）

1）美国暖通空调工作师协会研究的愿景

美国暖通空调工作师协会制订这个计划，是为了进行及时的研究活动，以维持与通过在建筑内或其他场合的暖通空调及制冷系统将人和室内外环境进行联系这一领域相关的全球技术资料和教育信息、标准和指南的先进性、权威性及可靠性。

2）制订战略性研究计划的目的

美国暖通空调工程师协会董事会要求美国暖通空调工程师协会的战略性研究计划每五年制订或更新一次。该研究计划确立了在暖通空调及制冷领域关键的研究需求，并且为美国暖通空调工程师协会会员和技术委员会发展研究计划提供了指导性的信息。此外，该计划还为研究管理委员会批准和资助研究提议提供依据。该战略性研究计划并不是要指导既有的委员会设计研究项目，而是为了从美国暖通空调工程师协会会员处收集信息，以确定那些合适的，需要不同委员会合作、需要大量项目资金或外界能够进行资助的战略性研究的需求。

3）指导研究项目

针对每一个预期成果，该研究所面临的技术挑战和特定的目标会在战略性研究计划中被明确提出。这些一般是在每一个项目的讨论章节中提出。由于每一个研究项目的预期成果、面临的技术挑战不同，所以不同的研究之间差别很大。许多研究目标是以成果为导向，因此意味着相对于指定具体研究的类型和步骤，指定预期希望得到的成果更为重要，而该方式会提供更大的自主性和鼓励研究员在研究中进行创新。一般情况下，特定的项目会指定某一个或多个美国暖通空调工程师协会的技术委员会来负责。研究管理委员则会相应地根据战略研究计划来评估并确定研究项目的优先级，以确保最符合战略性研究计划要求的项目获得优先的资金资助。该战略性研究计划每五年会更新一次，以确保应对当今社会面临快速挑战的暖通空调及制冷界的研究环境。

4）战略性研究计划的制订

该计划是在三年中与美国暖通空调工程师协会研究咨询小组合作制订的。计划初稿由美国暖通空调工程师协会分会成员、技术委员会会员、研究项目的资助者和暖通空调及制冷业界相关机构的代表通过调研、会议、论坛和邮件等方式确定。一旦基于计划初稿和研究咨询小组审阅后的初步目标课题列表确定后，特别委员会（主要由技术委员会的志愿者组成）会对这些目标课题进行审阅。合适的目标课题会在经过多轮审阅和编辑后由美国暖通空调工程师协会技术委员会最终批准。

5）战略研究大方向

美国暖通空调工程师协会确立了未来10年的科研方向是解决如下这些问题。

（1）最大化建筑和设备的实际运行能效

目标：加深对于影响理论技术极限和实际能耗之间差距的技术、经济、机构和人为因素的理解。开发额外的工具和方法来最大化建筑的实际能效。通过这些工具和方法，采用能够实现的方式证实节能量和改进点。

（2）《先进能源设计指南》（*Advanced Energy Design Guides*）和经济性零能耗建筑（cost-effective net-zero-energy）

目标：研发零能耗建筑可以促进那些改进建筑能源使用效率的技术和设计方式的开发。在美国，既有的500万栋公共建筑和1亿2000万栋居住建筑消耗了大约40%的年总能源消耗量。到2030年年底，公共建筑的面积预计会增长40%，居住建筑的面积也会增长27%。因此，零能耗建筑能够通过减少额外的能源动力供给压力和温室气体的排放，从而提供有益的帮助。另一个和先进能源设计有关的需求是对于既有建筑节能改造系统的开发。当建造一栋整体的零能耗建筑并不总是那么在经济上可行时，零能耗建筑设计中的部分节能技术却能够在那些改造项目中提供可观的降低能耗的机会。2010～2015年的战略研究计划目标在于对“先进能源设计指南：短期效果”提供发展和改进的支持。该目标同时会为我们在2015年后实现零能耗建筑打下坚实的基础。

① 为《先进能源设计指南》提供能够在2012年年底在标准90.1—2007（或其他基准）的基准上再降低50%的全年能耗的技术—针对建筑类型：所有建筑。

② 为《先进能源设计指南》提供能够在2015年年底在标准90.1—2007（或其他基准）的基准上再降低70%的全年能耗的技术—针对建筑类型：公共建筑。

③ 与美国能源部能源信息管理局合作，在2015年年底增强针对所有建筑类型的调研。

④ 在2015年年底，在某种建筑类型的《先进能源设计指南》中增加光热系统的设计规范。

⑤ 在2015年2月前，使得标准90.1在实践中达到的76%的使用率。

⑥ 在2015年年底，发布“建筑节能改造设计指南”。

⑦ 在2015年年底，在12栋已经运行的建筑上收集“设计预期”和“实际运行”的能耗数据。

(3) 在既有居住建筑中大幅度降低暖通空调系统、热水系统和照明系统的能耗

目标：美国的居住建筑部分消耗了大约全年总能源消耗量的11%（该比例中的4.4%是采暖系统消耗的，0.9%是空调系统，2.2%是热水系统，2.8%是灯光和设备，0.5%是冷藏）。该计划的目标是在保持或提高房屋的舒适度和室内空气质量的前提下，有效降低低层居住建筑的空调和热水系统的能耗。尽管当前居住建筑能效的测量方式已经被业界所广泛接受，但是普通居住建筑的能效仍然是较低的。在开发新的节能技术之外，对现有技术的应用和推广依然需要不断改进。这些改进包括对建筑业主进行教育和激励，开发快速便捷的节能技术以及选择合适的节能改造技术的方法和培训承包商来资助节能改造项目并安装这些节能改造技术。

(4) 大幅度加深人们对于室内环境质量对工作效率、健康症状和人员能感受到的办公室环境质量的影响的认识和理解，并为在美国暖通空调工程师协会标准、指南、暖通空调设计和运行实践中的改进提供理论基础

目标：实现该成果的目标可以分为以下两个优先级：

① 第一优先级——必须完成：量化分析新风（OA）量和热舒适参数（空气温度和速度，辐射温度，湿度）对以下项目的影响：

a. 高级认知能力，例如：决策制订、工作效率（最高优先级）；

b. 重复性办公室工作的速度和准确度，例如：校对、打印；

c. 人员能感受到的环境质量（PIEQ）；

d. 与建筑相关的急性疾病症状。

② 第二优先级——建议完成：量化颗粒物或气态空气净化、噪声级和其他室内环境质量因素，或控制措施对上述所列的项目的影响。上述目标已经清楚地表明了部分假设，比如新风量会影响工作效率、人员健康和人员能感受到的环境质量等。本研究将测试并验证这些假设是否成立。此外，在可能的情况下，研究将量化分析选择的室内环境质量参数与特定的效率、健康和人员感受之间的联系。

(5) 支持室内环境质量能源标准的发展与制定，减少证明符合标准的步骤

目标：该研究的主要目标在于提供知识和工具以加速和继续室内环境质量能源标准的发展（新建建筑：90系列和既有建筑：100系列）。此外，该研究将提供给设计者能够更为便捷地证明其设计符合标准的工具。

(6) 高能效建筑的建筑信息模型（BIM）。高能效建筑的建筑信息模型是一个目前快速发展的领域，它将传统的暖通空调领域延伸到了更为广泛的施工阶段

目标：①在室内环境质量与高能效建筑的建筑信息模型相关的研究和标准、指南和技术刊物的发展和实行中整合和嵌入高能效建筑的建筑信息模型的交互操作特性；②开发用于支持在协会内部更为广泛的技术活动中应用高能效建筑的建筑信息模型的信息、指南和例子。

(7) 支持开发用于设计低能耗建筑的工具、步骤和措施

目标：我们对于人们在能源消耗上负有的责任的看法已经有了本质上的改变。在过去几年来，我们越来越意识到建筑暖通空调方面的巨大节能潜力。包括这个意识以及关于能源和环境相关的责任的看法的转变已经体现在目前的建筑项目中，人们正在为达到更高的建筑能效而不断作出努力。绿色建筑评估体系标准的成功和流行证明了在业界已经产生了想法的转变。许多实践者已经参与到设计更为节能的建筑的努力中。在零能耗建筑的指导下，为了提升建筑的能耗性能，我们已经针对许多创新的技术作了许多努力。因此，该研究的主要目标就是通过提升既有工具的实用性、可行性和准确性，并且开发我们所需要的新工具，来不断提升工程师设计低能耗建筑的能力。

（8）推广天然制冷剂或低全球变暖潜值（GWP）的人工制冷剂，并且寻求减少它们排放影响的措施

目标：① 将天然制冷剂或低全球变暖潜值的人工制冷剂有效地与空调和制冷设备（AC&R）结合起来；

② 寻找设备的优化，从而最小化每单位冷吨的制冷剂排放；

③ 研究这些优化设备的整体经济性；

④ 研究不同的天然制冷剂或低全球变暖潜值的人工制冷剂的选择对整体系统效率的影响；

⑤ 研究安全和健康方面的因素。

（9）支持包括从民用到商用系统中，能够为人们提供更高的系统效率、经济性、稳定性和安全性的暖通空调及制冷的优化部件的开发

目标：暖通空调及制冷系统部件的开发和改进是一个持续的、永不停止的过程，目前的设备现状是建立在过去几十年来无数机构和公司的研究成果上的。改善部件的机会是永远存在的，以下就是部分目前被认为是美国暖通空调工程师协会关注的机会和项目。

（10）在建筑设计、建筑工程教育中，大幅度地加强对于能效、环境质量相关的课程

目标：建筑设计、建筑工程教育是为了达到将建筑设计和建筑系统的理念和知识以一种培养下一代优秀工程师和建筑师的愿景而教授的目的。然而，这两个学科却很少有交叉的内容，并且很少在课程和研究项目上进行合作。现实中设计团队的建筑师和建筑工程师成员间的合作是设计高能效建筑中非常重要的一个环节，因此，该教育中的不足之处就反映了我们迫切需要开发有助于增强这两个系科之间相互合作的资源、工具和机会。该教育目标的实现有助于支持相关领域研究活动的发展，并为在未来实现零能耗建筑打下坚实的基础。

6）美国暖通空调工程师协会 2011 年的研究项目

美国暖通空调工程师协会在 2011 年已征集到以下 17 个研究项目。项目提案截止日期为 2011 年 5 月 16 日（星期一）8：00 a. m. EDT，项目将在 2011 年 9 月 1 日（或以后）开始执行。这些研究项目如下所示：

1399-TRP，“对制药或生物洁净室作业过程活动中的颗粒物生成率的调研（Survey of Particle Production Rates from Process Activities in Pharmaceutical and Biological Cleanrooms）”，负责委员会：TC 9. 11（洁净室）（Responsible Committee：TC 9. 11（Clean Spaces））。

1410-TRP，“润滑剂和制冷剂分解过程的化学系统效果的研究（Effect of System Chemicals toward the Breakdown of Lubricants and Refrigerants）”，负责委员会：TC 3. 2（制冷系统化学）（Responsible Committee：TC 3. 2（Refrigerant System Chemistry））。

1413-TRP，“为填补能效监测及分析中的气候参数缺口而开发的标准步骤（Developing Standard Procedures for Filling Climatic Data-Gaps for Use in Building Performance Monitoring and Analysis）”，负责委员会：TC 4. 2（气候信息）（Responsible Committee：TC 4. 2（Climatic Information）（re-bid））。

1458-TRP，“机械通风空间中人—人间的污染物传播建模的研究（Modeling Person-to-Person Contaminant Transport in a Mechanical Ventilation Space）”，负责委员会：TC 4.10（室内环境建模）（Responsible Committee：TC 4.10（Indoor Environmental Modeling））。

1495-TRP，“润滑剂对于气态和液态制冷剂之间水的分布影响的研究（Effect of Lubricant on the Distribution of Water Between the Vapor and Liquid Phases of Refrigerants）”，负责委员会：TC3.3（制冷剂污染控制）（Responsible Committee：TC 3.3（Refrigerant Contaminant Control））。

1499-TRP，“湿度对于数据中心ICT设备可靠性的影响的研究（The Effect of Humidity on the Reliability of ICT Equipment in Data Centers）”，负责委员会：TC9.9（关键任务设施，技术及电气空间）（Responsible Committee：TC 9.9（Mission Critical Facilities，Technology Spaces and Electronic Equipment））。

1504-TRP，“标准55和ISO 7730中服装隔热数据库的补充：为非西方服装提供数据，包括姿势和气流对隔热的影响的研究（Extension of the Clothing Insulation Database for Standard 55 and ISO 7730 to Provide Data for Non-Western Clothing Ensembles，Including Data on the Effect of Posture and Air Movement on that Insulation）”，负责委员会：TC2.1（生理及人体环境）（Responsible Committee：TC 2.1（Physiology & Human Environment））。

1550-TRP，“隔热涂层热工特性的研究（Thermal Performance of Insulating Coating）”，负责委员会：TC 1.8（机械系统隔热）（Responsible Committee：TC 1.8（Mechanical System Insulation））。

1557-TRP，“气相滤料应对高、低浓度的性能参数对比实验研究（Lab Comparison of Relative Performance of Gas Phase Filtration Media at High and Low Challenge Concentrations）”，负责委员会：TC 2.3（气态空气污染物及其去除设备）（Responsible Committee：TC 2.3）（Gaseous Air Contaminants and Gas Contaminant Removal Equipment）。

1564-TRP，“在微通道换热器中油的黏性的测量（Measurement of Oil Retention in the Microchannel Heat Exchanger）”，负责委员会：TC 8.4（气体—制冷剂换热设备）（Responsible Committee：TC 8.4（Air to Refrigerant Heat Transfer Equipment））。

1565-TRP，“美国暖通空调工程师协会设计指南：独立新风系统（Development of the ASHRAE Design Guide for Dedicated Outdoor-Air Systems）”，负责委员会：TC 8.10（机械除湿设备及热管）（Responsible Committee：TC 8.10（Mechanical Dehumidification Equipment and Heat Pipes））。

1581-TRP，“开发替代性一体式空调机组在无法满足美国暖通空调工程师协会37/美国暖通空调工程师协会116指定的风管尺寸和外部压力计位置要求情况下的测试配置的设置指南（Develop Alternate Set-up Guidelines for Unitary Air Conditioner Test Configurations Which Cannot Adhere to ASHRAE 37/ASHRAE 116 Specified Duct Dimensions and External Pressure Tap Locations）”，负责委员会：TC8.11（一体式空调及热泵）（Responsible Committee：TC 8.11（Unitary and Room Air Conditioners and Heat Pumps））。

1584-TRP，“预测制冷剂燃烧速度替代方法的评测方法的研究（Assessment of Alternative Approaches to Predicting the Burning Velocity of a Refrigerant）”，负责委员会：TC 3.1（制冷剂和二次载冷剂）（Responsible Committee：TC 3.1（Refrigerants and Secondary Coolants））。

1592-TRP，“热电联产设计指南-热电联产设计指南（1996）更新（CHP Design Guide-Update to the Cogeneration Design Guide（1996））”，负责委员会：TC 1.10（热电联产系统）（Responsible Committee：TC 1.10（Cogeneration Systems））。

1603-TRP,“暖通空调系统对于污染物在建筑和联合运输中传播起到的作用的研究（Role of HVAC Systems in the Transmission of Infectious Agents in Buildings and Intermodal Transportation)”，负责委员会：TC 9.3（运输空调）(Responsible Committee：TC 9.3（Transportation Air Conditioning))。

1604-TRP,“对洁净室中需求控制渗透的研究（Demand Controlled Filtration for Clean Rooms)”，负责委员会：TC 9.11（洁净室）(Responsible Committee：TC 9.11（Clean Spaces))。

1606-TRP,“使用扁平椭圆转换的实验室测试方法确定损失系数的研究（Laboratory Testing of Flat Oval Transitions to Determine Loss Coefficients)”，负责委员会：TC 5.2（管路设计）(Responsible Committee：TC 5.2（Duct Design))。

4.5 美国机械工程师协会（ASME）

4.5.1 美国机械工程师协会简介

美国机械工程师协会（ASME）是由各领域工程师组成的非赢利性国际会员制协会，长期以来，美国暖通空调工程师协会通过制定各类工程规范和标准，促进工程师的合作、知识共享、事业发展和技能培养，以利于行业整体发展。

美国机械工程师协会成立于1880年，由一个企业家领导小组发展而来，现已拥有超过120000个成员，遍布世界150个国家，在工程界起到了至关重要的作用。美国机械工程师协会会员能够了解到各种新技术，探索专业问题的解决方案，不断提高专业技术水平，增强自身职业发展潜力。由于工程领域覆盖范围很大，这些会员也来自各个行业，如高校学生、事业刚起步的工程师、项目经理、公司高管、研究人员和学科带头人等。

在制造业和建筑领域所使用设备的安全性保证和提高方面，美国机械工程师协会在全球都享有盛名。协会成立的初衷就是为了保证机械设计和机械生产过程中的可靠性和可预测性。

锅炉和其他压力容器的出现使得先进的远距离运输和重负荷起重工作成为可能，但这种技术稳定性不高，若不及时进行维修会造成很大的损失。

因此，美国机械工程师协会在1915年出版了锅炉和压力容器规范（BPVC）之后，该标准在北美的大部分地区都被列入了相关法律。在发布了第一版锅炉和压力容器规范之后，美国机械工程师协会逐渐将出于安全性考虑的规范的制定在工业领域推广开来，制定了各类工程技术标准，包括各种管线生产、电梯和自动扶梯、材料处理、燃气发动机和核能利用等方面。

4.5.2 美国机械工程师协会的主要工作

美国机械工程师协会以促进工程知识的进步、推广和广泛应用为己任，推进全球各种工程协会的技术交流，旨在最大限度地发挥专业技术的社会作用，提高人们的生活质量，力争成为全球机械工程和其他专业技术领域不可或缺的组织力量。

协会的主要工作有规范和标准编写，科研工作，学术会议和出版刊物，继续教育和职业培训，政府合作和其他方式，为各领域工程技术的发展进步打下了坚实的基础。

到目前为止，美国机械工程师协会制定的各类标准已在超过100多个国家广泛应用，针对锅炉、电梯和起重机生产、核能利用、管道运输业等领域。美国机械工程师协会先后制定了600多个技术标准，以保证安全性和效率的提高，并已通过多种方式提供了200多次专业学习课程，每年还要主办涉及30多个领域的技术交流会，美国机械工程师协会的在线数字图书馆收录了超过30000篇期刊文章和超过30000篇会议论文。自1971年起，美国机械工程师协会已有近250个机械工程领域的商标注册。

美国机械工程师协会的出版物种类丰富，包括各类标准、各学科理论和技术期刊等，使得技术人员和政策决策者都能够全面地了解工程技术信息，同时也使得新会员对前人的优秀成果有着实质上的接触和深入了解的机会。

1. 政府合作项目

美国机械工程师协会主要为白宫科技政策办公厅和主要政府部门的政策决策者提供工程和技术指导。美国机械工程师协会的政府合作项目为会员们提供了参与和协助国家、州政府决策议题的机会，主要是关于能源政策，科学、技术、工程、数学领域（STEM）的教育，政府投入的研发经费，标准政策这四个方面。

美国机械工程师协会发起了政府合作项目“美国面临能源挑战”会议简报（Congressional Briefings on the U. S. Energy Grand Challenge），这份简报中阐述了能源技术研究如何才能成功，并用专题的形式介绍了一个用于美国机械工程师协会资料库中与能源有关信息的在线交换中心。

此外，“联邦政府基金项目”允许美国机械工程师协会会员以技术人员的身份担任参议员、国会代表、国会委员、白宫科技政策办公厅工作人员或其他政府机构工作人员，每期项目的任职时间为 1 年。

2. 能源政策

美国机械工程师协会参与国家政府能源问题讨论已有多年，主要向政策决策者提供合理、可靠的技术建议，为白宫与参议院联合资金使用委员会提供说明，并于 2007 年 6 月发布了能源政策意见综述（General Position Paper on Energy Policy）。

3. 科学、技术、工程、数学领域的教育

美国的经济发展已越来越依附于技术性劳动力。然而，随着工程与科技发展所需的职位数量大幅增加，准备投身于这类行业的学生数量却一直明显不足，这也说明了 K-12 科学、技术、工程、数学教育项目的重要性，该项目有利于学生数量逐步增加，以满足不断增加的职位需求。

4. 政府投入的研发经费

研究和开发作为经济发展的关键力量，这一点在全球范围内已得到公认。美国机械工程师协会预先考虑到了各国政府与产业对于新兴技术的标准化需求，针对这一点，美国机械工程师协会已根据市场需求提供了相应的产品技术和服务。

5. 标准与政策

美国机械工程师协会标准和合格性评价有利于政府加强公共安全和健康管理，能够有效促进世界范围内企业间的商业交流，许多来自政府和企业的重要投资人会直接加入美国机械工程师协会标准和合格性评价委员会，或参与相关活动。

6. 基金会

1923 年美国机械工程师协会成立了基金会，并在 1977 年发展成为非赢利性慈善组织。美国机械工程师协会基金会旨在培养机械工程专业的学生（毕业生和在读生均可），主要为他们提供经费支持，为机械工程领域培养新生力量，力争协同社会力量来推动技术、科学和应用实践的全面发展。

学生需对基金或奖学金提出申请，美国机械工程师协会会对申请对象进行挑选，筛选依据主要是学术能力、性格、实际需要和加入美国机械工程师协会的意愿。

美国机械工程师协会基金在细节上有所不同，主要有三类：奖学金、助学贷款和研究生教学奖学金，为学生会员提供了很大的选择空间。

4.5.3 美国机械工程师协会的研究范围

见表 4-5。

美国机械工程师协会在线数据库收录的各领域的相关信息 **表 4-5**

领域	研究对象
工业	航空与国防、汽车、建筑、能源、环境工程、生物工程、制造与机械工业、运输业
学科	应用力学、设计学、分析学、工业工程与管理、机械电子学、社会科学
材料	材料、机械
职业培训	职业、专业实践与管理、学生活动、学术教学

美国机械工程师协会的下属委员会：

(1) 应用力学 (Applied Mechanics)；

(2) 传热学 (Heat Transfer)；

(3) 材料学 (Materials)；

(4) 材料及能源回收 (Materials & Energy Recovery)；

(5) 太阳能 (Solar Energy)；

(6) 环境工程学 (Environmental Engineering)；

(7) 动力系统及控制 (Dynamic Systems & Control)；

(8) 液压驱动系统和技术 (Fluid Power Systems & Technology)。

4.6 国际建筑性能模拟学会 (IBPSA)

4.6.1 国际建筑性能模拟学会简介

国际建筑性能模拟学会 (IBPSA) 是由从事建筑性能模拟的科研人员、技术开发人员和相关从业者组成的非赢利性国际组织。国际建筑性能模拟学会成立的目的在于促进建筑性能仿真技术的整体发展，并在世界范围内推广模拟技术应用于建筑设计、建造、运行和维护等各个环节，从而提高整体建筑环境水平 (包括新建建筑和既有建筑)。计算机模拟程序和仿真模型越来越多地应用于建筑辅助设计、运行和管理决策过程。因而，仿真模型和模拟程序的开发、评估、应用和标准化就变得越来越重要了。

为满足各种不同建筑的不同复杂程度和各种不同终端用户的需求，建筑设计、施工、运行和维护管理过程中也迫切需要一套能被广泛接受和广泛应用的集成化方法，在此基础上，建筑仿真领域的技术推广变得非常重要。

为促进建筑仿真技术的发展，国际建筑性能模拟学会以论坛的形式为研究、开发人员和从业者建立了一个交流讨论平台，回顾建筑模拟的发展过程，方便大众评估、推广仿真软件的应用，促进标准化进程，加快技术商业化以及整合集成。

作为建筑模拟软件产品和服务的数据交流平台，国际建筑性能模拟学会的会员们可以通过网络方式与其他会员和社团进行交流。

4.6.2 国际建筑性能模拟学会的主要工作

国际建筑性能模拟学会成立初期的工作目标是研究建筑环境领域中可能通过模拟工具开发或仿真技术发展解决的问题，研究模拟相关的建筑性能特点、建筑性能模拟的研发需求确定和新产品的应用推广，推进建筑仿真行业的标准化，以及引导会员和公众深入了解建筑性能模拟的意义和最新技术。

目前，国际建筑性能模拟学会的主要工作有：

(1) 通过模拟方法，为建筑设计师、业主、运行管理人员和开发商提供指导建议；

(2) 软件框架结构开发和仿真工具研发、实践项目赞助；

(3) 推广模拟工具的应用；

(4) 计算机辅助制图软件（CAD）与工程软件的综合应用开发；

(5) 以课程培训、技术论坛、期刊和新闻发布等方式引导会员和公众了解建筑仿真；

(6) 现有建筑模拟规范及其特点调查；

(7) 帮助个人或公共部门的程序开发人员了解和使用相关规范标准，并模拟新技术和新研究方法的开发过程；

(8) 建立建筑性能仿真领域内以及与其他领域间的国际交流平台。

国际建筑性能模拟学会提供的战略联盟框架，实现了建筑仿真领域的信息共享和研发及技术转化方面的合作，是政府机构、行业、企业和学术机构在建筑模拟领域的政策决策、研究领域和应用推广方面的重要参考，全球各地的分会也得益于国际建筑性能模拟学会的知识体系和实践研究。

国际建筑性能模拟学会的组织结构

国际建筑性能模拟学会目前在澳大利亚、巴西、加拿大、中国、捷克、多瑙河、英国、法国、德国、印度、日本、韩国、荷兰（包括佛兰德斯地区）、波兰、苏格兰、斯洛伐克、西班牙、瑞士、土耳其、阿拉伯、美国等21个国家与地区成立了国际建筑性能模拟学会分会。

各分会命名方法为国际建筑性能模拟学会—国家或地区名，为了区别开来，国际建筑性能模拟学会总部称为国际建筑性能模拟学会—世界（IBPSA-World）。

国际建筑性能模拟学会—世界（IBPSA-World）由董事会管理，董事会中，大部分是各国家或地区分会选出的会员代表。

国际建筑性能模拟学会会员可分为四种类型，分别是：

(1) 地区分会会员。他们是国际建筑性能模拟学会最主要的成员类别，是会员活动的主要力量，各分会均有各自独立的财政和管理机制。

(2) 个人会员，所有的个人会员均从属于国际建筑性能模拟学会-世界，除了能够参与地区活动之外，个人会员能够享受国际建筑性能模拟学会每年举行2次的建筑模拟（Building Simulation）会议会费优惠和国际建筑性能模拟学会研究期刊《建筑性能模拟》（*Journal of Building Performance Simulation*）的价格优惠。

(3) 团体会员，建筑性能模拟研究、开发和应用领域的企业或组织。

(4) 国际建筑性能模拟学会研究员，这类会员级别主要针对建筑性能仿真领域有所建树的专家，如研究员、规范制定人员、软件开发或应用人员。要求至少是在近十年间活跃在建筑模拟领域的专家。

4.6.3 国际建筑性能模拟学会出版的刊物及授予的奖项

1. *Building Performance Simulation for Design and Operation*

书中首先提出了能效指标和能效目标的概念，阐述了建筑模拟在基于能效考虑的建筑设计和运行管理过程中所起的重要作用，为后续章节深入讨论能耗预测、室内环境品质（包括热环境、光环境、室内空气品质和湿度水平）、采暖通风与空调系统和系统回收性能、城市规模分级模型等，为建筑运行优化和自动化等方面奠定了基础。

这本书以独特的视角全面地讨论了如何将建筑能效模拟应用于建筑使用生命周期，适于建筑设备工程专业的学生，对于建筑和系统设计者和运行管理者也非常有用。

2.《建筑能耗模拟》（*Journal of Building Performance Simulation*）

《建筑能耗模拟》是国际建筑性能模拟学会的官方杂志，主要内容有：

(1) 建筑能耗模型与仿真理论；

(2) 建筑性能模拟在建筑及其设备系统的设计、建设、试运行、运行管理等环节的应用；

(3) 建筑及其设备系统性能优化方法；

(4) 软件设计和验证方法。

3. 国际建筑性能模拟学会授予的奖项

国际建筑性能模拟学会为建筑性能模拟领域的杰出工作者设置了三个奖项，分别是国际建筑性能模拟学会建筑模拟卓越贡献奖（针对长期作出突出贡献的个人）、国际建筑性能模拟学会优秀青年贡献奖（针对事业起步阶段有突出表现的个人）和国际建筑性能模拟学会突出实践奖（针对在建筑模拟应用和发展方面的优秀个人、团体或企业），并在每次建筑模拟会议（每年两次）上颁发。

另外，针对向建筑模拟会议投稿的学生，国际建筑性能模拟学会设立了学生旅游奖，具体筛选要求见 http：//www.ibpsa.org/m_awards.asp#student。

4.6.4 国际建筑性能模拟学会——中国分会

从 1989 年开始，国际建筑性能模拟学会以建筑模拟为主题定期主办两年一届的国际学术会议，至今已经成功地组织了九届，会议地点分别为温哥华（加拿大)、尼斯（法国)、阿德莱德（澳大利亚)、麦迪逊（美国)、布拉格（捷克)、东京（日本)、里约热内卢（巴西)、埃因霍温（荷兰）以及蒙特利尔（加拿大)。

中国分会批准由中国主办第十届建筑模拟国际会议（Building Simulation 2007)，主办单位为清华大学，地点在北京。为了推动建筑模拟科学在中国的发展与应用，也是应中国分会的建议，于 2007 年建筑模拟会议以前成立国际建筑性能模拟学会中国分会（IBPSA-China)。国际建筑性能模拟学会-中国分会以原有的中国建筑学会暖通空调专业委员会的建筑模拟学组为核心，联合中国建筑学会建筑物理分会，同时吸收其他有志于建筑模拟科学与技术发展和应用的研究人员和工程设计人员组成。

国际建筑性能模拟学会-中国分会覆盖的地域为中国大陆、香港特别行政区、澳门特别行政区与台湾省。

以下为国际建筑性能模拟学会-中国分会所覆盖的学科领域与方向：

(1) 建筑热湿环境：围护结构热工特性、室内热湿环境、冷/热负荷、自然通风；

(2) 建筑能源系统：暖通空调系统、暖通空调设备、城市能源供应系统、可再生能源利用、楼宇控制系统；

(3) 建筑声环境：噪声、音质；

(4) 建筑光环境：自然采光、照明、视觉环境；

(5) 室内空气质量；

(6) 建筑微气候：建筑风环境、日照、住区微气候、城市热岛；

(7) 人体反应：舒适、安全、健康、劳动生产率与室内物理环境的关系；

(8) 建筑灾害：火灾与烟气运动特性、消防排烟系统、人员逃生模型；

(9) 模拟技术发展：计算机辅助设计、虚拟现实技术、软件开发、用户界面；

(10) 建筑模拟技术在建筑设计、施工、使用与维护中的应用；

(11) 建筑模拟技术教育。

4.7 美国绿色建筑委员会（USGBC)

4.7.1 美国绿色建筑委员会简介

美国绿色建筑委员会（USGBC）是由建筑相关的各行业领导人组成的非赢利组织，总部位于华盛顿特区。致力于成本效益的研究和发展绿色节能建筑。其宗旨是通过转变建筑和社区的设计、建造和运行方式营造一个环境友好、健康繁荣的人居环境，从而提高居民生活质量。

美国绿色建筑委员会成立于 1993 年，其成员来自于社会各个方面，主要有政府部门、建筑师协会、建筑设计公司、建筑工程公司、大学、建筑研究机构和建筑材料、设备制造商、工程和承包商。该组织成立后发展迅速，拥有超过 1 万个成员组织和 80 多个地区分会。这些成员的共同使命是推进建筑行业的可持续性。

美国绿色建筑委员会理事会负责制定和发布美国绿色建筑委员会的工作愿景、价值观和使命。理事会成员每年会面三次并举行定期的远程会议。理事会成员包括总裁、办公人员和绿色建筑行业的不同代表。

美国绿色建筑委员会在 2009～2013 年的战略计划中阐述其在接下来的五年里的远景规划。虽然绿色节能日益成为主流，但绿色建筑和其他相关绿色产品在市场总占有率上只占有非常小的比例。美国绿色建筑委员会将加快推动革新的步伐以避免全球居住条件的显著恶化。为转型制定更新指导原则、行动议程、项目目标和实施策略。

美国绿色建筑委员会的最具代表性的项目是建立并推行了“绿色建筑评估体系”（Leadership in Energy & Environmental Design Building Rating System）（国际上简称为 LEED）。

绿色建筑评估体系是面向全球的绿色建筑认证体系。绿色建筑评估体系对绿色建筑的设计、建造和运行进行评估分级，旨在通过减少能源使用。绿色建筑评估体系认证的建筑为家庭、商业和纳税人节约资金，减少温室气体排放，并为构建健康的社区做出贡献。近年来绿色建筑评估体系发展迅速，已在美国、加拿大、澳大利亚等国家推行，一定量的项目已获得了绿色建筑评估体系认证。

美国绿色建筑委员会开展的项目还包括教育培训、绿色建筑国际会议暨展览会、宣传活动、分会项目、新兴专业等。

教育培训：美国绿色建筑委员会为建筑行业人员提供顶级的教育培训，内容涵盖绿色建筑设计、建造和运行。数以万计的设计师、建筑商和运营商参加了美国绿色建筑委员会的培训项目，从中获得实践知识、发现新的商业机会和学会如何创建更加健康、高效的建筑。美国绿色建筑委员会同时举办有关绿色建筑的国际会议来增加交流。

“绿色建筑（Greenbuild）”国际会议始于 2002 年，每年举办一次，现已成为世界上最有影响力的关于绿色建筑的国际会议。每年来自全球的数以万计的建筑行业专家参与专题研讨会和交流活动，展厅同时展览最新产品和技术。

美国绿色建筑委员会的志愿者在政府的不同层级都大力宣传绿色建筑理念，为决策者提供科学有效的资源、政策和行动建议。强有力的推广宣传促进了美国各级决策者（从地方学校到美国议会）对绿色建筑和可持续环境的构建。

全美有 79 个地区分会项目为地方社区提供资源、教育和交流机会。分会是美国绿色建筑委员会在各地区的地方信息收集和地方绿色建筑的推行者，使美国绿色建筑委员会能够获取来自不同地方的声音。分会成员必须掌握绿色建筑评估体系的相关知识。

美国绿色建筑委员会的潜力人才计划是为年轻从业人员提供教育机会和资源，发掘、培训本地未来的绿色建筑人才的项目，针对 30 岁以下的校外人员，不限定专业，只要对绿色建筑有兴趣并能贡献技术或理念的人都可参与，旨在将这些未来行业领导人融入绿色建筑运动中。

美国绿色建筑委员会的工作包括：①开展与可持续发展相关的教育活动和项目，如绿色建筑评估体系研究小组，绿色建筑参观和演讲活动；②在所属分会区域里，为绿色建筑行业的青年领袖提供组织、协调和交流机会；③组织开展社区的发展活动，比如邻里美化工程；④在网络上与其他的潜力人才沟通。

另外，美国绿色建筑委员会还设有学生项目，来自不同学校、不同专业的学生可以共同参与美国绿色建筑委员会的绿色建筑运动。美国绿色建筑委员会通过培训、竞赛和鼓励年轻学生，培养新一代的行业领导者。

美国绿色建筑委员会 2010～2011 年的亮点项目：海地震区抢救与重建——海地孤儿院及儿童中心。

在 2010 年 1 月海地发生特大地震后，美国绿色建筑委员会立即致力于当地居民重建家园。美国绿色建筑委员会与 Lend Lease 公司、William J. Clinton 基金会合作，共同为失去亲人的数千名儿童建造海地孤儿院及儿童中心，推进绿色建筑行动。孤儿院及儿童中心的使命是为孤儿提供基本的身心保护，并作为社会领养的渠道。

2010 年的绿色建筑领域最引人注目和最鼓舞人心的项目之一是：负责孤儿院和儿童中心项目的 35 人的全明星设计专家团队所进行的概念设计与研讨活动。团队由美国绿色建筑委员会总裁 Rick Fedrizzi，首席执行官 Maria Atkinson 带领。在建筑概念设计完成后进一步完成建筑设计蓝图，并与项目合作伙伴正在开展一个成熟的资金运作，以支持第一个符合绿色建筑评估体系标准的孤儿院——海地儿童中心的建设。

美国绿色建筑委员会 2009～2013 年的战略计划：在接下来的五年里，虽然绿色节能日益成为主流，绿色建筑和其他相关绿色产品只占非常小比例的市场总占有率。美国绿色建筑委员会将加快推动变化的步伐以避免全球居住条件的显著恶化。为转型进行指导原则的更新，制订行动议程、项目目标和实施策略。

4.7.2 美国绿色建筑委员会的主要出版物

《绿色建筑绿色建筑评估体系核心概念指南》；

2009 年版参考指南和绿色建筑评估体系刊物；

《绿色建筑评估体系绿色社区发展参考指南》；

《绿色建筑评估体系绿色建筑设计和建造参考指南》；

《绿色建筑评估体系绿色室内设计和装修参考指南》；

《绿色建筑评估体系绿色绿色建筑运营参考指南》。

1. 参考指南补充

《绿色建筑评估体系先进能源模型——技术手册 1.0》；

《绿色建筑评估体系绿色建筑设计和建造参考指南——商店分册补充》；

《绿色建筑评估体系绿色室内设计和装修参考指南——商店分册补充》；

《绿色建筑评估体系绿色建筑设计和建造参考指南——疗养院补充》。

2. 助理师和先锋认证专家（Accredited Professional）考试学习指南

《绿色建筑评估体系先锋认证专家（Accredited Professional）绿色设计和建造学习指南》；

《绿色建筑评估体系先锋认证专家（Accredited Professional）绿色室内设计和装修学习指南》；

《绿色建筑评估体系先锋认证专家（Accredited Professional）绿色建筑运营参考学习指南》；

《绿色建筑评估体系先锋认证专家（Accredited Professional）助理师学习指南》；

《绿色建筑评估体系先锋认证专家（Accredited Professional）住宅学习指南》；

《绿色建筑评估体系先锋认证专家（Accredited Professional）社区发展学习指南》。

3. 绿色建筑评估体系实践——案例研究

Kenyon House；

Liberty Centre；

One and Two Potomac Yard；

Chartwell School；

Biodesign Institute，Arizona State University。

4. 手册

《绿色建筑评估体系——学校手册》；

《绿色建筑评估体系——住宅购买手册》；

《绿色建筑评估体系——住宅修建手册》；

《绿色建筑评估体系手册》；

《美国绿色建筑委员会手册》。

美国绿色建筑委员会最大的工作就是推动绿色建筑标准（绿色建筑评估体系）的实施。关于绿色建筑评估体系的详细介绍，请参考自愿性标准的章节。

第5章 市场——美国建筑节能产业动态

5.1 概 述

我们列举几个美国的建筑设计、施工、产品、控制公司的最近动态。让读者了解美国的产业情况。

5.2 美国地源热泵产业发展

5.2.1 地源热泵技术简介

地源热泵是由电力驱动的系统，它从现存最大的太阳能收集器——大地中收集能量。地源热泵系统利用大地常年相对恒温的特点为居住建筑和商用建筑提供供冷、制热以及生活热水服务（图5-1）。

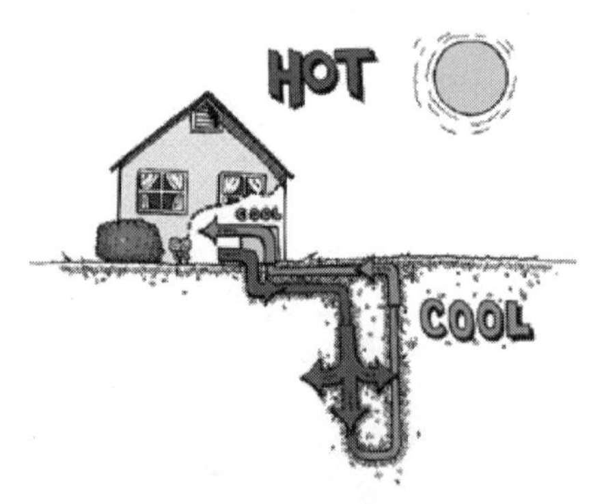

图5-1 地源热泵

（图片来源：国际地源热泵协会IQSHPA）

地源热泵系统可分为开环和闭环系统两种。地源侧换热管有三种埋放方式：水平埋放、垂直埋放以及河、湖埋放。如何选择埋放方式取决于安装现场可用的土地面积以及土壤和岩石的热物性。这些因素将用以决定埋放土壤换热器最为经济的方法。

对于闭环系统来说，水以及防冻剂在塑料埋管中不断循环，而这些塑料埋管则被埋入表层土壤之下。在冬季，工质从土壤中吸收热量并且将热量通过整个系统携带至建筑中。在夏季，通过将建筑内的余热带走并将其带入土壤中，地源热泵系统对冬季的换热过程进行逆转，为建筑提供供冷服务。这个过程同样可以在夏天制取免费的生活热水并在冬天提供可靠的生活热水储蓄。而开环系统也是利用了与闭环系统同样的工作原理，它可以安装在有合适水源和排放地存在的建筑，它所具有的益处与闭环系统类似。

5.2.2 美国地源热泵技术的发展历史

1912年，由一位瑞士科学家Heinrich Zoelly所持有的一项专利是我们已知最早的地源热泵系统。而在美国，最早的一批地源热泵系统早已在第二次世界大战前后就已安装并投入使用。美国的第一个较大规模应用的地源热泵系统于1946年在俄勒冈州波特兰市市中心的联邦大楼得到应用。该项目的成功和对其的高度宣传使得许多地源热泵系统在整个西北地区乃至全国得到了推广和应用。同时期，由美国电力公司牵头的许多涉及实验室研究以及现场检测的关于地源热泵的科研项目便已展开。此外，由科学家Ingersoll所带领的研究和分析为将来地源热泵的设计和应用提供了理论依据。之后，这方面的研究则一度陷入停滞，主要原因在于水平埋管换热器的技术问题、工质泄漏以及应用规模过小等因素。

20世纪70年代后期，由于经历了原油危机，地源热泵的研究在美国又开始兴起并沿着之前的研究方向进一步深入，并将主要研究精力放在了实验测试上。这些研究解决了20世纪40

年代地源热泵系统所面临的一些问题。通过更好的回填技术，水平埋管的运行问题得到了解决；而工质泄露的问题也通过使用热融合技术以及使用聚丁烯及高密度聚乙烯等材料得到了根本解决。

同时期在全美各地，地源热泵开始在民用居住建筑领域施展拳脚。在过去的20年中，其在商用建筑领域的应用也达到了一个巅峰。而这些全国范围的应用也使得人们将更多的目光放在了地源热泵系统在商用建筑中的应用研究上，主要集中于如何在降低初投资的同时降低其运行费用的研究方面。

5.2.3 美国地源热泵技术的发展现状

如今，地源热泵已广泛应用于全美各地，开环式地源热泵系统也非常普遍，美国也是全世界范围内地源热泵安装和使用最为广泛的国家，地源热泵空调系统已占整个空调系统量的40%左右。据估计，2000年之前，约有50000个开环式地源热泵系统以及超过30000个闭环式地源热泵系统在美国（主要集中于中西部地区以及东部地区）运行。在2000年，就有超过10000个闭环式地源热泵系统和8000个开环式地源热泵系统在美国进行安装和应用，增幅超过50%。这些系统的流行主要源于电力公司的促销行为（主要集中于中西部及东部地区）。2009年，美国的地源热泵年度销售量达到了大约60000台，相当于245000冷吨的冷量。美国地源热泵市场的一次能源消费估计将达到25.5万亿BTU，是1990年时数据的5倍之多。尤其是在面临日益攀升的能源价格和对于化石燃料存量的担心的时候，美国人纷纷表示安装地源热泵系统能够为他们的居所提供安全可靠的本地的清洁能源。

在美国，数据显示：已安装和运行的地源热泵系统在每年电力消耗大约为0.87～2.27kWh/m^2（其中暖通空调的年电力消耗为0.78～0.94kWh/m^2）的建筑中拥有较高的能源效率，且经过调查后发现，地源热泵系统具有较高的稳定性，在日常维护保养工作到位的情况下，大部分的系统都能维持25～30年的使用期。同时，美国人也对地源热泵系统的使用效果有良好的反馈。

地源热泵技术是美国政府极力推广的节能、环保技术。1998年美国能源部颁布法规，要求在全国联邦政府机构的建筑中推广应用地埋管土壤换热器地源热泵空调系统。为了表示支持这种技术，美国总统布什在他的得克萨斯州的别墅中也安装了这种地源热泵空调系统。近期，美国能源部提出了利用地源热泵技术的未来目标：争取在2017年达到年安装地源热泵系统100万个并且使地源热泵系统总数达到330万个，同时为美国创造10万个就业机会。为了推进地源热泵技术在美国的应用，联邦政府近期出台了一系列关于地源热泵技术的激励政策。

1. 2007年的能源法案

（1）颁布Clinton-Inhofe修正案。

（2）推进一项促进地源热泵技术在美国总务管理局办公大楼应用的项目。

2. 2008年的HR 2990法案

（1）免去30%的家庭用地源热泵系统投资的税收，最高不超过2000美元。

（2）免去10%商用地源热泵系统投资的税收，无限额。

（3）确立了42个两党联立的共同赞助商。

3. 2008年的S.2314法案

（1）进一步确立了HR 2990法案。

（2）确立了另外20个两党联立的共同赞助商。

4. 2008年的HR 1424法案（救助法案）

（1）颁布《2008年紧急经济稳定法案》。

（2）为地源热泵技术提供了8年的HR2990法案中的条款。

(3) 2008 年 10 月 3 日起正式实施。

5. 2009 年的 HR 1 (刺激法案)

(1) 颁布《2009 年美国复苏与再投资法案》。

(2) 除去了 2000 美元的家庭地源热泵免税额度。

(3) 对企业使用地源热泵的免税政策给予无条件资助。

(4) 2009 年 2 月 17 日起正式实施。

6. 2009 年的美国国会大厦

对地源热泵技术全国范围的可行性研究。

7. 2009 年的美国能源部

(1) 为地源热泵技术提供 4000 万美元的刺激基金。

(2) 成功获得 6200 万美元的实际基金款额。

8. 新能源之星 3.0 标准——地源热泵条款

1) 新的对于从业者的承诺:

(1) 使用合格的地埋管施工人员必须保证其 2 年的工作合约。

(2) 促进地源热泵系统在生活热水制备上的推广 (但不再是强制性规定)。

2) 提供了新的定义:

(1) 对于地源热泵技术的广泛而清晰的定义。

(2) 对于地埋管配置广泛而清晰的定义。

(3) 增加了对于水—水系统的定义。

5.2.4 美国地源热泵技术未来的发展和研究方向

如今，地源热泵技术面临以下几大发展瓶颈。

1. 技术瓶颈

(1) 地埋管的施工需要较多的土地资源以及较大的成本和风险。

(2) 一般需要定制的设计以及地埋管施工服务。

(3) 如果系统设计不合理，则水泵会产生寄生现象。

(4) 地埋管附近土壤季节性温度波动会导致换热效果不佳，从而限制了地源热泵系统的能源效率。

(5) 地埋管清洁和保养问题。

2. 市场瓶颈

(1) 与空气源热泵相比，较高的初投资导致了较长的投资回收期，尤其与更高能效的新型空气源热泵相比。

(2) 城市区域中较少的土地资源。

(3) 系统运行费用受电价影响。

(4) 相对较长的安装工期 (相较空气源热泵和锅炉等)。

(5) 土壤开挖所导致的不便利等。

3. 美国地方相关法规的制约

(1) 与部分州和地区的环保规定中对于保护地下水的要求相冲突。

(2) 可能造成乙二醇泄漏至土壤中。

(3) 目前市场上对于有资质的安装人员的稀缺。

(4) 需要进一步完善的法律法规，包括如何保证合理的设计、地埋管安装以及水泵选型等。

未来，针对以上的一系列发展瓶颈，美国科研机构会将主要精力放在以下有关地源热泵技术的研究方向上：

（1）模拟地埋管换热器配置的高性能计算机模拟软件的开发。如今，在模拟垂直埋管系统详细、长期的逐时能耗计算以及埋管换热器与地面环境之间的互相影响方面的研究还刚刚起步，未来会有更多的资源投入到这方面的研究中。

（2）发展更具经济效益的钻井垂直埋管换热器。由于对垂直埋管换热器的钻孔和安装是地源热泵系统初投资的主要组成部分，因此未来会有更多的资源用于研究如何更快地安装垂直埋管换热器以及使其具有更高的换热性能，如此便可节省所使用的换热器总长。

（3）发展具有更低成本的方法以估算土壤的热物性。土壤热物性对于地源热泵的使用具有至关重要的作用，但如今仍然没有可以通过现场钻孔采样进行快速、可靠的土壤热物性测定的方法。未来在这一方向的研究进展可以通过开发快速的现场测试方法或更具革命性的方式来取得。

（4）混合地源热泵系统的应用和研究将持续增长。混合地源热泵系统的应用将更依赖于有效的设计手段，考虑如何将地源热泵系统模拟、地源热泵系统与整个建筑用能系统的同步互动、辅助散热设施以及埋管换热器整合在一起的问题。

（5）混合地源热泵系统的优化控制策略研究。该研究将促进诸如优化地埋管控制器等，使其融入整个建筑的用能管理系统中或成为独立的控制单元。

总之，地源热泵当今和未来的发展趋势便是如何使其成为更稳定、更环保、更具经济性以及更高能效性能的建筑用能系统，并促进其产业的进一步发展。美国在经历了70多年前的地源热泵技术研究热以及其之后的30年的第二阶段的研究，地源热泵产业在技术方面已日趋成熟，且该领域的研究在近几年也具有一定的活力和增长趋势。

5.2.5　我国发展地源热泵技术的意义

在目前节能和环保的潮流下，地源热泵技术以其特有的节能性和稳定性受到行业的瞩目，国内许多院校、科研所作了大量的应用研究。住房和城乡建设部也在《夏热冬冷地区居住建筑节能设计标准》中专门作了推荐。在中国的发达城市，夏季空调、冬季采暖与供热所消耗的能量已占建筑物总能耗的40%～50%。特别是冬季采暖用的燃煤锅炉、燃油锅炉的大量使用，给大气环境造成了极大的污染。因此，建筑物污染控制和节能已是国民经济发展的一个重大问题。传统的采暖空调模式因其产生的环境污染而正面临着严峻的挑战。而从去年开始，国家分别将三个城市作为地源热泵的试点城市，分别是北京、天津、沈阳，以大力发展和推广地源热泵技术。如今，不仅这三个城市、甚至全国范围内，地源热泵技术的应用都方兴未艾。随着政府努力引导发展地源热泵技术，一些政府部门的建筑、学校、医院等，都已进行了地源热泵改造。早在1997年，美国能源部和中国科技部就签署了《中美能效与可再生能源合作议定书》，其中的主要内容之一就是“地源热泵”项目的合作。发展地源热泵技术已经成为了我国当下切实可行且具有重要环保意义的举措之一。

5.3　美国合同能源管理市场发展综述

5.3.1　合同能源管理简介

合同能源管理机制是一种以节省的能源费用来支付节能项目全部成本的节能投资方式。在介绍合同能源之前必须先提一下能源管理公司，就是常说的能源管理公司（Energy Service Company）。在美国，大型能源管理公司的主营业务当然是以能源管理（Energy Service）为主。但能源管理业务有多种，除了从事合同能源管理外，还包括许多其他业务。比如能源的输送和贸易，以节能为目的的能源管理咨询，工程承包和建设，以及其他和能源相关的服务。所以说，合同能源管理只是能源管理公司的主营业务之一。

如果按合同能源管理的合同类型来分类。主要有节能收益分享型、节能收益保证型等方式。

节能收益分享型（Shared Savings）是合同能源管理早期采用比较多的合同方式。一般指作为承包方的能源管理公司承担全部或部分的节能投资。其回报则来自于和客户分享的节能收益。这种合同方式目前在中国国内较为普遍。一般在能源管理公司投资实施节能措施后头2～3年，能源管理公司会提取较大比例的节能收益，后几年的比例会下降，直至合同期结束。

节能收益保证型（Guaranteed Savings）是目前美国的合同能源管理项目中采用最为普遍的一种合同方式。能源管理公司在这种形式的合同中必须向客户承诺能耗指标，即保证其承包项目在改造后的节能收益作为客户的回报。在项目施工验收结束后，客户需立即将所有工程款支付给能源管理公司。如果实施节能措施后的合同期内项目的节能收益没有达到能源管理公司在合同中承诺的数字（通常还包括统计误差），那么能源管理公司必须将这部分收益差额退还给客户。一般还有专门的保险公司参与这样的项目。一旦项目失败，保险公司将承担能源管理公司不负责赔偿的部分。

5.3.2 美国合同能源管理发展历史

美国节能服务产业的兴起可追溯到20世纪70年代。当时，不少企业积极探索控制能源成本的有效途径。其中，得克萨斯州一家名为时代能源公司的企业推出了电灯自动开关产品，不过由于用户对产品节能效果心中无底，导致无人问津这种产品。为了消除用户的疑虑，这家企业不得不预先为用户垫上费用安装设备，等节能效益显现后再从所省能源费用中提成。这就是节能服务企业运营模式的雏形。随后，一种以市场为基础的节能项目投资机制——合同能源管理便应运而生。

美国合同能源管理发展的历史主要可分为四个阶段。

1. 需求侧管理（Demand Side Management）的兴起（1985年之前）

需求侧管理（Demand Side Management）是指在政府法规和政策的支持下，采取有效的激励和引导措施以及适宜的运作方式，通过发电公司、电网公司、能源服务公司、社会中介组织、产品供应商、电力用户等共同协力，提高终端用电效率和改变用电方式，在满足同样用电功能的同时减少电量消耗和电力需求，达到节约资源和保护环境、实现社会效益最优化、各方受益、提供低成本的能源服务所进行的管理活动。能源服务公司的建立给公共能源产业提供了人力和系统资源，以使得他们能够满足联邦和州政府所要求的强制性标准并提供节能服务。

2. 合同能源管理的出现（1985～1993年）

上述的公共能源产业项目进一步从购买服务（如家庭能源审计服务）转化为将获得大量能源节省的效果作为项目目的的一部分（综合资源计划（Integrated Resource Plans））。能源管理公司通过竞标的方式为客户提供节能服务、为大型工业以及政府机构客户提供节能工程总承包服务并为项目提供资金支持。

3. 成功与巩固阶段（1994～2002年）

在劳伦斯伯克利国家实验室以及全国能源服务公司协会（National Association of Energy Service Companies）的档案记录中我们可以发现，合同能源管理的成功促进了联邦和州政府对于合同能源管理产业的推进。致力于为记录项目节能量提供标准方法的国际能效评估协议（International Performance Measurement and Verification Protocol）给予了商业银行为合同能源管理项目开展大规模融资的信心。

4. 一度停滞以及快速发展阶段（2003年至今）

安然公司的轰然倒地、联邦政府节能绩效保证合约计划（ESPC）的停滞以及对于电力产业管制规定撤销的担忧导致了合同能源管理发展的减速（2002～2004年）。而如今，在日益高涨和多变的能源价格、联邦和州政府节能强制性标准的要求、对于公共设施投资和维护资金的稀缺以及对于限制温室气体排放的全民行动意识日益增加的驱动下，合同能源管理产业又以每年超过20%的增长速度发展着。

5.3.3 美国合同能源管理市场现状

在美国，以节能为目的的能源管理和服务产业在20世纪80年代后期真正进入发展期。尤其是整个20世纪90年代，能源管理产业以平均每年24%的增长率高速增长（20世纪90年代后期的增长有所减缓）。到2000年，美国能源管理产业的市场价值已在20亿美元左右。虽然2000～2005年的年增长率大约在10%～15%之间，也已经比很多传统行业仅个位数的增长率高出许多。经过30多年的发展，美国节能服务产业已经成为商住和公共建筑有效节能的成功途径。1990～2008年，美国能源服务产业复合年增长率达19.6%；2006年，产业收入达36亿美元；2009年，进一步上升到56亿美元。业内人士预计，今后数年美国节能服务产业复合年增长率仍将达到两位数。专门从事清洁技术市场咨询的美国派克研究公司不久前预测，到2020年，美国节能服务产业收入将增至199亿美元。在美国，能源的管理公司一般为三类公司（集团）所有或控股：

（1）楼宇设备和控制公司。比如大家所熟悉的霍尼韦尔公司、西门子公司、特灵公司等传统的空调设备或自控公司，在美国都由能源管理公司或子公司来承接合同能源管理项目。

（2）电力、燃气（集团）公司或其他能源公司。在20世纪90年代能源管理服务高速发展的时候，许多大型电力公司都收购了若干小型能源管理公司而加入到能源管理业务的市场竞争中来。

（3）独立的能源管理公司。他们往往是从中小型的工程公司演变而来，并不从属于任何大型设备或能源公司。

在美国能源管理的市场发展初期，独立的能源管理公司以及依附于大型设备公司的能源管理公司占据的市场份额较大。但随着市场竞争的加剧以及美国能源政策的变化，依附于电力、燃气等能源公司的能源管理公司逐渐显现出较强的竞争优势，使其占据的市场份额逐年提升。

美国能源管理公司的客户群体可简单分为2类，即公共客户群体和私有客户群体。公共客户群体包括中小学校、政府、公立医院等。这些都属于公共的范畴，因为他们花的都是纳税人的钱，所以他们的预算（包括能源预算）会受到监督；而私有客户群体主要是房地产公司、工厂或商业集团等，他们的消费行为就是公司在市场竞争中的行为，一般不在公众的监督和约束之内（上市公司除外）。在这样的前提下，我们不难解释美国能源管理公司的绝大部分客户和业务量主要都集中在公共部分，即大量的节能投资流向了以中小学校、联邦和州政府，以及公立医院等为主的合同能源管理项目。而目前我国大部分能源管理公司所针对的目标客户主要集中在办公楼、酒店、工厂等。不同的市场环境和条件使两者的目标市场截然不同，美国中小学校和政府建筑的节能项目占到了项目总数的50%，其他公共客户群体则占据了24%，而在私有客户群体所占的26%中，办公和商业建筑的节能项目比例还是较高的。另外，从投资金额的角度来看，公共建筑的节能项目投资达到了27美元/m^2，而私有客户的投资仅为15美元/m^2。

政策方面，美国政府将节能作为国家能源战略的重要组成部分。美国政府早在20世纪70年代就推出了联邦政府能源管理计划，帮助政府机构用最有效的办法实施能源管理。2005年，美国能源政策法案规定，联邦政府新建大楼至少应比现有建筑条例节能30%。2007年8月，美国能源部专门出台能源管理行动倡议，要求所属建筑设施5年内实现节能30%、节水16%的目标，确保每年减少9000万美元的公用事业费支出。在美国2009年的经济刺激计划中，美国政府拨款185亿美元直接用于提高能效。其中，50亿美元用于住宅节能改造，40亿美元用于联邦政府机构建筑节能改造，20 亿美元用于节能项目的税收抵免。美国总统奥巴马明确要求对 75%以上的联邦机构大楼进行现代化改造，包括更新老化的供暖系统、安装节能灯等，提高联邦政府部门的节能水平。同时，要求改善 200 万美国家庭的能源效率，节省能源支出。迄今为止，美国联邦政府部门和非联邦政府机构是美国能源服务产业的两大核心用户群，在节能服务市场中所占市场份额超过 80%。其他市场用户包括个人商用楼、企业和住宅等。其中，联邦政府机构约占能源服务产业收入的 22%，所占份额最大，其他非政府机构相加占 60%，而私营部门仅占 18%，其中包括商用楼 9%、企业 6%、住宅 3%。

同时，美国联邦政府是全美最大的能源用户。为了提高联邦政府机构的节能效率，美国能源部专门设立了节能绩效保证合约项目，帮助联邦政府机构与节能服务企业建立合作关系，由后者为联邦政府机构设施提供全面节能审计，确定节能领域，设计和承担符合用户需求的节能工程改造任务，并帮助联邦政府机构获得足够的融资，提高可再生能源使用率，减少能耗和用水。这种模式最适合综合节能改造工程，而非照明或供暖等单一的节能改造。为确保成本效益最大化，节能绩效保证合约为开约合同，不确定交付日期，不确定数量。投资回收期不等，一般为 10～15 年。

数据显示，截至 2010 年 3 月，美国能源部节能绩效保证合约项目签订的节能合同逾 550 个，遍布全美 20 余家联邦政府机构，总价值达 36 亿美元，每年节省 30.2 万亿 BTU，相当于 31.83 万户家庭或 81.8 万人口城市一年的用电量，节省能源费 110 亿美元。其中，96 亿美元用于偿还投资债务，联邦政府净节省 14 亿美元。

今年，美国联邦政府机构节能势头不减。5 月初，美国能源部宣布与能源服务企业签订了四项共计 5250 万美元的新协议，帮助美国土地管理局、野生动物中心和公众服务局有关设施提高能效，包括安装可再生能源系统；改进供暖、排风和空调系统；更新照明、锅炉、冷水机、供水和下水道系统以及大楼自动化系统的安装等。这些项目完工后，每年至少节能 860 亿 BTU，相当于 1.45 万桶原油。整个 2010 年，美国能源部共签订 36 项节能工程合同，从私营部门融资逾 5.5 亿美元，远高于 2009 年的 4.4 亿美元。由此，美国节能产业进入了高速发展的轨道。

5.3.4 美国合同能源管理的未来发展

几大因素正在制约着合同能源管理市场的发展，这些瓶颈包括如下几个。

1. 测量与核实（M&V）限制

必须解决如何将项目节能量变得更易理解的问题，以使得那些非专业技术人员以及政策制定者更好地了解节能量的确定和准确性，他们往往偏向于用能源效率的事实来说话，以判断公共政策的目标，如节能以及温室气体减排等是否真正达到了强制性标准的要求等。

2. 专业人员的短缺

能源管理公司、公共能源事业单位、州一级的管理机构以及客户都在为缺乏专业的工程技术人员而烦恼，而这些人力资源在执行大规模能效与新能源项目以及能效和新能源技术实际应用的过程中是必不可少的。

3. 特殊市场瓶颈：每一个能源管理较大的市场细分都有各自面临的限制

(1) 联邦市场中，合同能源管理业务受到了地产开发商以及金融控制单位的阻碍，由于受到行政和立法方面的强制规定，上述单位抵制了一些大型合同能源管理项目的实施。

(2) 商业地产市场中，建筑物业主拒绝所拥有的建筑因实施综合性合同能源管理项目而受到债务拖累。

(3) 工业建筑市场中，由于大部分美国的生产单位对于安全因素的考量，使得他们会要求较短的投资回收期（通常小于两年），从而限制了综合性合同能源管理项目的实施。

为了解决所面临的一部分发展瓶颈，近年来，美国出现了一种名为清洁能源房产评估（PACE）的融资方式。这是一种市政当局通过发行债券为节能改造工程筹措资金的融资架构，客户节能改造不用支付前期投资费，而可以选择特别评估税形式放入房产税中分期还贷。这种融资模式还款期为15～20年，很适合住宅和商用建筑的大型节能改造工程。清洁能源房产评估债券是较为理想的融资手段。这种债券是一种由房产税留置权支持的债务工具，违约率微乎其微，对机构投资者很有吸引力。节能改造后房产若遇拍卖，放贷机构享有优先索赔权。如果房产在债务偿还期未满前售出，新业主必须马上按要求完税，履行还债责任。此外，清洁能源房产评估债券系自愿贷款项目，只提高借款人的房产税，不会增加其他纳税人的负担。更为重要的是，清洁能源房产评估债券融资有助于刺激节能服务产业的进一步发展，并能带动所有相关产业的就业增长。据美国国家能源服务公司协会（NAESCO）估计，节能服务工程投资中劳务成本约占三分之一。迄今为止，全美已完成的相关节能改造工程总投资数额庞大，以此估算，其中直接用于劳动就业的相当可观。今年年初，清洁能源房产评估融资模式被《哈佛商业评论》列为2010年十大突破性创意之一。2008年，加利福尼亚州通过授权立法，标志着美国开始利用清洁能源房产评估债券为节能改造项目融资。2009年1月，加州伯克利成为首个发行此类债券的地区。同年，科罗拉多等十多个州也先后就发行清洁能源房产评估债券通过授权立法。随着能源价格上升、公众节能呼声日高、税费提高、碳排放限额与交易立法和碳税的开征，清洁能源房产评估债券等新融资机制进入私营部门后，将为美国节能服务市场带来重要的发展机遇。

提高能源效率是减少能耗、应对环境挑战、降低能源价格和确保能源供需平衡最具效益的手段，也是美国政府新能源计划的基石。越来越多的美国地方政府加大了这方面的立法力度，因此合同能源管理的未来是值得期待的。

5.4 建筑咨询和设计公司

在这本书里，我们介绍这三家主要的建筑设计公司：SOM、HOK、ARUP。他们在建筑节能领域都非常活跃。

5.4.1 SOM

1. 面向阳光追踪系统

面向阳光追踪系统（HELIO向日葵系统）是一个由致力于系统设计和环境评价的SOM建筑设计事务所和北美的帕马斯迪利沙集团，以及自适应建筑倡议组织共同合作的产物（图5-2）。这项系统在减少最高达81%的太阳进入建筑的热量的同时显著有效地为人员提高了自然光照明，在一个纽约市办公大楼的现场测试分析中，该系统减少了42%的能量消耗。

图5-2 面向阳光追踪系统

作为一个动态的窗帘幕墙系统，面向阳光追踪系统能够在一天甚至一年里逐时地跟踪太阳运动。这个系统有三个组成部分：建筑外部的动态遮阳板，预制的热效率建筑围护结构，内部冷却顶板（比其他的空调措施具有更大的节能效率），其中遮阳板由计算机驱动的生态模式来控制（图 5-3）。它结合了建筑物的季节性气候特性以及太阳的日行轨迹，同时综合了建筑物使用功能和运行策略。这意味着它能够应用于世界上的任何一个地方并且让一个建筑在不同的气候特征和方向上响应太阳方向。另外，每一块面向阳光追踪系统都可独立遮阳，因此可有无限种组合方式，并且可以结合建筑物的朝向在特定情况下各自遮阳（图 5-4、图 5-5）。

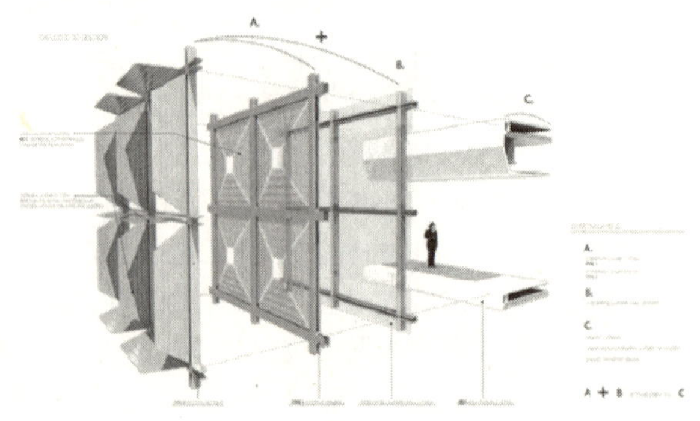

图 5-3 系统的三部分分解图
（来源：www. som. com）

图 5-4 每一块面向阳光追踪系统可结合建筑物朝向以多种方式遮阳（来源；同上）

图 5-5 三种从全开到近全闭的遮阳布置（来源；同上）

年度“最佳新科技”特刊详细介绍了该系统。编者写道：“建筑设计者常常试图减少白天电力灯光的使用，以及具有自然通风的空调系统，但是做到这些势必又要引入不需要的太阳热量，面向阳光追踪系统确保了遮阳和太阳光的平衡，可移动的外部遮阳板阻挡了不必要的光线，窗户的框架阻挡了传热变化，同时冷却顶板将循环的冷水用来冷却没有空调的房间。”建筑师可以根据气候、太阳运动轨迹和建筑的运行策略来修改这个系统。

2. 纽约市第一个零能耗校园

过去十年，没有比纽约市学校建设施工管理局建设得更加绿色节能的建筑了，甚至在要求所有的公共建筑必须强制达到可持续性标准的当地 86 号法案出台之前，纽约的学校就已经采用了符合法案要求的措施，包括光线感应器、有效供热和供冷系统、可循环材料的利用等，以建设更加健康的校园，同时节约能源使用费用。

现在，纽约市学校建设施工管理局正在通过一个位于斯塔特岛的号称净零排放的示范性新学校来推动绿色建筑进入一个新的领域，这意味着它将产生足够的能量来补偿已经控制到最小的能耗量（图 5-6、图 5-7）。市政府已将设计任务交给 SOM 建筑设计事务所，这项任务就是位于南斯塔特岛的罗斯维尔 P. S. 62 建筑。该校建筑占地 3.5 英亩，拥有一个两层的建筑，包括图书馆、自助餐厅、同时可作为大礼堂的健身房、音乐教室、科学教室、艺术教室，该校园将生产自身消耗后仍有盈余的能量。同时也将作为一个实验范例来研究可持续性和能量利用效率。

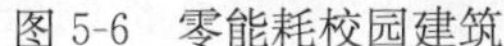

图 5-6　零能耗校园建筑

图 5-7　孩子们的绿色天地

SOM 教育项目实验室主任（同时也是这个项目的负责人）Roger Duffy 表示，“P. S. 62 建筑将为纽约市、甚至更广泛地区的校园建筑树立一个新的范例”。SOM 教育项目实验室已经在纽约市乃至美国的东北部建设了很多类似的绿色校园。学校建设施工管理局说 SOM 计划挑战超越建筑法规和设计标准来超额完成他们目前的创新节能效果和碳减排量成果。

3. 永裕大厦处于节能领先地位

一些房地产开发商声称他们的工程属于绿色工程，因为这些建筑有开阔的敞开空间、花园和树木等。对于办公建筑，绿色建筑可以促进和保证室内人员拥有健康舒适的工作环境，因而也可以提高生产率。绿色观念对于不同专业的人的含义不同，这也是包括美国在内的很多国家提出等级体系的原因，该体系可用更加科学的方法来确定商业、民用和高层建筑的可持续性和绿色性。

能源与环境设计先锋奖是美国绿色建筑委员会为奖励可持续的设计和建造所立的主要奖项。其他分级体系有英国的英国建筑组织环境评价法（BREEAM）、新加坡的绿色标志、中国香港的绿色建筑评价（BEAM）体系、澳大利亚的绿色之星和日本的建筑物综合环境性能评价系统（CASBEE）。这些绿色分级体系的共同点是它们都自发采用了国际共识标准，即采用公认的能源和环境原则建立一套可为新建和既有建筑分级的测量系统。根本上讲，美国绿色建筑委员会建立绿色建筑分级体系的目的有三个：①为建筑设计提供第三方验证；②为建筑的可持续性划分等级；③促进绿色建筑的设计、建设和高效运行这三方面的发展。

咨询公司戴维斯·郎盾·西（DLSPI）的研究报告表明绿色建筑分级体系是最为普遍接受的，它基于七个方面将建筑进行分级：可持续性选址（占 23.64%）、水资源利用效率（占 9.09%）、能源和大气（占 31.82%）、室内环境品质（占 13.64%）、材料资源（占 12.73%）、设计创新（占 5.45%）以及地区信誉（3.64%）。为了分级，分级建筑既可以是新建建筑、核壳式建筑、商业内部式建筑，也可以是既有建筑。建筑可分为白金级、黄金级、白银级和合格级四个级别。而且级别越高，项目开发商的施工难度就越大，要求也越严格。即使不考虑额外附加费，获得绿色建筑评估体系证书本身就绝非易事。世界范围内超过 208000 个项目已注册绿色建筑评估体系认证，一些主要的绿色建筑评估体系项目有世界贸易中心（黄金级）、亚洲广场（白金级）、庄臣全球总部（黄金级）和阿勒哈利法迪拜塔（它是世界上最高的建筑，其目标直指白金级证书）。

戴维斯·郎盾·西展示的永裕工程成果有以下这些方面：与基本模式相比节能 16%、节水 40%、绿化用水节约 50%、商用空调（CFC）制冷剂使用率为 0%、垃圾填埋土地改良 50%、而且 20%的材料来自本地区。永裕 75%的建筑空间有良好的采光，而且 90%的空间具有良好的外景视角。

永裕采用双层、低发射率的玻璃系统将日照得热和能量损失降到最小，并且将自然光穿透量增加到最大。全玻璃幕墙和大型地板与顶棚之间确保 90%的室内空间拥有自然光。可以控制新风量的二氧化碳传感器根据室内人员数量调整新风量以保证室内随时都有较高的空气品质。冷冻水泵的变频控制能降低除峰值以外其他时刻的能耗；将收集的雨水和冷凝水保存起来，建筑还配备优质的排水和灌溉系统；根据日光强度的调光系统减少了照明用电量；建筑还配置了集中的纸张回收设施。

小结

（1）SOM 建筑设计事务所参与设计了面向阳光追踪系统，这项系统在减少最高达 81%的太阳光进入建筑的热量的同时显著有效地为人员提高了自然光照明，在一个纽约市办公大楼的现场测试分析中，该系统减少了 42%的能量消耗。作为一个动态的窗帘幕墙系统，面向阳光追踪系统能够在一天甚至一年里逐时地跟踪太阳运动。它由建筑外部的动态遮阳板、预制的热效率建筑围护结构、内部冷却顶板（比其他的空调措施具有更大的节能效率）组成，其中遮阳板由计算机驱动的生态模式来控制。它结合了建筑物的季节性气候特性以及太阳的日行轨迹，同时综合了建筑物的使用功能和运行策略。

（2）SOM 与纽约市学校建设施工管理局合作建设了纽约市第一个零能耗校园，即罗斯维尔 P. S. 62 建筑，它将自身生产的能量消耗后仍有盈余的能量。

（3）由 SOM 设计的永裕大厦采用双层、低发射率的玻璃系统将日照得热和能量损失降到最小，并且将自然光穿透量增加到最大。可以控制新风量的二氧化碳传感器根据室内人员数量调整新风量以保证室内随时都有较高的空气品质。冷冻水泵的变频控制能降低除峰值以外其他时刻的能耗；将收集的雨水和冷凝水保存起来，建筑还配备优质的排水和灌溉系统；根据日光强度的调光系统减少了照明用电量；建筑还配置了集中的纸张回收设施。永裕大厦也由于采用上述节能措施而赢得了绿色建筑评估体系认证。

5.4.2 HOK

1. HOK 在支持国际团队合作的同时减少碳排放

2010 年 4 月 21 日，HOK 利用最先进的技术让遍布于三大洲的 14 个 HOK 办事处减少了工作需要的飞行时间并且将其建筑提升到了一个新水平。

先进的技术正在使国际建筑公司 HOK 在多个综合办事处项目团队间形成动态、实时的合作，同时减少了公司对整体环境的影响。"高级合作室"（ACRs）在 HOK 全球的 14 家工作室运行时，结合了使用 PolyVisions Thunder 虚拟挂图系统的 Ciscos 高解析度的仿真视屏会议技术和交互式视频会议技术。这个综合系统使公司在世界各地的项目团队可以通过视频会议来联系，同时设计师可以实时地合作与交流设计理念。

参与者可以传送设计研讨会、设计审查、客户报告以及项目数据更新的图片、视频、文件以及桌面的实时图像等内容。在每个"高级合作室"中使用一系列的投影仪可以将不同的想法同时呈现，并且所有的会议记录、文件都可以即时保存，打印并且通过电子邮箱传送给所有与会者。

"在实时的'高级合作室'会议中将 HOK 最具创造力的头脑集合起来的能力是我们虚拟设计团队以及客户的一个强有力的新工具"，HOK 的总裁 Patrick MacLeamy 说道："我们不仅将建筑设计合作及效率提升到了新的水平，更是通过最小化工作所需要的空中飞行来降低了碳排放。"

"高级合作室"帮助 HOK 实现了在 2010 年年底将其名下项目以及实际碳排放降低一半的目标。在 2009 年，HOK 实现了运行期间减排 27%。公司的会议议程要求使用者列出"高级合作室"所节省下的潜在航班数。在 2010 年 2 月，通过节省 HOK 办事处之间的航班，大概有 571596 磅（合 259276kg）二氧化碳或者说 204 趟航班得到了节省。

"我们使用增强虚拟技术是一个极具影响力的策略，它帮助缩小了我们的碳足迹"，HOK 可持续设计总监 Mary Ann Lazarus 说道："每带一个旅客飞行 1 千米，一架喷气式飞机会释放 1000 磅的二氧化碳。并且，由于飞机释放的二氧化碳、水蒸气和氮氧化物处于大气的高层，它们对气候变化的影响是汽车排放影响的三倍。"

最近，"高级合作室"会议的其他例子有：

（1）在圣路易斯市中心的一个零排放写字楼的设计中，HOK 的设计师和咨询师使用了一系列的虚拟工具进行设计研讨会。

（2）在位于佛罗里达圣卢卡斯港的俄勒冈健康科学大学疫苗与基因治疗项目的设计中，佛罗里达和亚特兰大的设计团队每周进行合作研讨。

（3）有圣路易斯、休斯敦和旧金山参与的每月举行的高级工程峰会。

（4）一个关于律师事务所趋势、司机和设计问题的虚拟智库的建立。参与者包括来自芝加哥、洛杉矶、旧金山、纽约、伦敦、华盛顿以及圣路易斯的个人。

2. HOK 与 Weidt 共同设计的实用型零排放办公大楼

2010 年 12 月 12 日，由 HOK 和能量采光咨询公司 Weidt 领导的综合设计小组在经过 10 个月的虚拟设计后认为在现在市场条件下有可能建成零市场净排放率的 A 级商业化办公大楼。

该团队将零排放工程选址于圣路易斯摩镇的一个有发展潜力的位置。该地区有挑战性的四季气候特点，而且密苏里地区是该国家电价最低的地区之一，而且圣路易斯的电能有 81%来自于煤。他们认为问题的核心是零排放，不是能源问题，因为建筑的排放量占美国二氧化碳总排放量的 39%。"如果我们在这一困难地区完成碳中性设计，我们就可以将此过程复制到其他地区"，Weidt 集团主席 David Eijadi 表示。为了帮助实现该目标，设计小组将设计方案和一个可复制的零排放过程细节在 netzerocourt. com 网站上进行了解释并供公众分享。

170735ft^2 的办公大楼的设计特点是两个 300ft 长的办公结构位于东西方位，并由两个 60ft 的结构连接，从而围成一个供大楼住户使用的娱乐庭院。通过能效策略，零排放设计可减少

76%的二氧化碳排放，而且与传统办公大楼相比只有很少的初投资增加。为达到零碳排放的目标并为其余部分提供洁净能源，该团队在现场安装了包括大约 51800ft^2 的屋顶、壁面光电板和 15000ft^2 的太阳能热管在内的可再生能源系统。

详细的成本估算表明在每平方英尺 223 美元的造价条件下，该工程可以接受市场化的挑战。通过建筑的能效措施、太阳能热管和光电系统，建筑年均能耗节约量为 184567 美元，剩余的年能耗为 2418 美元，占当前耗能率的 1%。如果按照能源价格膨胀率 4%计算，实现碳中性投资的回收年限与绿色建筑评估体系认证基线的建筑回收年限大约为 12 年。但是当前许多其他地区的电价更贵，回收年限会小于 10 年。

3. 芝加哥第一座绿色停车库

2010 年 8 月 13 日，“绿色通道，自由停车”车库位于北河畔社区，该车库拥有风力涡轮装置、雨水收集系统和电动车充电站。

HOK 展示了即使是停车库也在环保方面发展，它最近完成了位于北河畔拥有高能效的 11 层“绿色通道，自由停车”车库的设计。该车库是芝加哥第一座拥有这些特征的建筑，它正在申请美国绿色建筑委员会的绿色建筑评估体系认证。

HOK 公司芝加哥办公室主任 Todd Halamka 表示，很多部门的客户一直让我们提供建筑保持可持续性围护结构的设计方案。我们的设计在可持续方面运用得很巧妙，而且也为该类建筑设定了新的标准。

用于“绿色通道，自由停车”车库可持续性设计的首创措施包括带储水池的雨水收集系统、电动车充电站以及在每个电梯厅设置寻路系统并指导芝加哥人怎么可持续性地生活和保护环境。最重要的是位于车库西南角的 12 组垂直涡轮阵列，它们将风能转换成电能用于外墙设施的照明。可逆向仪表用于计量全年电能，并将电能回馈给城市电网。

HOK 公司团队和客户方费雷德曼物业公司密切合作，试图建造出一座既实用、建筑设计方面又别致的车库。与封闭式外墙的其他车库（需要全天 24h 机械通风）的经典式设计不同，该团队在构思一套能利用自然通风的外墙设计，利用涂釉屏风完全消除对机械通风的依赖。这种独特的涂釉屏风由可见的玻璃通气通道的纤维组成，玻璃通道也渐进性地展现出大楼内的超级混凝土结构。屏风和通道一起从白天到晚上展示了一幅别有情趣的视觉动画，并且车库全天 24h 运行，车库的地面层可以预留作为零售空间。

小结

(1) 2010 年 4 月 21 日，HOK 利用最先进的技术让遍布于三大洲的 14 个 HOK 办事处减少了工作需要的飞行并且将其建筑协作提升到了一个新水平。

(2) 2010 年 12 月 12 日，由 HOK 和能量采光咨询公司 Weidt 领导的综合设计小组在经过 10 个月的虚拟设计后认为在现在市场条件下有可能建成零市场净排放率的 A 级商业化办公大楼。通过能效策略，零排放设计可减少 76%的二氧化碳排放，而且与传统办公大楼相比只有很少的初投资增加。为达到零碳排放的目标并为其余部分提供洁净能源，该团队在现场安装了包括大约 51800ft^2 的屋顶、壁面光电板和 15000ft^2 的太阳能热管在内的可再生能源系统。

(3) 2010 年 8 月 13 日，在北河畔社区 HOK 建成芝加哥第一座绿色停车库，该车库拥有风力涡轮装置、雨水收集系统和电动车充电站。位于车库西南角的 12 组垂直涡轮阵列，它们将风能转换成电能用于外墙设施的照明。可逆向仪表用于计量全年电能，并将电能回馈给城市电网。与封闭式外墙的其他车库（需要全天 24h 机械通风）的经典式设计不同，HOK 团队构思了一套能利用自然通风的外墙设计，利用涂釉屏风完全消除对机械通风的依赖。

5.4.3 ARUP

1. 赫尔辛基价值6000万欧元的低碳建设项目

2010年4月6日，芬兰国家研发基金、芬兰创新基金和发展伙伴SRV和VVO宣布在赫尔辛基投资6000万欧元用于低碳住宅和低碳商业建筑，并由英国ARUP领导的国际团队进行设计。该建筑设计面积22000m^2，含有居室、办公室、零售店，并通过建筑设计、建筑性能、机动系统和食物生产将最终达到减少碳排放的目标。

性能更好的建筑应源自于不同的终端用途的有效组合，并为它们之间的空间提供有效的智能规划。能源需求的管理工具和技术，如智能电表和改变生活习惯的倡议将有助于鼓励居民减少能源消耗。发展可以复制和升级的方案，这些方案应该可以运用于更广的场合，用于改变建筑环境，从而减少碳排放，最终达到零排放的目标。这些目标的实现需要向增加可再生能源生产以及建立可持续发展投资回收期的机制转变。

使用具有可持续来源的木料和材料对环境的影响（就毒性和具有象征意义的碳来说）将会较小。另外，可以鼓励社区居民去实现可持续目标，如提高他们对能源和交通使用、食物和货物消费对可持续性影响的意识和理解。

"芬兰承诺到2050年将减少80%的二氧化碳排放量。我们在致力于寻找提高能效的方案，并且致力于定义和理解建筑可持续性的真正内涵，也在探索社会创新。"芬兰国家研发基金能源项目执行官Jukka Noponen表示。

2. 世界上最大的污泥处理工厂

2011年3月25日，英国ARUP被威立雅集团—莱顿—约翰霍兰德合资企业（JV）指定为即将在香港建设的全球最大的污泥处理工厂的首席设计者。

这个污泥处理厂将于2013年正式启用。废水污泥主要来自昂船洲污水处理厂，该处理厂目前是香港最大的处理设施（图5-8），被收集来的污泥将在流化床焚烧炉中焚化。焚化炉蒸发掉污泥中所有的含水量，并且燃烧掉90%的残留固体成分，因此污泥处理所需的填埋场容量将大大减小。

这个处理厂将为香港提供一个环境友好型的形象里程碑建筑。它将完全自给自足，发电并将电输送到区域电网，同时通过一个海水淡化厂处理海水。雨水将被收集作为非饮用水使用，废水则在原地处理和重复使用，使得对环境的影响降到很低的水平。

这个工厂将创造一种新的环境，将工作、教育、健康和社会福利结合起来。环境教育中心是公众休息和享受整体疗法的重要地点。中心包括一个参观者走廊和一个观光平台，平台为大众提供陪同参观场地。这里还有阶梯教室、展览空间、室内温泉浴场、咖啡厅、礼品店和为大众提供足浴和水文元素的室外花园（图5-9）。

3. 节能灯的使用能够使电视制作的排放量减半

2010年12月6日，由Carbon Trust公司和ARUP提供的研究报告显示，电视制作如采用节能灯，照明部分的二氧化碳排放量将减少50%。ARUP一直致力于把节能照明用于电视制作和摄影中。通过采用白色幕布作背景，来测试新照明技术的性能，并测试不同距离时的灯具产生的照度值和色温大小。

根据研究和事件调查结果，ARUP公司将给英国广播公司（BBC）节目制作人员、灯光主管和摄影经理提供具有实际意义的灯光指导说明。这些将侧重于建立一个低能耗照明系统，即结合节能灯具、有效控制、制作空间以及设计的综合有效管理。

ARUP全球照明设计团队主席Florence Lam表示："这是在电视制作中增加能效的第一步，本质上说该工作正为电视节目制作者行为的改变和节能照明意识的提高铺平了道路，也鼓

图 5-8 香港全球最大的污泥处理厂的处理设施

图 5-9 面向大众的环境教育中心
（来源：www. AROP. com）

励生产商对于电视节目制作者实际需要的考虑。同时，能耗的减少也意味着二氧化碳排放量的减少，并且还有显著的成本节约，特别是更换灯泡的周期会更长。"

ARUP 研究的一部分工作是对使用中的灯光照明设备和电影生产实践活动进行定量调查，并且制定包括有关各方意见在内的基准。英国 Carbon Trust 公司资助并致力于该倡议，并已审阅同意了潜在的减少碳排放的详细内容。

4. 悉尼的可持续性餐厅

2011 年 1 月 28 日，一个促进可持续建筑技术和操作流程的现代温室餐厅于 2 月初在悉尼环形码头开业。

回归游客的温室是一个自给自足的典范，从以下几个方面可以看出：它的绿色屋顶花园过滤系统、稻草保温技术、将烹调油转化为生物燃料从而为整个建筑结构供电。该餐厅的结构最佳地体现了利用建筑可再生材料及多种创新技术的绿色设计、都市农业和可持续性实践。

ARUP 悉尼办事处负责人 Marianne Foley 表示，由环境艺术家 Joost 完成的温室与 ARUP 的文化和有机目标自然地结合在了一起。"ARUP 致力于塑造一个更美好的世界并以实践证明可以完成温室这一可行性目标"，Foley 女士表示："重要的是为 Joost 提供一个可以跨越文化和建筑惯例的可持续发展模式。"

5.5 承 包 商

在建筑节能领域，承办商的角色长期一直被淡化。在过去几年里，一些主要的承包商，开始在绿色建筑方面变得活跃。

5.5.1 Bovis 联盛公司

1. 悉尼绿色中央商务区

2010 年 11 月 29 日，Bovis 联盛公司建成了悉尼中央商务区最新绿色标志性建筑 420 乔治街。

"项目位于悉尼最忙碌的中央商务区的心脏位置，每个方向都被现有建筑包围，包括恬墨书舍建筑遗产和斯特兰德拱廊"，科斯坦蒂诺先生表示："这是一个最佳等级的办公楼，包括在时间和预算上充分利用了先进的环保措施，是我们传达可持续办公楼理念道路上的又一亮点。"

30m 高的中庭使得办公楼最大化地利用了自然光，通过侧向抽芯设计和太阳能定位系统，楼面充分利用了南立面的太阳光照从而获得最大的能源效率。另外，高效的隔热玻璃减小了建筑的热负荷，同时主动式冷梁和低温低风量空调系统的结合为租客提供了低能耗、较高的室内空气品质、节约成本和更加灵活性操作的需求。被收集的雨水和消防用水系统将用于建筑的网状景观水系统和厕所冲洗。Bovis联盛公司已经成功回收利用了该项目建设阶段87%的废弃物。

2. AGL和Bovis将First Solar技术带进澳大利亚家庭

2010年9月9日，澳大利亚AGL和Bovis联盛公司联合发布了战略联盟公告，从此First Solar太阳能薄膜技术将运用于澳大利亚的民用领域。该太阳能薄膜光电系统运用了一些最前沿的太阳能技术并结合澳大利亚的地理环境以更有效地发电。在过去的5年里，AGL公司投入了将近25亿美元用于可持续能源的研究，而这项研究将为75万户左右的家庭提供电能。

相对于民用市场中其他系统的同规模产品，AGL和Bovis联盛公司联合研发的太阳能薄膜光电系统技术产品的产量是最高的，在运行的第一年发电量就达到了2182kWh。在新南威尔士州，太阳能光电薄膜系统的使用者可以享受政府不同的长期保护性电价政策，这项政策使得每户家庭如果向电网输送1kWh，将会获得60美分的政府补贴和8美分的AGL补贴。

Bovis联盛公司将在国内外安装价值5亿美元的太阳能发电站，并与世界上最大的光伏电板生产商美国First Solar公司、世界第三大太阳能光伏电板生产商挪威REC公司达成战略供应合作关系。另外，还与澳大利亚的一家主要银行和一家能源公司达成销售战略联盟，这两家单位直接向300万家庭提供贷款和能源。Bovis太阳能公司还参与了联邦政府4个太阳能光伏电板旗舰项目中的2个，另外，Bovis公司在零售、办公、工业厂房等领域的客户还有机会获得太阳能屋顶。

“澳大利亚政府需要600亿美元来投资其可再生能源，由于已经建立起的太阳能制度和许多州对太阳能的补贴政策，我们相信太阳能将会是解决该可再生能源计划的关键部分”，Bovis联盛公司澳大利亚区主席Tony Costantino表示：“澳大利亚有600万住宅，但是其中只有100万处有太阳能。在未来的3～5年内，能源价格将会逐年增加20%，我们已经看见光伏电板广阔的市场了。”

3. Darling Quarter每年可节约1.48亿瓶水

2010年10月7日，由Bovis联盛公司参与规划设计的Darling Quarter办公楼从今以后每年可以节约1.48亿瓶饮用水，相比以前的水消耗每年可节约90%，并荣获新南威尔士水资源管理局颁发的水循环利用资格证书。同时，新南威尔士水管理局作出该市水计划的第一步，即拿出5亿美元用于循环水经营发展。Darling Quarter致力于可持续发展，并荣获澳大利亚绿色建筑委员会颁发的6星级绿色办公楼设计证书，从此Darling Quarter成为悉尼最大的6星级绿色办公建筑。

Darling Quarter办公楼正在建设中的循环水厂和雨水收集系统可使其相对于其他商业建筑节能90%的水。同时也带动了小型和大型循环水系统和海水淡化系统的可持续发展以保证非饮用水的自给自足，从而提高了水利用效率和减少了有机物对环境的污染。

Darling Quarter在2011年将会采用一系列可持续设计理念，包括将雨水回收系统用于灌溉，从而减少90%的水消耗，并且通过以下措施来减少碳排放：能效设计、三联供技术、通过改进冷冻水系统和新风系统提高建筑壁面性能从而减少进入房间的热量、最大限度地利用自然光，以及对现场物品的回收至少达到80%。

从悉尼附近污水管道和Darling Quarter办公楼回收污水，这样每天能够回收245000L的污水，从而处理得到166000L的净水，这些循环水将通过非饮用水循环管道流向Darling Quarter办公楼，作为非饮用水来冲洗厕所、灌溉植被以及作为冷却水系统的补充水。

威立雅水务技术公司总经理洛朗加伯利特表示，“Darling Quarter 建筑循环水系统是悉尼第一个采集污水工程，它结合了威立雅的创新专利技术，包括移动床生物膜反应器（MBBR™）及膜生物反应器（MBR）技术、利用反渗透和紫外线产生高品质的再利用循环使用水。”

4. Bovis 联盛公司推出最先进的互动式可持续建筑工具

2010 年 5 月 17 日，Bovis 联盛公司开发了最先进的基于绿色建筑解决方案的互动式可持续建筑工具——绿色建筑转换装置，它可为旅程中的用户提供关于人工环境以及包括现有绿色建筑在内的影响因素等信息。绿色建筑转换装置表明了通过创新设计和先进技术可以达到上海世博会所提倡的“城市，让生活更美好”的主题。

Bovis 联盛公司全球可持续发展总监 Maria Atkinson 表示，“绿色建筑转换装置为新的和现有建筑物、城市街区提供了绿色清洁标识，它为使用者灌输了绿色建筑和街区背后的设计理念和技术创新。”

绿色建筑转换装置显示了建筑物在温室气体排放、能源消耗和水资源需求等方面对环境的影响。该转换装置基于 Bovis 联盛公司已荣获“绿色之星”和“绿色标志认证”的项目，符合国际绿色建筑认证体系的要求。绿色建筑转换装置采用“绿色工具包”和“建设方案”，为用户提供绿色建筑物或绿色城市的需求选项。

绿色建筑转换装置提供一个完全交互式的体验，用户通过多种方案的尝试会找寻到同时适用于建筑物和街区的绿色技术，该技术可以减少建筑对环境的影响。另外，用户还可受益于成本节约和其他来自于各种绿色建筑方案的好处。

绿色建筑转换装置已经在 2010 年上海世博会的澳大利亚馆中展出。澳大利亚馆（Bovis 联盛公司作为赞助商之一）拥有许多绿色设计方面的先进技术，包括太阳能电池板供热、雨水收集系统、节能智能照明和控制技术。

小结

（1）2010 年 11 月 29 日，Bovis 联盛公司建成悉尼中央商务区最新绿色标志性建筑 420 乔治街。30m 高的中庭使得办公楼最大化地利用了自然光，通过侧向抽芯设计和太阳能定位系统，楼面充分利用了南立面的太阳光照从而获得最大的能源效率。另外，高效的隔热玻璃减小了建筑的热负荷，同时主动式冷梁和低温低风量空调系统的结合为租客提供了低能耗、较高的室内空气品质、节约成本和更加灵活性操作的需求。被收集的雨水和消防用水系统将用于建筑的网状景观水系统和厕所冲洗。Bovis 联盛公司已经成功回收利用了该项目建设阶段 87%的废弃物。

（2）2010 年 9 月 9 日，澳大利亚 AGL 和 Bovis 联盛公司联合发布了战略联盟公告，从此 First Solar 太阳能薄膜技术将运用于澳大利亚的民用领域。相对于民用市场中其他系统的同规模产品，AGL 和 Bovis 联盛公司联合研发的太阳能薄膜光电系统技术产品的产量是最高的，在运行的第一年发电量就达到了 2182kWh。

（3）2010 年 10 月 7 日，由 Bovis 联盛公司参与规划设计的 Darling Quarter 办公楼从今以后每年可以节约 1.48 亿瓶饮用水，相比以前的水消耗每年可节约 90%，并荣获新南威尔士水资源管理局颁发的水循环利用资格证书。Darling Quarter 办公楼在 2011 年将会采用一系列可持续设计理念，包括将雨水回收系统用于灌溉，从而减少 90%的用水，并且通过以下措施来减少碳排放：能效设计、三联供技术、通过改进冷冻水系统和新风系统提高建筑壁面性能从而减少进入房间的热量、最大限度地利用自然光，以及对现场物品的回收至少达到 80%。

（4）2010 年 5 月 17 日，Bovis 联盛公司开发了最先进的基于绿色建筑解决方案的互动式可持续建筑工具——绿色建筑转换装置，它可为旅程中的用户提供关于人工环境以及包括现有绿色建筑在内的影响因素等信息。绿色建筑转换装置显示了建筑物在温室气体排放、能源消耗和水资源需求等方面对环境的影响。

5.5.2 Tishman 建筑公司

1. One Bryant Park 大厦

Tishman 建筑公司是 One Bryant Park 大厦的建筑监理方，该大厦是座高 55 层、建筑面积 210 万 ft^2 的办公楼（图 5-10）。One Bryant Park 大厦是第一座获得白金级绿色建筑评估体系证书的大厦。它使用了最新的绿色建筑技术，例如：落地式中空玻璃，可以保存热量并且最大限度地透过自然光、自动调光系统和中水系统，可以收集雨水并重复利用。该楼建设用地混凝土由矿渣制成，它是工业高炉的副产品，通过减少建筑用混凝土的总量，该楼因而减少了对环境的影响。

图 5-10　One Bryant Park 大厦（来源：www. tishman-construction. com）

大楼温度和产热量的控制是通过环保的方式实现的。中空玻璃可以减少传热损失，降低能耗，并且增加了玻璃的透明度。当检测到大楼内二氧化碳浓度升高时，二氧化碳传感器产生信号，增加新风量。不仅进入大楼的新鲜空气有很高的纯净度，而且排风的空气也更干净，因此该楼成为曼哈顿市中心的一个大型空气过滤器。

One Bryant Park 大厦的制冷系统在非峰值时段制冰、蓄冰，在负荷峰值时段利用冰相变的冷量为大楼供冷。该楼有座 4.6MW 的热电厂，可以满足基本负载的能源部分需求。现场发电可以减少中央电厂供电的电力输送损失。

2. 美国食物药品服务中心总部器械和辐射健康中心

美国绿色建筑委员会授予美国总务管理局的食物药品服务中心（FDA）总部器械和辐射健康大楼绿色建筑评估体系黄金级证书，该楼位于马里兰州银泉的食物药品服务中心总部区，也称作 66 号大楼（图 5-11）。Tishman 建筑公司与 Heery 国际合资，顺利建成了高度为 6 层、总建筑面积为 396000ft^2 的办公楼，该楼大概可以容纳 1100 个食物药品服务中心工作人员。在不增加造价的前提下，提前 3 个月顺利完工并将大楼的绿色建筑评估体系等级由白金级上升到黄金级，而且该工程由于合资的原因节约了纳税人 200 万美元。

实现绿色建筑评估体系黄金级认证的措施有：植入包括穿梭巴士的交通管理计划，连接地铁和专用货车、小轿车的停车库；使用低有机化合物的油漆和涂料；将 75%的建筑废料回收；为减少光污染安装了光控系统；使用无须经常浇水的本地植物；使用高效机械系统，包括连接可以发电和利用废热的园区公用厂房；使用可再生材料；因对业主实施的绿色教育和绿色管理的计划获得的创新分数；使用无水小便器而减少了用水量；使用开挖的材料，避免了填埋；购买那些使用清洁能源发电的电力公司提供的电能。

3. 自然资源保护委员会总部

Tishman 建筑公司是自然资源保护委员会总部大楼（图 5-12）建设的监理方，这座大楼是座 15000ft^2 的办公楼，供一个环保宣传组织使用。该楼是世界上获得白金级绿色建筑评估体系认证的建筑之一，也获得了美国绿色建筑委员会认证的最高级别。

该工程有以下绿色项目：节水管道系统；再生或可再生建筑材料；现场废水处理和回收系统；无水小便器和双冲式节水厕所；雨水处理、存储和恢复系统；建设和使用期间较高的室内空气品质；6kW 屋顶式光伏系统和发电用燃料电池系统；结合独立式采暖通风与空调系统控

图 5-11 美国总务管理局的食物药品服务中心器械和放射健康大楼

制的自然通风和置换通风系统；带自动调光控制的高效采光系统和使用高效 HCFC 的独立空调单元。而且，93%的美国自然资源保护委员会总部大楼的原始建筑材料在建设中得到了重复利用。

该项目成为可持续型建筑设计中的杰出典范。美国自然资源保护委员会实施该项目的目标是为了证明可持续办公楼的设计应用不仅可以节能还可以提供一个整洁、高效的工作环境，因而值得投资。该项目获得 2005 年的韦斯特赛德可持续性城市形态奖。

4. 世贸中心

Tishman 建筑公司是世贸中心大楼（图 5-13）建设的监理方，该楼共 52 层，总建筑面积 170 万 ft^2，是获得绿色建筑评价体系黄金级认证的办公大楼，是对“9·11”摧毁的原世贸大楼的重建。该楼是纽约市第一个获得绿色建筑评价体系认证的办公大楼，而且也是第一个满足美国绿色建筑委员会壳心式标准并获得绿色建筑评价体系证书的大楼。大楼的设计利用了可持续环境发展方面最新的创新措施并在建设阶段考虑到了一系列节能措施，包括节能幕墙和减少室外空气污染物的新风系统。Tishman 建筑公司在混凝土核心中植入了自爬模式，由于事先架好的钢架已为浇筑提供了保护性框架，因此可以满足重复使用的要求。

图 5-12 自然资源保护委员会总部大楼
（来源：www. tishmanconstruction. com）

图 5-13 世贸中心大楼

在建造阶段，要求承建方在建筑用机械燃料上使用比传统燃料含硫量低 100 倍的超低硫柴油而且所有现场机械都配置减排设备以减少有害气体的排放量。通过展示这项技术在建筑领域的可行性，美国国家环境保护局授予 Tishman 建筑公司环境质量奖。美国国家环境保护局后来又要求所有纽约市的建筑使用低含硫量燃料并且限制建设阶段的排放量。

5. 推出首个能源效率卓越的租赁商业办公楼

在传统的出租模式下，通常是大厦所有人预先支付用于提高能量利用效率的节能改造费用。然而承租人却是那些因采用节能措施致使能源成本降低的直接受益者，而业主并不享有由节能带来的好处，所以他们对于投资升级节能措施并没有很大的积极性。为了建设由国家资源保护委员会绿色租赁论坛开发的新观念建筑，城市长期可持续发展规划办公室召集许多地产商、能源效率专家以及 Mark Rauch 律师共同探讨一个新的商业租赁模式，即允许如 WilmerHale 等承租人和 Silverstein Properties 等房地产商同时享有由节能措施所带来的收益。

"能源组合式租赁对于环境、房产商以及承租人是一个真正的三赢策略"，Tishman 建筑公司主席、首席执行官和国家资源保护委员会的主席 Dan Tishman 表示。而纽约地产委员会主任 Steven Spinola 表示，"现在地产商积极地在节能措施上进行投资，因为不但为租赁客户提供更加显著的收益，同时也帮助城市商业建筑变得越来越清洁和绿色。"

目前，商业办公楼同时让租赁客户分担地产商由于设备升级产生的费用，但由于资金的回收周期太长而很少被实际采纳。只有缩短地产商收回成本所需时间才能使地产商和租赁客户共同负担改进措施。城市商业办公楼租赁正与城市行政服务部进行协商，为所有新的租赁客户提供新的绿色租赁合作模式。"绿色租赁合同将促进我们的私有地产商更加乐于改进他们的大厦节能措施，市政府也将会分享节能利益。"城市行政服务部委员 Edna Wells Handy 表示，"我们将寻求和私营企业合作，共同努力以达到我们在 2017 年之前减少 30%的温室气体排放量的纽约规划目标。绿色租赁合作模式将帮助我们达到这一目标。"

由于 WilmerHale 公司的实践带头，7 个世贸中心塔楼现在拥有 90 个租赁合同。世贸中心的环境设计将以超尖端的和超洁净的外玻璃墙技术，高效的空气过滤技术，高效的能源和水节约技术以及 15000ft^2 公园式开放空间作为标志。

6. 世界上最为环保的高层办公大楼

在曼哈顿的市中心地带，一个 10 亿美元的项目将建设成为世界上最为环保的高层办公大楼。美国银行和杜斯特集团在布莱恩公园开始破土动工建设美国银行大厦，一个占地 945ft^2 的水晶摩天大楼将在曼哈顿市中心拔地而起。布莱恩塔完工以后，美国银行大厦将成为世界上最为环保的高层办公大楼，同时也是第一个尝试达到美国绿色建筑协会的领先能源与环境设计建筑评级体系白金级标准的建筑。这个项目集成了创新的高性能技术以实现使用最少的能量、消费更少的饮用水来提供一个优先利用自然光和室外新风、更加健康、更高能源使用效率的室内环境。

整座大厦的小块状平面水晶设计凸显了具有褶皱性的独特外立面结构以及随着太阳和月亮的运动而动态追踪的精确垂直线。借助于由顶棚到地板的整块落地窗，高透光度为大楼内部和外部均提供了独特的视角。"大楼透明的小块状表面功能是作为一个改变光线和感观质量的透光薄膜"，Cook+Fox 建筑师 Richard Cook 表示，"整个透明玻璃表面来自于大自然中的有机物，它们不仅可以回应来自下部街道的动态运行和能量状况，也可以与形成于自然世界中的动态水晶结构相辅相成。"

美国银行大厦更加侧重于可持续性、水资源利用效率、室内环境品质、能源和大气环境。它由可再生建筑材料建成，同时大规模采用高级环保技术。从带过滤的地板置换通风到先进的双层墙体技术以及透明的高热阻玻璃落地窗，均为了最大限度地利用日光照明和获取最佳视野。另外，它还拥有一个尖端的 4.5MW 的热电联产电厂，以提供清洁高效的能源。

该大厦设有雨水、废水收集系统和中水可再利用设备，从而每年将会节约 100 万加仑水量。同时，屋顶种植绿色植物以减少城市热岛效应，充分利用热电联产的热量，在夜晚制冰的蓄冷系统将会减少大厦在城市电网峰值时的负荷。日光照明和 LED 灯具的应用将会大大减少电能消耗，另外，二氧化碳检测器会在必要的时候自动引入新风以保证舒适性。通过以上从根本上改变建筑规划的思路，美国银行大厦将会引领高层大厦的节能新思路。

小结

(1) 2011 年，Tishman 建筑公司在绿色建筑及节能环保领域作出了突出贡献。比如 One

Bryant Park 大厦的制冷系统在非峰值时段制冰、蓄冰，在负荷峰值时段利用冰相变的冷量为大楼供冷；美国食物药品服务中心总部器械和辐射健康大楼使用低有机化合物的油漆和涂料，并将 75%的建筑废料回收，另外使用包括连接可以发电和利用废热的园区公用厂房的高效机械系统，以及可再生材料；自然资源保护委员会总部结合独立式采暖通风与空调系统控制的自然通风和置换通风系统、带自动调光控制的高效采光系统，并使用高效 HCFC 的独立空调单元等，均体现了 Tishman 建筑公司通过各种功能性建筑所传达的绿色节能理念。

（2）Tishman 建筑公司推出首个能源效率卓越的租赁商业办公楼，并帮助世贸中心设计超尖端的和超洁净的外玻璃墙技术、高效的空气过滤技术、高效的能量和水节约技术以及 15000ft^2 公园式开放空间。

（3）由 Tishman 建筑公司设计的美国银行大厦集成了创新的高性能技术以实现使用最少的能量、消费更少的饮用水来提供一个优先利用自然光和室外新风、更加健康、更高能源使用效率的室内环境。该大厦的节能措施更加侧重于可持续性、水资源利用效率、室内环境品质、能源和大气环境。

5.6 制冷设备产品制造商

5.6.1 开利

1. 开利 AdvanTE3C 楼宇解决方案在亚洲亮相

2011 年 4 月 6 日，开利（Carrier）AdvanTE3C 先科方案中心在上海亮相。该中心集合全球能效和环境领域的专家，致力于研发可持续楼宇解决方案。基于开利创新的核心价值，AdvanTE3C 先科方案中心将利用开利全球的专家，为亚洲及世界各地的客户提供度身定制的楼宇解决方案。开利 AdvanTE3C 先科方案中心的专家将现有技术以创新方式进行应用，以实现更高的能效表现和更优的环境益处。这将有助于推动商用产品设计的创新，更加注重创新的解决方案。

近日，AdvanTE3C 先科方案中心亚洲团队已经在中国实施了几项机房优化控制方案，为客户展示了暖通空调行业的节能潜力。AdvanTE3C 先科方案中心团队为上海期货交易所张江中心提供的解决方案极大地提升了能效。与定频机组加传统控制系统相比，冷站设备由于采用了变频机组与优化后的机组群控系统，运行效率提升了 30%。该项目也成为上海冷冻空调行业协会认证的首个上海暖通空调行业节能减排示范项目。

在上海普惠飞机发动机维修有限公司的冷站节能优化项目中，开利 AdvanTE3C 亚洲团队对冷站自控系统网络结构与控制逻辑进行优化，提升整体运行表现。实施改造后，冷机系统整体运行效率和稳定性得到了极大改善。初步测试数据显示，改造后系统性能提升了 30%以上。该项目获得了绿色建筑评估体系® NC 白金认证。

开利通过建立 AdvanTE3C 先科方案中心，加强了度身定制空调系统的能力，提供包括热回收、变频技术、集中供热、蓄能、水源热泵系统、空气端及其他技术在内的创新解决方案。"这些创新方案将更好地解决客户的特殊需求，有力地支持可持续发展的楼宇性能。"开利亚洲市场总监吴汉明先生表示。

2. 开利墨西哥蒙特雷工厂——第一家获绿色建筑评估体系金牌认证的采暖通风与空调系统工厂

2011 年 3 月 31 日，开利墨西哥蒙特雷工厂获得了美国绿色建筑委员会授予的绿色建筑评估体系 CI 金牌认证，有力地展示了开利致力于发展可持续环境的承诺。开利公司是全球第一个获得绿色建筑评估体系金牌认证的供热通风及空调设备生产商。绿色建筑评估体系认证是由美国绿色建筑委员会发起的全球最为权威的绿色建筑评估体系。绿色建筑评估体系金牌认证代表了绿色建筑评估体系中的最高环境成就之一。

应用于该工厂的绿色建筑概念包括一套复杂的能源审计方案以评估其总体能效。新的节能方式和随后的投资使得该工厂的能效比其他同类工厂提高了37%。关键技术包括高效采光照明转换系统，低汞含量灯的使用，可以带来每年408MWh的电力节省，并且在两年内可以收回投资。通过地板反射天窗的日光来满足工作区65%的照明需要，该工厂的采光能耗得到了大大降低。为了使负荷分配比达到最优，大功率压缩机被替换为多个小型压缩机，从而减少能源浪费并可以每年节省115MWh的能量。

除了投资，开发利用行为方式的转变来达到节能的目的，如创立夜间断电计划，即切断夜间所有非运行线路的能源供应，这一理念每年大约可以节省160MWh的能量且无须任何投资。

3. 开利全球最高能效螺杆机组助力新一代绿色数据中心

2011年3月28日，开利全球最高能效的创新产品23XRV三转子变频螺杆机组进驻万国数据上海数据中心。该机组在稳定性和能效方面的卓越表现为打造万国数据上海绿色数据中心作出了积极贡献。

“开利创新23XRV螺杆机组能效比行业标准高出40%，其优异的稳定性和能效表现成为数据中心的最佳选择”，开利大中华区分销机构副总裁高志长先生表示，“我们非常骄傲地看到开利领先的高效机组使万国数据上海数据中心成为了新一代的绿色数据中心。”

作为上海首个新一代绿色数据中心，万国数据上海数据中心总投资规模将达8亿元，一期建筑面积达到22000m^2，预计2011年8月竣工。该中心应用了多种高科技环保技术，建成后能为客户提供高级的数据中心基础设施服务和高品质的IT技术服务（包括灾难恢复服务、IT管理服务、咨询服务、培训服务等）、场地托管服务、互联网管理服务、云计算服务等一站式数据中心服务。

为了实现绿色目标，该中心项目业主对空调系统的能效和稳定性提出了严格要求，以确保数据中心全年顺畅运行。开利为该项目提供了4台23XRV螺杆机组和5台19XR离心机组。23XRV螺杆机组应用的三转子技术由于其平衡的转子构造，能够实现高效稳定的运行表现；变频技术有效降低了周围环境中的电磁干扰，对楼宇进行准确的负荷匹配以降低能耗。开利19XR离心机组同样以节能高效著称。这两类机组均采用对臭氧层完全无损耗的制冷剂HFC-134a，环保表现更为优异。

4. 开利宣布研制出一种具有超高效率的新型空气源热泵

开利于2011年2月17日宣布研制出一种具有史无前例超高效率的新型空气源热泵，并将在今年夏天全新上市。这种热泵新技术被誉为“开利绿色新技术”。

“开利绿色新技术”将作为2～5冷吨无限级热泵生产线的一部分，且已在圣安东尼奥举行的美国空调设备招商洽谈会暨室内空调博览会上被引入介绍。这种新型产品采用可变速涡旋压缩机，不仅为业主创造一个由变速技术带来的室内恒温舒适环境，而且也减少了化石燃料的消耗和电加热成本。热泵将提供一个高效的供热季节能效比（HSPF），其供热系数高达13，制冷系数高达20。

“开利致力于将民用住宅供暖和制冷产品的发展创新推向一个新的高度”，开利市场营销及民用住宅、商业空调系统副总裁克里斯尼尔森表示，“让我们感到自豪的是拥有‘开利绿色新技术’的新型无限级热泵将会成为供热系数最高的民用空气源热泵。在制冷量普遍为3冷吨的市场上，消费者将体验到供热系数比当今市场上任何一种空气源热泵高出29%～69%的热泵。”

“拥有‘开利绿色新技术’的无限级热泵对于家用舒适性产品是一次革命性的突破，并且体现了开利在节能环境技术方面的领导力”，开利可持续发展与环境战略副总裁约翰孟迪恺表示，"'开利绿色新技术'展示了技术创新是如何降低能源消耗和二氧化碳排放量的，也奉行了开利一贯坚持的可持续解决方案。"

开利表示新型热泵生产线正处于现场调试运营的最后阶段，将在今年夏天与消费者见面。

小结

（1）2011年3月31日，开利墨西哥蒙特雷工厂荣获绿色建筑评估体系CI金牌认证，应用于该工厂的新的节能方式和随后的投资使得该工厂的能效比其他同类工厂提高37%。

（2）2011年3月28日，开利全球最高能效的创新产品23XRV三转子变频螺杆机组进驻万国数据上海数据中心。该机组能效比行业标准高出40%，在稳定性和能效方面的卓越表现为打造万国数据上海绿色数据中心作出了积极贡献。

（3）开利于2011年2月17日宣布研制出一种具有史无前例超高效率的新型空气源热泵，并将在今年夏天全新上市。这种热泵新技术被誉为"开利绿色新技术"。其新型无限级热泵将会成为供热系数最高的民用空气源热泵。在制冷量普遍为3冷吨的市场上，消费者将体验到供热系数比当今市场上任何一种空气源热泵高出29%～69%的热泵。

5.6.2 特灵

1. 特灵研制出新型智能调温器

大众机械杂志的编辑们观看了特灵第二代舒适恒温器（图5-14），并戏称它是"年度十大最具变革产品之一"，并赋予它"2010年突破奖"。美国消费电子协也宣布该恒温器为"2011年最佳创新产品之一"。

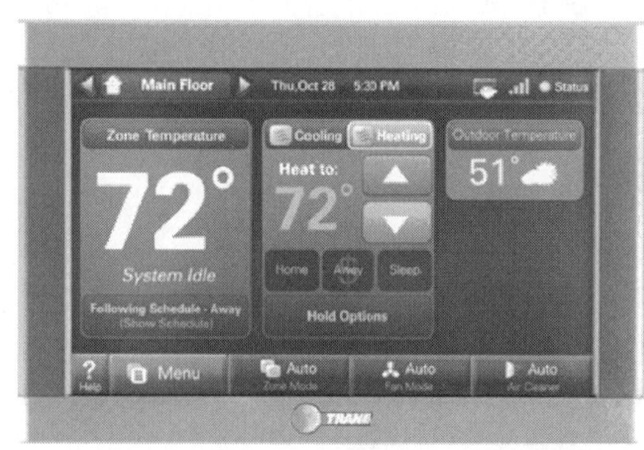

图5-14 2011年1月7日特灵研制出新型智能调温器（来源：www.trane.com）

特灵第二代舒适恒温器是一个7in的交互式、高清晰彩色触摸屏，并成为一个易于使用的中央控制中心。它不仅可以为用户提供各种供暖和制冷便捷控制，甚至还可以测量室内空气品质，并让用户知道何时需要更换过滤器。用户可以预先几天安排供暖或制冷程序，从而最大限度地降低成本，并达到最佳舒适度。用户还可以看到一个为期五天的天气预报，从而可以因地制宜地制订相应的供热或制冷计划。

用户可以按照简易方便的操作指南快速掌握。不使用时，温控器默认为屏幕保护程序，它可以与家里的装饰和外观互为弥补、相得益彰。用户或者也可以自行加载照片，并将其镶成一个数码相框。

2. 特灵的新型建筑产品

特灵的Hyperion空气处理机组在2011年的智能楼宇系统展（IBS）上展出，它的外形与一个典型的空气处理机组相比更像是一个冰箱。

特灵的Hyperion机组具有很好的保温性，通过在第二代密闭橱柜墙之间捕获水蒸气以防止结露，但可能会对空气处理机组自身或消费者的家造成损害。除了避免冷凝水的出现，橱柜还祛除了玻璃纤维保温层中任何松动的纤维，但是通过传统空气处理机组来处理那些松动的纤维可能会使其进入到房间气流中。

Hyperion的全铝合金风机比标准铜制风机更持久耐用，标准铜制风机容易受到蚁巢腐蚀。正是由于特灵特有的Vortica风机，Hyperion机组为用户提供了可靠、超静音的操作环境，让他们能听清彼此的谈话，而丝毫不受供热和冷却系统的干扰。

为了从设计源头上满足特灵严格的质量和可靠性标准，特灵 XB300 空调器是专为新建筑、多户室和低成本要求的用户而设计的。这种更小更轻的空调器易于运输和安装。XB300 空调器带有一套特灵独家拥有的手动充电辅助系统，以确保适当的制冷剂容量，提供理想的性能系数和效率。正是由于逐年循环利用的优质设计，XB300 空调器体现了特灵 Climatuff 压缩机的超可靠性。特灵 Climatuff 压缩机在整个行业中以其可靠性著称。该 XB300 空调器因其铝制特点也体现了 Climatuff 风机元件抵抗腐蚀的优良特性。

当特灵 XL20i 与特灵 XC95m 通信调制火炉、特灵清洁器和特灵 XL900 调温器组成一个系统时，特灵 XL20i 会成为用户的终极家庭舒适系统的绝佳泊地。该系统连接家用空调系统的所有通信组件，从而提供不间断监测、舒适和方便有效的信息。在为用户提供无与伦比的、不管是短期直接的还是长期间接的舒适性和节能性方面，一个完善的特灵系统都能够提供给建设者非常强大的竞争优势。此外，特灵清洁器是一个全室内空气净化器，它对所有粒径的粒子和过敏原的过滤效率均能达到 99.98%，故可以增设到任何系统中，从而提供一个更清洁、更健康、更舒适的人居环境。

3. 特灵系列产品荣获“新加坡绿色建筑产品”认证

特灵离心式冷水机组系列 CVGF、CVHE、CDHG、CVHG，螺杆式冷水机组系列 RTWD、RTHD 荣获 2011 年“新加坡绿色建筑产品”认证。其中特灵的三级压缩离心式冷水机组 CVHE 更是荣获“新加坡优秀绿色建筑产品”认证。

“新加坡绿色建筑产品”认证是经注册的绿色建筑产品认证体系，由新加坡绿色建筑委员会开发和运作。作为新加坡建设局（BCA）绿色建筑标志评估计划的补充，该认证提供了一个整体全面的认证体系。绿色建筑标志评估计划主要是评估一个项目在建设和运营阶段，其设计和系统的可持续性；作为绿色建筑标志评估计划的重要组成部分，“新加坡绿色建筑产品”认证将评估建筑中应用的各类设备及材料在整个生命周期对建筑带来的正面及负面影响。

遵循 ISO 14020 的通用原则，“新加坡绿色建筑产品”认证的评估范围包括能源，水和资源利用效率，避免污染，碳排放量和其他绿色创新。此外，“新加坡绿色建筑产品”认证在设计上特别地考虑了新加坡的热带气候条件和城市布局，根据产品对绿色建筑可持续发展方面的贡献，将其分为 4 个等级，依次是“合格”、“良好”、“优秀”、“模范”。特灵三级压缩离心式冷水机组 CVHE 凭借其高效节能、稳定可靠的特点和环保安全方面卓越的表现荣获“新加坡优秀绿色建筑产品”认证。

在热带气候条件下，大多数的建筑都需要暖通空调系统来维持舒适的环境。然而它的耗电量将达到整座大楼耗电量的 60%以上。在土地广袤、气候多样的中国，暖通空调系统的耗电量同样不可小觑。开发高效节能的暖通空调产品，设计高效率的空调系统以帮助建筑最大限度地减少能源的消耗和碳排放是特灵长期致力追求的目标。特灵公司作为全球领先的暖通空调设备供应商，早在 2005 年其产品就有 395 个型号通过了全美首批节能认证，占所有通过认证产品数量的 75%以上。这次再获得“新加坡绿色建筑产品”认证，它将为亚太区域的设计师、业主选择绿色节能产品提供强有力的专业保障。

4. 英格索兰太仓工厂荣膺绿色建筑评估体系全球绿色建筑认证金奖

2011 年 4 月 18 日，值此世界地球日来临之际，全球领先的多元化工业公司英格索兰在其太仓工厂举行了一年一度的植树活动，并庆祝太仓工厂荣膺由美国绿色建筑委员会认证颁发的绿色建筑评估体系全球绿色建筑认证金奖。

太仓工厂是英格索兰公司在中国设立的大型生产和研发基地之一，主要为旗下的特灵空调（Trane）——全球最大的采暖、通风、空调和楼宇自动管理系统提供者之一，提供生产和研发服务。作为目前世界上最权威的绿色建筑认证系统评估标准，绿色建筑评估体系绿色建筑认证涵盖对建筑的全方位评估，主要包括节能、室内环境质量、水资源利用、原材料利用等多项指标。此次太仓工厂荣获全球领先的绿色节能建筑认证金奖，不仅充分肯定了公司长期以来在推动节能环保和绿色建筑发展方面作出的积极努力，而且也是对公司为其员工创造的舒适和安全的工作环境的表彰。此次绿色建筑认证金奖的主要评估指标包括：

(1) 减少停车区域，提倡环保并鼓励员工骑脚踏车上班；

(2) 室内用水量较评估标准减少近40%；

(3) 节能量较标准楼宇超过15%；

(4) 超过75%的员工能够在自己的办公桌前享受到自然光；

(5) 使用绿色再生能源并减少二氧化碳排放；

(6) 工厂建造时的废物回收利用率达到近85%。

“中国有超过500家企业申请了绿色建筑评估体系认证，最终获得认证资格的仅有86家，而太仓工厂就是其中之一”，英格索兰太仓工厂总经理赵卫民说，“我们非常骄傲能够获得美国绿色建筑委员会的评估认证，并取得了金奖的好成绩，这一荣誉充分证明了我们是全球最优秀的工厂之一，同时也肯定了我们所有团队员工的努力创造出了一个更适合生活和工作的社区。”

为了庆祝这一重要的里程碑式的成就和世界地球日，近80名太仓工厂员工与分布在全球的英格索兰员工共同投入到了“地球日”活动中，并积极响应公司提出的“100万个绿色行动”的活动口号，旨在为减少浪费、减少能源消耗及降低公司的碳排放量作出贡献。在今年的活动中，太仓工厂的员工们再次掀起了植树高潮，共植树250棵。伴随着小树苗的茁壮成长，英格索兰公司坚信其工厂和社区环境发展也会越发强大。

“我们鼓励每一位员工都参与到地球日的活动中去”，英格索兰全球节能和可持续发展中心(CEES)执行总监W. Scott Tew表示，“这是我们公司所有领导者和员工在全球各地共同创造的成果，以期通过持续的改善，使公司成为创造安全、舒适和高效环境的全球领导者。”

小结

(1) 2011年1月7日，特灵研制出新型智能调温器，它不仅可以为用户提供各种供暖和制冷便捷控制，甚至还可以测量室内空气质量，让用户知道何时需要更换过滤器。特灵在2011年的智能楼宇系统展上展出了Hyperion空气处理机组，该机组具有很好的保温性，由于采用特有的Vortica风机，为用户提供了可靠、超静音的操作环境。

(2) 2011年，特灵离心式冷水机组系列CVGF、CVHE、CDHG、CVHG，螺杆式冷水机组系列RTWD、RTHD荣获“新加坡绿色建筑产品”认证。其中特灵的三级压缩离心式冷水机组CVHE更是荣获“新加坡优秀绿色建筑产品”认证。

(3) 2011年4月18日，英格索兰太仓工厂荣膺绿色建筑评估体系全球绿色建筑认证金奖，该工厂在诸多节能评估指标方面均达到了行业领先水平。

5.7 自动控制产业

5.7.1 西门子

1. 新产品

煤气、电力和水：透明消费

2011年2月19日，西门子在Synco家居控制系统（图5-15）的基础上增加了中央控制单元，该单元不仅能调节室内环境，而且也可以记录能源和水的消耗量。Synco家居控制系统是一个为公寓和单户住宅设计的全面的多组件家居生活自动化系统。该系统既能控制用户室内采暖、通风和空调系统，也方便打开和关闭电器，并监测室内烟雾。该系统可显示所有窗户的开启状态、当前室外的温度和大气压力，并提供简单易行的方法控制灯具和百叶窗。欧洲标准《建筑的能效性能——建筑自动化和建筑管理的影响》（EN 15232）将建筑自动化系统划为能效等级 A～D，Synco 家居控制系统在能效等级评定中荣获 A 级。由于智能、高精度控制以及自动化和节能措施，Synco 家居控制系统可以减少最高 30％的住宅能耗，同时不影响居民的方便和舒适环境。

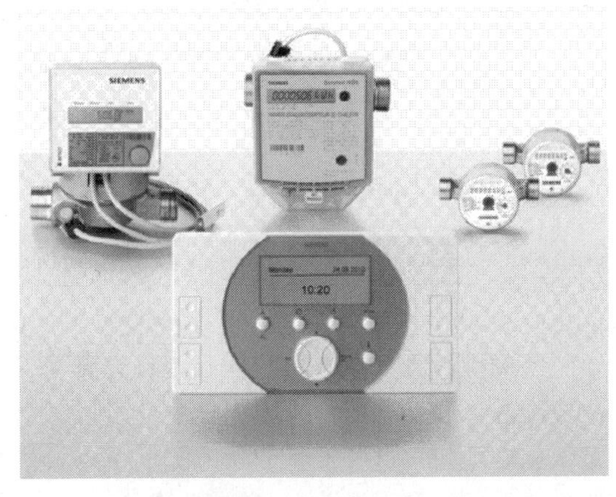

图 5-15　西门子 Synco 家居控制系统
（来源：www. siemens. com）

Synco 家居控制系统可以将温度控制在一个恒定值，误差范围在±0.2℃内；而热平衡阀温控范围则在±1℃内。Synco 家居控制系统能够在夜间自动降低室温；而对于热平衡阀，则必须手动调节每个阀门才能达到此效果。Synco 家居控制系统会自动探测窗户的开启并在一段时间后会自动关闭热水阀门以避免不必要的加热；为了达到相同的结果用户需要手动调节热平衡阀。

Synco 家居控制系统为每个房间提供精确的实际所需的热量和新风。它不仅可以对每个房间按照日常时间或个人需求进行合适的加热从而单独控制室内温度，而且可根据室内的相对湿度或空气质量进行最佳的通风控制，例如，家中二氧化碳浓度水平高于设定值，通风则会暂时加强。

通过 Synco 家居控制系统遥控器上的按钮在清晨可以一次性地打开所有电灯和所有窗帘，在晚上根据延时控制程序定时关闭所有灯具。同样，也可遥感降低所有的窗帘并同时调低灯的亮度，还可在公寓中心单元或遥控器上保存这些场景设置并随时更改。Synco 家居控制系统不仅能更方便地控制室内照明，而且可以为房间营造适宜的气氛，让用户的日常任务变得简单。

2. 建筑节能

2011 年西门子在节能建筑方面的创新

为了帮助降低能耗，西门子楼宇科技部门引入了绿叶显示控制室，通过它可以显示当前的能源利用效率。在 2011 年的法兰克福卫浴展（ISH）上，西门子提出了一系列以需求为基础的自动化解决方案以及新一代为确保长期最大能效的执行器。

许多建筑运营商数年后发现经计算的节能目标无法在现实生命周期内持续运作。通常情况下，根本原因是对用户缺乏透明度，他们根本不知道如何改变能耗设定值。这对于装有照明控制和防晒装置的空调房间尤其如此。在此背景下，西门子开发了一种新型绿叶系列——QMX3 室内控制屏，让用户积极参与到房间的能耗管理中：控制屏上的绿叶会证实一个会议室系统正以节能方式使用的状态，红叶表示不必要的能源消耗。该屏上的一个简单的按钮即可将房间控制系统切换至节能运行状态。绿叶控制显示屏是 Desigo 全室自动化控制系统（TRA）的一部分。

房间控制器 PXC3 一代提供了由采暖、通风及空调、照明和百叶窗等组成的综合解决方案，并允许房间控制器保持在 PX 自动化水平。这使得它可以直接控制主要系统，即供热器、空调机组和冷却器，并根据各个房间的需求信号进行控制。由于它是直接通过 BAC net / IP

通信的系统，加热器、冷却器和空调系统以及它们的控制组件只有在达到满足实际需求的输出量时方可正常运行。单此功能即可节约高达25%的能耗，而不影响任何舒适性。Desigo全室自动化控制系统解决方案的另一个优势是弥补了通风空调安装和电气布线之间的长期隔离。

西门子推出Desigo楼宇自动化系统以提供空调系统气流最佳控制策略，这一策略是由西门子公司与弗劳恩霍夫协会的供应链服务工作组（SCS）合作开发的。在不降低室内空气品质的前提下，气流最佳控制策略一贯结合实际需求确定通风空调产量，与常规空调控制系统相比节能可高达50%。同时，这会促使控制水平的提高，并减少执行器的磨损。模块化设计可用于空气处理机组和变流量控制器以及风机性能优化的多种配置。作为Desigo楼宇自动化系统的组成部分，Desigo用户可视化界面可用来显示各种气流最佳控制图形、记录趋势线，并记录设定值和实际值。这些额外的功能提供了有效的控制策略、能源消耗和能源成本的优化方案。控制模块从而达到了欧洲标准《建筑的能效性能——建筑自动化和建筑管理的影响》（EN 15232）中设置的最高能效比，"建筑能源利用效率是建筑自动化和建筑管理及控制策略综合作用的结果。"西门子还将提出新的代工生产（OEM）业务发展策略。这些解决方案利用缓冲存储器将锅炉、热泵和供暖控制器与太阳能热水器、太阳能供热系统更加智能地结合起来。特别有趣的是功率因数控制器，即下一代配有Stirling电动机的微型热电联产设备。电子控制器不仅能处理传统的加热功能和热水生成，它也可以监测公共电网的回路电流。

易于快速安装的空调系统调节阀及其调节过程与高精度管理人员一样重要。西门子已经改造了其Acvatix生产线，以确保其符合今天的安装、启动和维护要求。一个新特点是不论安装位置，特别是在紧急情况和服务阶段，凡符合免工具手柄操作即可采用工效手轮。从远处可见集成LED指示的工作状态，并且可以从许多不同的角度看到执行机构的位置指示器，这样有利于启动。对于新的阀门执行器，阀门和执行器之间的连接是在几乎不可能发生的装配误差下设计的。新的执行器都配备了一流的电机，并可用来更新升级现有的通风空调装置，因为这些执行器可以与所有在过去30年生产的Acvatix产品兼容。

3. 研发动态

西门子计划在2011年记录清洁能源所需的研发经费

欧洲最大的工程技术公司——西门子公司为了广泛投资节能设备的开发，计划在2011年将研发经费提高至45亿欧元（62亿美元）。2011年的预算额显示了一个经过调节整合后的记录，相比去年的38.5亿欧元提高了17个百分点。投资于风能相关产品的预算额在过去两年中翻了三倍。

"西门子自从2004年涉足风能行业以来已经投资了数以百万计欧元开发风能源"，Umlauft表示，"西门子可再生能源部计划在现有7000名员工的基础上至少再增加2000人帮助完成100亿欧元的积压工作。"这家总部在慕尼黑的德国公司将与通用电气公司在涡轮机市场、可再生能源产品、扫描仪和医疗保健设备等领域展开激烈竞争。位于康涅狄格州的Fairfield公司计划今年在客户资助研发部门10亿美元的基础上再增加一倍研发经费，达到约50亿美元。该公司于2010年12月14日表示，过去的支出费用在20亿～30亿美元之间。

2011年第一季度西门子于上一季投资156.6亿欧元现金流集中应用于智能电网的相关产品、可再生能源建筑的能源利用效率及其存储系统的研发。西门子公司的工业业务部门作为三个主要销售部门中最大的一个，吸收了去年最大比例的研发经费，达到大约17亿欧元。

4. 城市能源解决方案

1）西门子公司在汉诺威工业博览会展示的城市解决方案

2011年4月4日至8日，西门子在汉诺威工业博览会上为参观者展示了城市解决方案。随着灯塔项目的选定，西门子正展示怎样做到智能电网与智能建筑系统的完美结合、城市交通流如何得到最优化。在智能电网、电力布局和移动网络解决方案等领域，西门子均作出了积极探索并取得了一系列切实可行的研究成果，并将其归为新成立的基础设施与城市区域战略的一部分。“城市是未来发展与增长的主要市场，作为一个综合性科技公司，我们已经比任何其他公司的定位更加着眼于满足可持续发展城市基础设施的需求”，西门子董事会成员兼首席执行官 Roland Busch 在德国汉诺威表示，“在此次贸易洽谈会上我们展示的创新将使未来的城市更加生态友好、更加适宜人居。”

2）柏林城市建筑能源解决方案

1995 年，柏林推出节能战略以减少二氧化碳排放量。德国首都也面临金融资本的挑战：200 个公共建筑物的总能耗费用每年超过 1700 万欧元。为了持续减少二氧化碳排放量和能耗，柏林与西门子公司正式达成节能战略伙伴关系。根据节能绩效合同，西门子经过计算并认识到每栋建筑物的能耗费用和运营成本的节约潜力。根据合同条款，所需投资额抵消了合同担保的节约费用。在合同期结束后，由于运营成本降低产生的利益所得均回归于民。正是由于双方战略伙伴关系的达成，现在柏林每年可节约能耗费用 500 万欧元，减少二氧化碳排放量 30000t。西门子已经在世界各地实施了 6500 个建筑节能项目，担保每年节约费用近 20 亿欧元，二氧化碳减排量超过 900 万 t。

3）伦敦城市建筑能源解决方案

伦敦设立了温室气体减排的目标。利用现有技术，英国首都无须要求居民的生活方式作重大修改即可实现这一目标。应用这些技术，与 1990 年相比，2025 年可以减少 44％对环境有害的气体排放。附加技术创新在 2025 年带来 60％的减排目标也指日可待，移动网络集成是实现这一目标的关键杠杆。例如，利用西门子技术，伦敦当地交通可通过收取拥堵费来解决交通堵塞问题。来自西门子的智能视频系统将会记录进入市中心的车辆牌照，并检查是否支付适当的通行费。现在城市街道每天减少了 60000 辆汽车，占到总车流量的 20％。每年可削减 15 万 t 二氧化碳排放量，同时提高了 35％的运输流量。这个城市的收费系统是由西门子公司开发的综合交通解决方案的一部分。智能网络解决方案覆盖所有的街道和轨道交通以寻求最大化利用现有的运输基础设施。

小结

（1）2011 年在工业业务领域和工业自动化、驱动技术、楼宇科技、工业解决方案以及交通等方面，西门子公司均取得了卓有成就的领先技术。

（2）工业自动化和楼宇科技领域，西门子于 2011 年 2 月 19 日研制出天然、水电控制系统一体化的 Synco 家居控制系统，既能控制用户室内采暖、通风和空调系统，也方便打开和关闭电器，并检测室内烟雾，还可以为每个房间精确提供实际所需的热量和新风。

（3）在建筑节能方面，西门子研制出可以直接控制主要系统，即供热器、空调机组和冷却器的房间控制器 PXC3，并利用空调系统气流最佳控制策略，直接为空调系统带来 50％的节能量。

（4）在城市解决方案领域，西门子为柏林提出节能战略，从而每年可节约能耗费用 500 万欧元，减少二氧化碳排放量 30000t；另外，为伦敦每年削减 15 万 t 二氧化碳排放量，同时提高了 35％的运输流量。

5.7.2 江森自控

1. 公共建筑节能

江森自控承诺为美国公共部门能源效益项目节约 47 亿美元

2011 年 3 月 8 日，江森自控（Johnson Controls）表示在未来 10 年内帮助其美国公共建筑能源效益项目节省能源、水和运营成本等 47 亿美元以上。此外，江森自控除了已经为它的公共和私营部门客户节省 190 亿美元的成本，另外它完成的诸多项目自 2000 年以来已减少了 1500 万吨二氧化碳的排放，大约相当于一年内 130 万个家庭能源使用产生的温室气体排放量。作为公共和私人建筑节能方面的全球领导者，江森自控建筑能源效益业务部门拥有超过 1000 名工作于遍布全球 50 个国家的联邦、州和当地政府机构的专业人员，这些机构包括行政大楼、医院、学校、机场、惩教所及公共住房。

2. 新产品

1）约克新型风冷式变速螺杆冷水机组

2011 年 1 月 14 日，江森自控介绍了由其子公司最新研发的风冷式变速螺杆冷水机组（YORK® YVAA）（图 5-16），该机组可以调节匹配至最佳性能状态，具有更低的噪声和更为持久的运行时间。

图 5-16 约克最新研发的风冷式变速螺杆冷水机组
（来源：www. york. com）

图 5-17 每年能耗成本降低高达 50%
（来源：www. york. com）

在满负荷设计工况和非设计工况条件下均具有业界最低的单位质量功率，约克风冷式变速螺杆冷水机组在各种工况条件下均能有效运行。对于不同的项目，其能效比可以超过老机组多达 50%（图 5-17）；而新项目的能效比可以超过其他厂家生产的制冷机的效率高达 25%。约克风冷式变速螺杆冷水机组的能耗指标较为灵活，具有高达 11.6 的设计能效比。该机组也可结合其他配置，可提供高达 19.8 的部分负荷综合能效比（IPLV）。

约克风冷式变速螺杆冷水机组还具有出众的噪声指标。除了拥有多种声音衰减措施，当降噪成为当务之急时，该机组提供的 SilentNight™技术会与可编程控制（BAS）共同工作以限制制冷机负载。当声音性能得到优化后，约克风冷式变速螺杆冷水制冷机组可在非设计工况下减少多达 16dB 的环境噪声。

约克风冷式变速螺杆冷水机组采用 HFC-134a 制冷剂，它没有淘汰日期，其破坏臭氧潜能值为零。正是由于较少的连接点和潜在泄漏点，系统内部的制冷剂流量保持恒定，并且特有的降膜蒸发器和先进的微型冷凝盘管减少了高达 15%的制冷剂容量。因为无须冷却水塔，水会得到可靠的节约。由于发电设备是一个耗水大户，正是由于约克风冷式变速螺杆冷水机组的高能效比大大节约了用水量。

约克风冷式变速螺杆冷水机组的这些可持续性优势给那些参加绿色建筑评估体系并有机会荣获能源与环境设计先锋奖项的建筑物业主们加了不少分。江森自控于 2004 年推出业界首个变频风冷螺杆冷水机组，该公司已经在 100 多个国家扩展了 200 万 t 的安装场地。

2）系列变频产品

变频驱动技术是由约克在1979年在全球首次运用在暖通空调的冷水机组和家用空调中的，其独特的控制逻辑，可以大大提高机组工作效率，可以降低能源消耗高达15%～30%，这一特性也意味着大幅减少二氧化碳的排放。迄今为止，江森自控旗下的约克空调已获得76项变频驱动装置技术的专利。约克空调把这项显著节能的技术广泛应用于从小型的家居住宅空调产品到大型商业中央空调及工业制冷的应用中。

2011年4月7日，江森自控登陆全球三大制冷暖通空调展，以旗下约克空调"百年传承变频领先"的主题，向参会来宾展示了多款节能新品及可持续性解决方案。并且推出了四款全新的全球领先变频节能环保产品。

江森自控在本次制冷展上展出的四款变频产品包括：约克磁悬浮变速离心式冷水机组（YMC2）、风冷式变速螺杆冷水机组（YVAA）、约克水冷式变速螺杆式冷水机组（YVWA）以及约克家用变速多联式空调机组（YVOH），均是江森自控最新研发并推出或即将推出的重磅新品，覆盖了从家用到大型商用等多个应用领域，具有节能、启动性能优化、运行宁静且结构紧凑、节省安装成本等优点，能在最大限度上满足不同用户对高能效、高可靠性、优化使用体验以及减少对环境影响的需求。

3. 典型案例

1）美国夏威夷大学社区学院选择江森自控实施5800万美元节能计划

2011年4月21日，夏威夷大学社区学院（UHCC）和江森自控宣布建立一个综合能源效率和可持续性保护计划，将为夏威夷大学在未来执行计划的20年内节省5800万美元的能源和运营费用。江森自控也将帮助夏威夷大学欧胡岛校区的四年级学生定做一个可持续发展课程。"夏威夷大学社区学院是一个新兴高等教育的典范"。大学是实施可持续性能源计划的最佳实践者，通过学生，新的重要性理念可以长期地深入人心。夏威夷大学社区学院校园将集成多个旨在减少目前的耗电量、用水量、废水的能源解决方案，诸如太阳能热水器、节能空调和照明设备改造全部由江森自控提供。该项目预计每年将减少600多万kWh能耗，即目前该校园能源总使用量的23%。

作为夏威夷大学社区学院保护性倡议的一部分，江森自控也将与夏威夷大学的教职员工合作为每个学院定制可持续性课程。课程内容结合每位学生的专业领域学习，将可持续性和可再生能源模块、环保等纳入课程体系。该体系中的建筑节能课程将帮助学生把课堂上学到的知识转化到未来的社会和职业经历中。

夏威夷大学与江森自控的此次合作将以两个重要且互补的方式为夏威夷大学社区学院带来校园能源效率的改善。对于夏威夷大学是件一箭双雕的好事，因为一方面大学的能源使用量将减少，另外一方面，夏威夷大学的学生将在来自全球的最佳实践中获益，因为他们在为明天的绿色领导者工作而接受训练。

2）绿色工厂

江森自控另一方面非常重视自身工厂和设施的绿色计划，努力建低碳工厂，树立企业典范。2011年3月30日，江森自控宣布，其位于无锡的制造和研发基地综合办公楼，在实施了节水、屋顶绿化、提高能源效益、优化建筑材料以及改善室内环境质量等全方位的节能改造后，该综合楼日前正式获得由美国绿色建筑委员会颁发的"能源与环境设计先锋"绿色建筑评估体系最高白金级认证。

江森自控亚洲制造和研发基地由综合办公楼、研发大楼和生产厂房等多个建筑组成，是江森自控在中国实现产品本地化生产与研发的重要机构，拥有完善的软硬件设施，其生产能力在中国的大冷吨冷水机组市场中多年保持首位。为了实现无锡基地的能源高效利用与低碳减排目标，江森自控积极运用在建筑节能以及为全球客户打造低碳建筑等方面的成功经验，逐步为无锡基地实施节能改造。此次综合楼获得绿色建筑评估体系白金级认证，是无锡制造和研发基地向绿色园区迈进的重要一步。接下来，江森自控还将通过有效的资源利用以及采用高能效设备等方式，把无锡研发基地打造成为集绿色办公楼和绿色工厂为一体的综合低碳园区，致力于为打造低碳工厂的企业树立典范。

主要节能措施包括：通过具有保湿隔热性能的屋顶绿化工程降低夏季空调的能源消耗和碳排放；安装高效的变制冷剂空调系统和室内舒适性控制系统，并采用双层中空 Low-E 玻璃，减少由室外进入室内的冷热负荷，大大降低空调能耗；利用雨水收集处理系统收集场地雨水，储存处理后再用于绿化灌溉、洗手间冲洗、道路和车辆清洗，实现水资源的循环利用；办公室、会议室的所有光源均采用 LED 灯，节省电量的同时也延长了使用寿命。此外，员工工作区域安装的智能光控系统，通过自动识别人员位置来调节室内亮度，既实现了照明的智能控制，又避免了光污染并减少了电负荷，达到了节能目的。

江森自控建筑设施效益业务全球能源与可持续发展副总裁聂可为先生（Clay Nesler）表示："无锡制造和研发基地的综合楼改造能够获得美国绿色建筑委员会颁发的最高绿色建筑评估体系的百金认证，是对江森自控发展建筑节能、提升建筑能效及可持续性的最好认可。"

小结

（1）2011 年江森自控在公共建筑节能领域已经为它的公共和私营部门客户节省了 190 亿美元的成本，另外它完成的诸多项目自 2000 年以来已减少了 1500 万公吨二氧化碳排放。其子公司约克已研制出新型风冷式变速螺杆冷水机组，该机组可以调节匹配至最佳性能状态，具有高达 11.6 的设计能效比，以及更低的噪声和更为持久的运行时间。

（2）2011 年 4 月 7 日，江森自控在中国制冷展上展出了四款变频产品，包括约克磁悬浮变频离心式冷水机组、约克风冷式变速螺杆冷水机组、约克水冷式变速螺杆式冷水机组以及约克家用变速多联式空调机组，均是江森自控最新研发并推出或即将推出的重磅新品，覆盖了从家用到大型商用等多个应用领域，具有节能、启动性能优化、运行宁静且结构紧凑、节省安装成本等优点，能在最大限度上满足不同用户对高能效、高可靠性、优化使用体验以及减少对环境影响的需求。

（3）江森自控于 2011 年 4 月 21 日与夏威夷大学社区学院联合宣布建立一个综合能源效率和可持续性保护计划，将为夏威夷大学在未来执行计划的 20 年内节省 5800 万美元的能源和运营费用。

（4）2011 年 3 月 30 日，江森自控位于无锡的制造和研发基地综合办公楼，在实施了节水、屋顶绿化、提高能源效益、优化建筑材料以及改善室内环境质量等全方位节能改造后，该综合楼正式获得绿色建筑评估体系最高的白金级认证。

第 6 章　案例——典型工程项目分析与介绍

6.1　概　　述

本章我们主要介绍五种绿色建筑突出案例，分别为单体建筑改造项目、单体建筑新建项目（经济适用房）、单体建筑项目（公共建筑）、特殊类建筑（数据中心）和社区低碳规划。

6.2　单体建筑案例

阿姆斯特朗国际工业公司总部大厦 701 改造项目

对既有建筑进行改造，以避免能源资源的浪费，提高建筑舒适度，增加环境友好度，还我们一个明净的蓝天，已成为我国当前紧迫的、必须尽快解决的重大问题。我国严寒地区、寒冷地区以及夏热冬冷地区的部分城镇冬季都需要采暖，采暖燃煤对大气造成严重污染。与此同时，我国大部分地区夏季炎热，空调又日益普及，建筑空调能耗正在迅速增加。

发达国家受到自 20 世纪 70 年代爆发的石油危机和全球变暖的压力，一直重视建筑节能。既有建筑改造方面的法规、规范等不断完善，已积累了丰富的经验，可以为我国的既有建筑改造提供经验。

1. 项目背景

阿姆斯特朗（Armstrong）国际工业公司是全球地材、顶棚吊顶系统和橱柜产品设计及生产的领导者。2009 年，公司全球净销售额总计约为 28 亿美元。公司总部设在美国宾夕法尼亚州的兰卡斯特，阿姆斯特朗在全球设有 36 家工厂，拥有约 10800 名员工。

图 6-1　阿姆斯特朗国际工业公司总部大厦 701 改造项目

（来源：www. armctrong. com）

阿姆斯特朗国际工业公司总部大厦，也被称为 701 大楼，位于宾夕法尼亚州兰卡斯特城中占地 700 亩的园区内，公司高三层，总建筑面积为 11705m^2，共有 225 名员工（图 6-1）。701 大楼初建于 1998 年，建筑体包括自然采光的中庭和钢结构、玻璃幕墙的两翼。2006 年该项目荣获美国国家环境保护局颁发的“能源之星徽章”（Energy Star Label）。2007 年，阿姆斯特朗美国总部 701 大楼荣获了 LEED-EB 认证的白金奖。为了反映建筑的绿色水平，LEED-EB 评估体系由若干指标构成其框架，并根据每个方面的指标分别打分，最终的综合得分将决定建筑的认证等级，而白金奖是 LEED-EB 的最高荣誉，之后依次是金奖、银奖、铜奖和认证奖。701 大楼是全美六幢获此殊荣的建筑之一。

以下是 701 大楼的相关信息：

（1）项目总体管理：RE：Vision Architecture；

（2）工程委托代理：Bala Consulting Engineers，Inc；

（3）暖通空调供应商：Johnson Controls；

（4）监管项目组：ONESOURCE；

（5）风电提供商：Community Energy；

（6）土木工程商：David Miller Associates；

（7）建造商：Gensler；

（8）项目规划：11705m^2。

2. 项目措施与成果

节水：为满足绿色建筑评估体系认证的一项重要指标——节约建筑用水，该项目组在建筑内部安装了无水小便器、双抽水马桶和感应水龙头；发现并修复了一项导致浪费年用水达105000L的加湿器故障。项目组经过改造，最终减少了近一半的建筑用水，从每年3000000L减到1600000L。

阿姆斯特朗作为全美最大的吸声顶棚制造商，率先获得了绿色建筑评估体系为声学设计颁发的创新奖励，提高了室内居民的生活舒适度。阿姆斯特朗通过筛选和设计顶棚、地板和家具来达到吸声目的。公司总部大楼的顶棚由本地制造并含有较高比例的再生材质。

（1）建筑楼面板通过结合内部和外部的采光板使日光覆盖一半以上的使用空间（图6-2、图6-3）。

（2）安装传感器以保证电灯只在有人使用时开启。

（3）80%的建筑外墙采用氩气填充、低辐射的玻璃。

（4）安装楼宇自动化系统优化能源使用和及时回馈信息，单位面积能源使用量是美国类似建筑的一半。

（5）物质循环利用，60%的废弃物得到回收再利用。

（6）每年购买风电2000000kWh，满足建筑用电总量75%的要求。

（7）在建筑的使用过程中不断地由用户给业主提供反馈意见，这些反馈意见有助于不断地修正和提升建筑的运行情况。

（8）701大楼的园林景观几乎不需要维护和人工灌溉，雨洪降水通过集水池进入湿地，保证植物正常生长。

阿姆斯特朗公司共投入了138000美元进行建筑改造以达到绿色建筑评估体系白金认证标准，预计在三年内通过节省能源收回改造成本。

图6-2 阿姆斯特朗公司内部装饰图片
（来源：www.armcrong.com）

图6-3 阿姆斯特朗公司外部立面
（来源：www.armcrong.com）

6.3 单体新建项目案例

6.3.1 低收入住宅 Vista Dunes 住宅群（美国的经济适用房）

Vista Dunes是我和家人的住所所在，我们骄傲地称它为家园。它不仅美，还为地球和社

会产生了积极的影响。——业主 Rofolfo Cortez

1. 项目背景

这个项目是美国加州政府为低收入家庭建造的经济适用房（图 6-4、图 6-5）。

拉金塔（La Quinta）城市再发展司和国家社区复兴中心共同制订了这项 Vista Dunes 住宅群的建设目标。其目标主要包括：重构衰落的邻里关系，创建持续、宜居和经济的社区，超越本地已有的用水和能源标准使新建的 80 所出租住房全部达到绿色建筑评估体系白金级标准。

图 6-4 低收入住宅 Vista Dunes 住宅群
（来源：www.sgaffneyarch.com）

此项目由拉金塔市、美国绿色建筑委员会、全球绿色组织（Global Green）、Rosenow Spevacek Group Inc、National Core、Studio E Architects、Nestor & Gaffney Architecture、RGA Landscape Architects、Davis Reed Construction 等众多政府、组织、公司共同规划实施的，是全美最大规模获得绿色建筑评估体系奖的经济适用房。这对我国的保障性住房有着积极的借鉴意义。绿色建筑的理念与技术应用于大规模保障性住房建设，能够最大限度地实现节约资源、保护环境和减少污染的目的，对于提高我国住房建设的品质与性能、促进节能减排、降低住房建设的经济成本等方面具有重要的推动作用。另外，绿色保障性住房作为政府主导建设项目，有着示范作用，具有先导与示范意义。十二五期间全国将建设保障性住房 3600 万套，约 20 亿 m^2，规模巨大，绿色建筑具有较大的潜力。

以下是 Vista Dunes 住宅群的相关信息：

（1）规划发展：拉金塔城市再发展司；

（2）项目经理：Jon McMillen，Rosenow Spevacek Group Inc.；

（3）概念设计：Eric Naslund，Studio E Architects；

（4）建筑师：Robyn Vettraino，Studio SA；

（5）景观设计师：Luke Taylor，RGA Landscape Architects；

（6）工程商：Stueven Engineering；

（7）项目面积：38445m^2，80 套出租房屋；

（8）项目费用：22500000 美元。

2. 项目措施与成果

（1）光伏发电——每栋家庭住宅安装 16 块太阳能板生产太阳能，提供可再生能源，从而降低能源消耗，降低能源使用费用。采用能源之星屋顶和反射屋顶。

（2）屏障——白色的反射屋顶通过反射光照减少热量吸收，从而减少夏季制冷的费用。

（3）外墙保温——外墙隔热值达到 R-19，以减少室内制冷和采暖的能源消耗。

（4）窗户——采用“能源之星”标准的高性能窗户减少室内空气流失和外界阳光产生的热量，节约能源成本，并阻止有害紫外线伤害室内装饰和家具。

（5）“能源之星”电器——洗碗机、冰箱和吊扇等家用电器符合能源之星标准，这将节约 20％的能耗和 50％的生活用水。

（6）橱柜和台面板——家用橱柜和台面板持久耐用，不需要打蜡和涂保护层，不含有甲醛等有害化学物质，材质可以回收再利用。

(7) 混凝土密封地板——地板具有高能效和方便清洗维护。地板十分耐用，不吸灰尘、霉菌、地毯和其他微粒。另外，地板白天吸热、晚上放热以调节室内温度，使白天温度不会太高，夜晚温度不会太低。

(8) 双层建筑防潮纸——有效屏蔽有害元素的影响，同时减少了室外空气渗透。

(9) 本地景观——使用本地抗旱植物，不需要各类化肥和除草剂的植物。

(10) 室内环境质量——每个家庭安装空气过滤装置，使用不含甲醛、低挥发性有机物的建材，最大限度地减少室内空气污染。

(11) 无水箱热水器——此种热水器只在需要时提供热水，不配备储存用水箱，不会反复加热或保温，从而节约生活热水用能。

(12) 车库——对车库入口进行优化设计，减少居民暴露在车库污染物中的机会。

(13) 热烟囱——热烟囱可以让自然光进入室内，并协助空气流通。通过打开较低的窗口和热烟囱上的屋顶窗口来排出热风，引入室外凉爽空气。

(14) 室外遮阴——在建筑群外部的适宜地点种植树木以给房屋遮阴，减少阳光直射（图 6-6）。

(15) 高效能水暖配件——节约用水的双冲水马桶、新设计的水池、低流量和水汽混合的淋浴喷头（要比传统的淋浴喷头节水 40%）。

图 6-5 一套单元的模拟效果图

图 6-6 小区的室外实景图

（来源：www. usgbc. org）

6.3.2 公共建筑：普罗西米底酒店

"如果你告诉我，我们可以在建立一个豪华酒店的同时，节省 39%的能源，我会说也许。如果你告诉我在保持豪华的同时节省 34%的水，我以前会说：不可能。"

——Dennis Quaintance, Quaintance-Weaver 酒店

1. 背景介绍

普罗西米底酒店（Proximity Hotel）位于美国北卡罗来纳州的格林斯博罗市，是全美第一家得到绿色建筑评估体系白金级认证的酒店。酒店的高档、豪华定位与其环境友好、节能节水的建造和管理模式并不冲突。酒店建成后成功地减少了 39%的电力，以及

图 6-7 普罗西米底酒店

（来源：www. proximityhotel. com）

33%的水资源，但是丝毫没有影响其应有的舒适度以及高档之感。建筑充分运用太阳光，97%的区域采用自然光照明，酒店建筑物的建材有 40%来自当地，酒店内 90%的家具也来自当地，并且尽量简化设计，因为涉及对环保的实践过程比结果的美观性更加重要；餐厅选用当地化食材，用餐的时候还可以看到整个花园（图 6-7）。

酒店作为大型公共建筑，无论是施工还是经营都会对环境保护和资源的可持续利用产生一定的影响，尤其是建造在景区内或景区周围的酒店。绿色建筑设计对饭店的生存和发展具有重要意义，特别是在绿色饭店的创建过程中是一个不容忽视的环节。此案例对中国绿色酒店建筑与管理有很强的借鉴意义。

以下普罗西米底酒店的相关信息：

（1）建筑设计：Centrepoint Architecture；

（2）总承包商：Weaver Cooke Construction；

（3）室内设计：Bradshaw Orrell Interiors；

（4）艺术设计：Douglas Freeman Artworks；

（5）房间设计：Chip Holton；

（6）机械和工程系统承包商：Superior Mechanical，Inc.；

（7）电气承包商：Johnsons Modern Electric Company；

（8）景观设计：Callaway & Associates；

（9）项目规模：9476m^2，147 间客房；

（10）项目总造价：2800 万美元；

（11）每平方米费用：2955 美元。

2. 项目措施与成果

（1）酒店建筑使用比传统的酒店更高效的建筑材料和创新的施工工艺，节约 41%的能源消耗。

（2）4000m^2 的屋顶安装了 100 块太阳能发电板以利用太阳能加热日常用水，可以提供酒店和餐厅约 60%的热水。

（3）修复 200m 长的溪流，减少水土流失；种植当地的、适应能力较强的特种植物并划定生态缓冲区域。约 500m^3 的土方和岩石、原木被运来抵挡洪水，辅助溪流和水塘的可持续性。

（4）酒吧建材来自被疾病或暴风摧毁的胡桃木，客房用托盘的材料来自竹胶合板。

（5）餐厅采用最新设计的可变速排风机，餐厅内装有一系列的传感器，将根据厨房的需要调整排风机的工作状态，并维持在较低的运行强度（通常是满负荷的 25%）。该传感器还可以感应热量、烟雾或污水，并保证风扇转速以保持空气新鲜。地热能用于餐厅的制冷，取代了传统的水冷系统，节约了大量的水资源。

（6）安装北美首个具有能源再生技术的 Otis’Gen2 电梯来节省和重新利用能源。

（7）自然采光充足，包括高效能的可控窗户，实现超过 97%的使用区域自然采光，增加客户舒适度和节省能耗。

（8）利用回收的建材，包括 90%的钢筋、100%的石膏墙板和 25%的沥青，还有混凝土中的 4%的灰分取自垃圾填埋场矿物燃烧后的残渣。

（9）87%的建筑废物会被回收，从而减少固体垃圾 1535t。

（10）通过安装高效能的科勒（Kohler）水管系统节约 33%的用水，在第一年节省了 20 亿加仑水量。

（11）提升室内空气质量。通过采用高效能的“能源补偿”技术将大量室外新鲜空气引入客房（每分钟 1.7m^3）。

（12）聘用本地生产商和设计师以减少运输和包装的能耗。

（13）使用低排放挥发性有机化合物的涂料、胶粘剂、地毯等，减少了室内空气污染。

（14）客房搁架和酒吧的台面板是由回收的胡桃木贴面，经过再加工而成的，且不添加甲醛。

（15）设计绿色屋顶以减少“城市热岛效应”的影响。绿色屋顶通过反射热量来减少用于制冷的能耗，同时，它也减缓雨水径流速度，目前绿色屋顶正处于测试阶段。

（16）设置“教育中心”负责酒店的绿色可持续实践，包括为客人、相关组织和各年龄段的学生提供信息，分享经验等活动。

（17）向客人提供自行车，可以游览附近 8500m 的绿道。

6.3.3 其他特殊功能建筑

1. 戈尔登市数据中心

“此项目通过对设计、施工和业主多方意志的整合，节约了 15%的资金投入并产生了良好的市场和环境效应。”

——Ben Weeks，数据中心建造商 Aardex 公司

2. 项目背景

数据中心位于科罗拉多州的戈尔登市，项目占地面积为 17273m²，数据中心建筑体为五层楼，含有面积为 10400m² 的地下停车库（图 6-8）。该建筑为 A 级办公楼，有 900 名员工，设有一个健身中心和咖啡厅。数据中心由 Aardex 公司设计。

图 6-8 戈尔登市数据中心

数据中心由于其自身特点，在建筑类型中无疑是一个“能耗大户”。计算机设备、服务器设备、网络设备、通信设备、存储设备等通常被认为是数据中心的 IT 关键设备。数据中心的基础设施是指为确保数据中心的 IT 关键设备和装置能安全、稳定和可靠运行而建设配套的基础工程（机房工程），数据中心基础设施建设的首要目的是保障数据中心中的 IT 关键设备的运营管理和数据信息安全，提供 24×7（全天候运行）的保障环境。能量消耗和空间利用是数据中心运行最大的成本所在，对 IT 管理者来讲，这是限制数据中心扩展的主要因素。

在数据中心中，为了业务与信息的处理要求，IT 关键设备通常需要进行 24×7 的运行。IT 关键设备的运行，消耗大量的电能，产生大量的热量，为了保持 IT 关键设备运行在规定的环境要求范围内，需要通过基础设施设备（精密空调设备）的运行，来维持 IT 关键设备对（温度、湿度）环境的要求，这时，精密空调设备制冷又消耗了大量的电能。数据中心的节能是近年来逐渐被各方所越来越重视的一个事项，也是一个符合国情要求的重要发展趋势（图 6-9、图 6-10）。

图 6-9 戈尔登市数据中心外景图

（来源：www.aardex.com）

以下是戈尔登市数据中心的相关信息：

（1）建造商：Aardex 公司；

（2）土木工程：Carroll & Lange，Inc.；

（3）委托代理：Engineering Economics，Inc.；

（4）景观设计：Donald Godi & Associates；

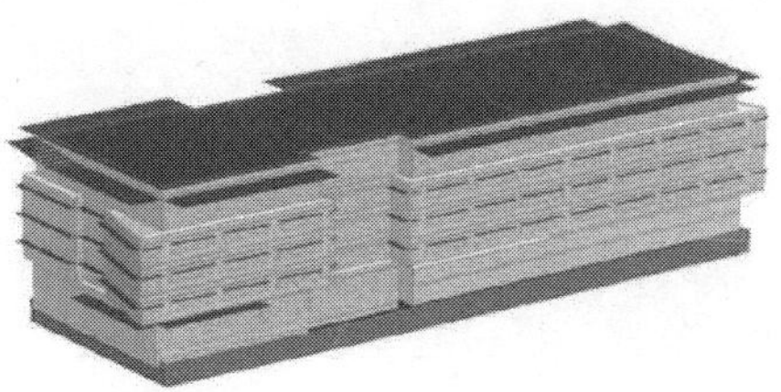

图6-10 戈尔登市数据中心三维能效模型图
（来源：www.aardex.com）

（5）机械工程顾问：MKK Consulting Engineers，Inc.；

（6）可持续发展顾问：Ambient Energy；

（7）工程建设规模：17273m^2；

（8）项目总造价：4600万美元；

（9）每平方米成本：2663美元。

3. 措施与成果

（1）92%以上的日常使用区域达到自然采光，并使工作人员有较好的视野可以观赏室外景观；安装感光器，人工照明只在必要时使用。

（2）建筑节水率为47%。对雨洪进行收集管理，种植抗旱的本地植物。

（3）使用双抽水马桶；无水小便器；低流量莲蓬头和自动感应的低流量水龙头。

（4）提高能源使用效率37%，每年节省能源支出80000美元。在地板下安装低转速风机系统，满足建筑大部分区域的采暖、制冷和通风；其他措施还包括使用低辐射玻璃、先进的楼宇自动化系统等。

（5）建筑使用的电能100%来自风力发电。

（6）外部新鲜空气从建筑屋顶进入室内，确保卫生间、警卫房和厨房的空气直接排出室外。

（7）采购无甲醛和其他有害化学物质的涂料、胶粘剂、密封剂、地毯、复合木制品等，一半木材都达到了森林管理委员会的认证标准（Forest Stewardship Council standards）。

（8）建筑材料包含超过20%的再生材料，75%以上的建筑废物得到回收，当地材料占20%以上，并为大楼租户提供建筑设计和管理策略。

（9）提供自行车停车架，发展公共交通，停车位优先提供给低排放和高燃油效率的车辆。

（10）Aardex公司保证所有节能环保措施的支出在三年内通过提高能源效率和生产力收回成本。

6.4 城市和小区案例

华盛顿会展中心

“特区城市中心是当今美国最为重要的城市发展区之一。能为这样一个重要的场地进行低碳的整体规划，我们非常荣幸。”

“我们的设计方案来自于对城市风格和街道的仔细研究——新的建筑群将融合其历史文脉并创造出一个独一无二的居住及工作环境，同时也成为主要的新城市空间和市政设施。”

——David Summerfield，福斯特事务所的设计总监

1. 背景介绍

华盛顿会展中心位于华盛顿特区，毗邻城市主要轴线——纽约大道，场地原有一栋大型单体建筑（已拆毁）。项目在 2011 年 4 月开始动工，场地面积约为 10 英亩（约 40000m²），总体规划强调低碳和营造多功能的社区。这是美国最大的城市再发展项目之一。福斯特事务所位于华盛顿特区的老会展中心，是巨大的再恢复项目，项目将采用新颖的转化方式将大型的单体建筑空间转化为一系列由人行道相连的小型建筑群（图 6-11）。

图 6-11 华盛顿会展中心俯瞰图

（来源：www. fosterandpartners. com）

积极借鉴国外绿色城市和小区的设计理念与实践，从长远看与我国城市转变增长方式、调整产业结构、落实节能减排目标和实现可持续发展具有一致性。小区（Community）是城市能源消耗和碳排放的基本组成单位，涵盖了建筑、交通、商业和垃圾等部门，在小区层面实施节能减排、推行低碳生活方式对我国有着重要意义。

以下是华盛顿会展中心的相关信息：

开发商：Hines；

建筑商：Foster and Partners，Shalom Baranes Associates，Gustafson Guthrie Nichol。

第一期工程：建设面积大约为 12 万 m²，将包括：两座 11 层办公楼，建筑面积为 47817m²；一座零售业用建筑，建筑面积为 17243m²；两座 11 层公寓住宅楼，包含 458 套公寓；两座混合产权公寓楼，包含 216 个住宅单元；重新设计的两个街道、一个新公园和中央广场；以及设有 1555 个车位的停车场。

第二期工程：将包括一个 10 层、面积为 23514m²、有 400 个房间的酒店和 10126m² 的零售用建筑空间。

第三期工程：将包含 46000m² 的办公楼和 40000m² 的零售用建筑空间。

2. 措施与成果

与周围的城市结构形成鲜明对比的是，这项总体规划将改变过去采用的宏伟建筑单元的惯例，并在原会展中心地区引入一系列新建筑，新建筑层高不超过 10 层，修建这些较小的街区是为了“在位于北侧历史悠久的、相邻的主要居住区和位于南侧的商务办公开发区之间建立起连接的新桥梁”。

景观、办公建筑和住宅建筑朝向均参照日光运行，同时采用众多绿色屋顶实现区域内的水资源 100%循环再利用。

许多源自 18 世纪的小巷都将被拓宽并将再次恢复生机，再现往日荣光，增强了城市历史遗产带给当地居民的自豪感。

福斯特事务所在总体规划基础上设计了四栋时尚的新建筑单元，总体规划包括多种业态：

宾馆、办公室、公寓、餐厅和零售场地，以种有行道树的步行街相连。街道边的树木将重新植入当地的树木品种，使之与传统的华盛顿城市设计相一致。经典的“球形”照明沿路两侧分布。

华盛顿会展中心强调高密度和混合功能的总体规划，将创建低碳的、适于步行的邻里社区，设计符合绿色建筑评估体系邻里社区的金奖级标准（LEED Neighborhood Development “Gold”）。

第7章　总结与展望

美国作为全世界最大的建筑能耗国，在全球变暖和能源短缺的今天，在建筑节能领域投入了大量的人力和物力。按照现在美国能源部部长的意见，要解决未来的能源问题必须从低果子(low-hanging fruit)开始，就是从最容易实现的领域入手。能源的供应方法在可预见的未来不会有太大的显著提升，因为基础能源的来源不会有太大的改变。核能有其自身的缺陷，太阳能和风能由于能量密度的稀薄，不会根本地改变能源格局。生物质能因为其材料的来源有限，也只能成为辅助手段。在最近几十年里，解决能源供应和需求的矛盾，必须通过节能和改变能源使用方式来实现。而能源的使用，排在第一位的是建筑节能。只有在建筑节能上作出成绩，才可能在短期为长期彻底地解决能源的供应问题赢得时间。

建筑节能从技术上是低果子，够得到，摸得着，因为建筑节能的潜力太大了。尤其对美国而言，建筑能源的浪费是惊人的。绝大多数的美国办公建筑，在夏季存在同时制冷和加热采暖的问题。全空气系统盛行，50％的新建筑依旧采用全空气双风道系统。绝大多数的宾馆不使用插卡器。美国在传统上是个资源丰富的国家，民众对于节约资源没有良好的意识和行为习惯。由于对于隐私权的考量和个性化自由的文化背景，走的路线必须是技术节能。早期的建筑，特别是20世纪70年代以前的建筑，基本没有考虑建筑能耗问题。20世纪90年代以后的建筑，在围护结构上保温和窗体的整体性能都非常好，但是自控系统是以控制舒适度为主，对能源的使用和管理仍然欠缺。

美国虽然建筑节能潜力巨大，技术上非常容易实现。但是在管理和协调上，却比能源的供应改变难上很多。能源的供应，只需要建设新的电厂或者使用新的设备解决。但是建筑不同，建筑是一个人群集散的地方，牵涉的人力、资源、权利、行政架构，方方面面的利益群体很多。一些看似技术上非常简单的东西，实施起来难上加难。

比如在美国，典型的例子就是“triple net dilama”。以节能灯为例，大家都知道，如果在建筑中换上节能灯，可以立刻降低照明能耗，节能效果显著。但是如果一个办公楼是个签署了Triple Net Lease的办公楼，就是业主只负责收取租金，租赁方自己负责水、电、煤气这三项使用费用。那么无论业主还是租赁方都毫无动力去换节能灯。更为不幸的是，这样的租赁方式非常流行，而这样的租赁困境在中国和美国同样适用。

所以，在中国和美国，建筑节能都离不开政府的行政手段支撑。没有这些行政手段，由于多方出于自身利益最大化的心理，不可避免地会陷入两难的境地。

图7-1显示的是美国新能源领域的资本投入。尽管建筑节能非常重要，但是全社会的整体投入远远低于能源发生类项目，例如太阳能、风能和生物质能源的资本投入。

当然，这也是情有可原的。因为总体上美国是个高度资本化和尊重市场规律的国家，资本化的特点就是逐利。图7-2可以说明为什么建筑节能在过去的10年里面在美国举步维艰的困境。

在过去的10年里面，资本对于建筑节能的投入基本处于一个亏损的状态。在全部新能源领域的资本投入中，建筑节能的投入是唯一两个亏损的行业之一。相对而言，电站和生物质能的资本投入，可以获得双位数的回报。

建筑节能的低回报对于我们有两个警示，第一个是建筑节能因为其特殊性和牵涉社会生活的各个方面，必须政府出力，不能全部依靠商业行为。第二个是，在建筑节能领域，企业和个

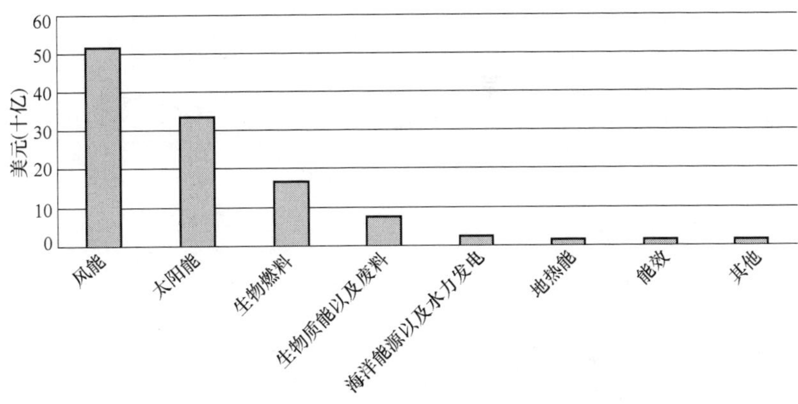

图 7-1 2008 年用于清洁能源研发的财政投资

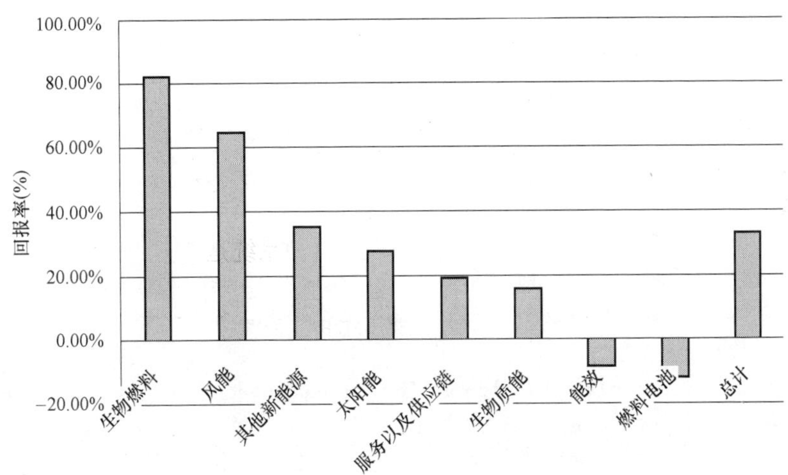

图 7-2 清洁能源研发的历史投资回报

人的投入风险很高，投资必须依托大的政府政策和背景，不然恐难以长期维系。

值得高兴的是，美国政府和决策部门看到了这些问题。特别在 2008 年经济危机之后，出台了大量的政策、法规和政府税收政策，刺激这个行业的发展，其规模也是空前的。如果单单对比绝对的政府投入金额，美国比中国要高很多。

在科研方面，朱棣文出任美国能源部部长之后，其投入力度也是前所未有的。仅仅在前沿技术方面，就成立了 45 个研究中心。并且走出了一条新路，就是如何调动地方的积极性，做到地方政府、联邦政府一起支持科研、产品开发和项目的示范。

另外一方面，美国依托其雄厚的科研力量，在建筑节能方面不断地追求进步和新技术的开发。尤其是原创型的科研发现和发明，跨学科的介入。一大批美国原来没有建筑节能背景的院校、科研机构，投入了这一领域。著名的大学比如斯坦福、南加州大学等，纷纷成立建筑能效研究所和科研机构。各个大公司都投入了巨大的人力和财力开发新的节能产品。

2011 年也是美国建筑节能产业兴旺的一年，特别是绿色建筑在美国方兴未艾，地方政府和美国暖通空调工程师协会也在完善自愿性标准的制定。在加州，Vista Dunes 经济适用房最终获得绿色建筑评估体系的白金奖的案例，这对中国目前大面积兴建保障性住房的形势下，如何实现绿色环保，有积极的借鉴意义。

参 考 文 献

[1] Robert K. Dixon, et al., US Energy Conservation and Efficiency Policies: Challenges and Opportunities [J]. Energy Policy, 2010.

[2] National Renewable Energy Laboratory, Technical Report NREL/TP-6A2-46532 [R], Energy Efficiency Policy in the United States: Overview of Trends at Different Levels of Government, Dec 2009.

[3] Energy Efficiency in the American Recovery and Reinvestment Act of 2009 [EB/OL], www. ase. org/stimulusresources.

[4] Multi-Year Program Plan-Building Regulatory Programs, U. S. Department of Energy-Energy Efficiency and Renewable Energy-Building Technologies Program [Z], 2011. 10.

[5] ANSI/ASHRAE/IES Standard 90. 1-2010 [S].

[6] International Energy Conservation Code [S].

[7] International Residential Code for One- and Two-Family Dwellings [S].

[8] 2008 Building Energy Efficiency Standards, California [S].

[9] 2009 Appliance Efficiency Regulations [S].

[10] California's Energy Efficiency Standards for Residential and Non-Residential Buildings [S].

[11] John Haymaker, Vladimir Bazjanac, Victor Gane. Improving Energy Efficiency of High-Rises through Requirements Driven Parametric Modeling [M]. Stanford: Precourt Energy Efficiency Center, 2010.

[12] Martin Fischer, Vladimir Bazjanac, Tobias Maile. Conditions for Comparison of Predicted and Measured Operational Performance of HVAC Systems [M]. Stanford: Precourt Energy Efficiency Center, 2010.

[13] Andrea Goldsmith, Stephen Boyd, Hamid Aghajan, Itai Katz, Huang Lee. Wireless Sensor Networks Technology for Smart Buildings [M]. Stanford: Precourt Energy Efficiency Center, 2010.

[14] John Goins, Charlie Huizenga. Occupant Indoor Environmental Quality (IEQ) Survey and Building Benchmarking [M]. Berkeley: Center for the Built Environment, University of California, 2011.

[15] Charlie Huizenga, Zhang Hui. Advanced Human Thermal Comfort Model [M]. Berkeley: Center for the Built Environment, University of California, 2011.

[16] Fred Bauman Tom Webster. Radiant Cooling Research [M]. Berkeley: Center for the Built Environment, University of California, 2011.

[17] Tom Webster. UFAD Building Case Studies and Project Database [M]. Berkeley: Center for the Built Environment, University of California, 2009.

[18] Cullin J. R., J. D. Spitler. Comparison of Simulation-Based Design Procedures for Hybrid Ground Source Heat Pump Systems [Z]. Belgium: Proceedings of System Simulation in Buildings 2010.

[19] Moallem E., L. Cremaschi, D. E Fisher. Experimental Investigation of Frost Growth on Microchannel Heat Exchangers [Z]. 13th International Refrigeration and Air Conditioning Conference at Purdue, July12-15, 2010, West Lafayette, IN, USA.

[20] Xing L., J. D. Spitler, J. R. Cullin. Modeling of Foundation Heat Exchangers [Z]. Proceedings of System Simulation in Buildings 2010. Belgium. December 13-15.

[21] Piljae Im. Methodology for the Preliminary Design of High Performance Schools in Hot and Humid

Climates [Z]. Ph. D. , Department of Architecture, December 2009.

[22] Yong Hoon Sung. Development of a Comprehensive Community NOx Emission Reduction Toolkit (CCNERT) [Z]. Ph. D. , Department of Architecture, August 2004.

[23] Shinsuke Kato, Kiyoko Terahata, Ryohei Kono. Virtual Building—An Object-Oriented Database Approach Toward Data-Driven Simulations of Whole Building Performance [Z]. Institute of Industrial Science, University of Tokyo, 2009.

[24] Jing Xu, Jensen Zhang, John Grunewald. A Dual-Chamber Experimental Method for Determining the Transport Properties of Building [Z]. Building Energy and Environmental Systems Laboratory, Syracuse University, 2009.

[25] David T. Allen (PI). GHG Emission Development Project for Selected Sources in the Natural Gas Industry [Z]. University of Texas at Austin, 2008.

[26] Thomas F. Edgar. Evaluation of Environmental Emissions for Combustion of Landfill Gas [Z]. Department of Chemical Engineering, University of Texas, 2009.

[27] J. D. Spitler. Ground-Source Heat Pump System Research—Past, Present, and Future [Z]. HVAC&R Research, Volume 11, Number 2, 2005.

[28] William Goetzler, Robert Zogg, Heather Lisle, Javier Burgos. Ground-Source Heat Pumps: Overview of Market Status, Barriers to Adoption, and Options for Overcoming Barriers [Z]. U. S. Department of Energy, Energy Efficiency and Renewable Energy, Geothermal Technologies Program, 2009.

[29] R. Gordon Bloomquist. Geothermal Heat Pumps Five Plus Decades of Experience in The United States [Z]. Proceedings World Geothermal Congress 2000, Kyushu-Tohoku, Japan, May 28-June 10 2000.

[30] ICF International, National Association of Energy Services Companies. Introduction to Energy Performance Contracting [Z]. U. S. Environmental Protection Agency, 2007.

[31] 吴刚，华东建筑设计研究院有限公司. 美国合同能源管理现状 [J]. 需求侧管理——大众用电，2006 (6).